高职高专教育"十二五"规划建设教材
国家骨干高职院校建设工学结合项目教材

亚热带果树生产技术

陈海红　主编

中国农业大学出版社
·北京·

内容简介

本教材以亚热带果树生产典型工作任务和果树园艺工国家职业标准为依据设置内容。全书分为6个学习情景：认识果树、果树生产常规技术、主要亚热带果树生产技术、其他果树生产技术、果品安全生产、果树生产职业相关知识。重点编写我国亚热带地区栽培的柑橘、荔枝、龙眼、杧果、香蕉、葡萄等6种有代表性果树的实用生产技术，同时编入番石榴、火龙果、杨桃、枇杷、油梨等16种特色小宗果树的生产技术要点。以果树生产农时季节和果树物候期为主线，教材内容与实际生产管理工作顺序相对应；关键生产技术以技能训练的方式展现，适宜开展"教、学、做"一体化教学。

本教材可作为我国华南地区高职院校园艺技术专业和种植类相关专业的教材，也可作为亚热带果树生产技术培训和管理技术人员的参考书。

图书在版编目(CIP)数据

亚热带果树生产技术/陈海红主编. —北京：中国农业大学出版社，2014.4(2019.8重印)
ISBN 978-7-5655-0912-4

Ⅰ.①亚…　Ⅱ.①陈…　Ⅲ.①亚热带果树-果树园艺　Ⅳ.①S667

中国版本图书馆CIP数据核字(2014)第049782号

书　　名　亚热带果树生产技术
作　　者　陈海红　主编

策划编辑　康昊婷　　　　责任编辑　韩元凤
封面设计　郑　川　　　　责任校对　王晓凤　陈　莹
出版发行　中国农业大学出版社
社　　址　北京市海淀区圆明园西路2号　　　　邮政编码　100193
电　　话　发行部 010-62818525,8625　　　　读者服务部 010-62732336
　　　　　编辑部 010-62732617,2618　　　　出　版　部 010-62733440
网　　址　http://www.cau.edu.cn/caup　　　　**e-mail** cbsszs @ cau.edu.cn
经　　销　新华书店
印　　刷　北京溢漾印刷有限公司
版　　次　2014年4月第1版　　2019年8月第2次印刷
规　　格　787×1 092　16开本　20.75印张　500千字
定　　价　54.00元

编 写 人 员

主　　编　陈海红　广西职业技术学院

副 主 编　胡子有　广西农业职业技术学院
　　　　　唐仙寿　广西农垦国有立新农场
　　　　　黄台明　广西百色国家农业科技园区

参　　编　钟思强　广西职业技术学院
　　　　　尧弟龙　广西蓝天绿地大农产业科技有限公司
　　　　　文仁德　广西农业科学院
　　　　　郑文武　广西南宁市水果生产技术指导站
　　　　　劳有德　广西职业技术学院
　　　　　黄昌治　广西农垦国有立新农场

前　言

本教材根据教育部《关于全面提高高等职业教育教学质量的若干意见》的有关精神，以培养高素质技术技能型专门人才为目标，以亚热带果树生产典型工作任务和果树园艺工国家职业标准为依据，设置内容和学习情景。在教学中，以“任务驱动，教、学、做一体化”的教学模式为载体，引领学生通过实施典型工作任务，掌握亚热带果树生产基本技能和必需的理论知识，并具备相关的岗位能力和职业能力。

教材内容在阐述果树生产基础知识和基本技术的基础上，重点编写我国亚热带地区栽培面积较大的柑橘、荔枝、龙眼、杧果、香蕉、葡萄等 6 种有代表性果树的实用生产技术，同时编入番石榴、火龙果、杨桃、枇杷、油梨、杨梅、草莓、菠萝、黄皮、番木瓜、西番莲等 11 种亚热带特色小宗果树和在亚热带地区有一定栽培面积的毛叶枣、板栗、柿、李、核桃等 5 种落叶果树的生产技术。以生产无公害果品为基本目标，注重果品质量安全生产知识的融入。在重点内容编排上，以果树周年管理工作内容为主线，教材内容与实际生产管理工作内容顺序相对应；把关键技能实训项目直接插到相应内容中，适宜开展“教、学、做”一体化教学。

本教材编写成员由从事亚热带果树生产、管理、教学、科研一线的专家组成，确保教材内容能准确反映当前的最新技术和先进管理经验。参与编写的人员有广西职业技术学院陈海红、钟思强、劳有德，广西农业职业技术学院胡子有，广西农垦国有立新农场唐仙寿、黄昌治，广西百色国家农业科技园区黄台明，广西蓝天绿地大农产业科技有限公司尧弟龙，广西农业科学院文仁德，广西南宁市水果生产技术指导站郑文武。

本教材的编写得到编者所在单位的大力支持，编写中参阅、引用了有关同行专家的教材、专著、论文，在此一并表示最诚挚的谢意！

本教材可作为我国华南地区高职院校园艺技术专业和种植类相关专业的教材，也可供亚热带果树生产技术培训和生产、管理技术人员参考。

鉴于编者水平有限，编写时间仓促，疏漏和不足在所难免，敬请同行和专家批评指正。

编　者
2013 年 12 月

目　录

学习情景一　认 识 果 树

学习情景二　果树生产常规技术

学习情景五　果品安全生产

学习情景六　果树生产职业相关知识

学习情景一　认识果树

知识目标

- 理解果树相关概念、果树生产的意义；了解果树生产现状。
- 掌握果树分类方法和果树年生长发育规律。
- 了解果树生产与环境条件的关系。

技能目标

- 能够运用果树分类方法对当地主要果树进行分类。
- 能够准确判断果树所处的物候期，并根据果树生长发育特点和环境条件采取相应的管理措施。

任务一　了解果树及其分类

果树是指能生产人类用来食用的果实、种子及其衍生物的多年生植物。亚热带果树是指在亚热带气候条件下能正常生长并可获得经济产量的果树种类的总称。我国果树界习惯用“南方果树”来统称在我国栽培的热带亚热带果树。南方泛指在地理上位于长江以南的地区，包括海南、广东、广西、福建、云南、台湾、贵州、四川、重庆、湖南、江西、浙江、上海以及湖北、安徽、江苏、西藏部分地区。

果树栽培是指人们为获得高产优质果品，对果树及其生长环境进行管理和调控的过程，包括种苗繁育、果园建立、栽培管理、病虫害防治等环节。果树生产是将果树栽培的内涵向产前、产后延伸，除果树栽培的内容以外，还包括果树栽培所需的生产资料供应、人力资源管理、信息技术服务、果品采后商品化处理、市场营销网络等环节。果树产业是果树生产链的进一步延伸，是以果品升值、经济增效为核心，由产、学、研、科、工、贸构成的综合化产业，包括果树资源开发利用、品种选育、生产技术研究、果园综合利用、果品加工与贮藏、果品贸易、果品综合利用等。

一、果树生产的意义

果树生产在国民经济中具有重要的作用。首先，果树生产是农业生产的重要组成部分，果树是继粮食、蔬菜之后的第三大种植业，是我国农村经济收入的重要来源。其次，果品是副食品工业、轻工业、医药工业的重要原料。果品除鲜食外，还可以加工果酒、果汁、果酱、果醋、果冻、果脯、果干、果品罐头等加工品；可以从一些果品中提炼香精、果胶、脂等物质；有些果品还具有保健、美容的作用，是医药、美容、化妆品的原料。因此，果树产业链可以延伸到食品工业、医药工业、化妆品、饲料、包装、运输业等相关产业，产品附加值高。第三，果品是重要的出口物资，是农业产品出口创汇的重要来源。如柑橘、荔枝、龙眼、香蕉、菠萝、板栗、柿子、枣、苹果、梨等果品及其加工品都大量出口，对促进我国经济贸易的健康发展有重要意义。

果品含有丰富的营养物质，对人体健康有重要作用。果品含有糖类、蛋白质、脂肪、矿物质、维生素、有机酸等营养物质；果品中的果酸、单宁、芳香物等可刺激胃腺的分泌，增进食欲，帮助消化。不同种类的果品其营养物质含量不同，各有特色，如核桃的脂肪含量为63%，干枣含糖量为50%～87%，板栗干物质的淀粉含量为50%～65%，油梨维生素E的含量33 mg/kg、蛋白质含量为1%～3%，猕猴桃、番石榴的维生素C含量为400～1 000 mg/kg。营养学家认为，一个人每年食用70～80 kg水果才能满足人体健康的需要。

许多果品还具有医疗保健作用。人们常把一些果品作为保健食品或以其为原料制作保健食品和药品，例如，荔枝、龙眼、红枣等是良好的滋补品；香蕉有润肠、滋阴、降压的作用；梨能清热、化痰、止咳；柑橘可润肺、理气；枇杷能润肺、止咳、祛痰，治疗各种咳嗽；山楂可健胃消食；油梨有益智、美容、护肝、降低血脂胆固醇等功效；银杏果实可润肺、止咳、健脑，银杏叶片含有黄酮内酯，可降压、降脂；番石榴的幼芽嫩叶有止泻作用等。

果树生产具有良好的生态效益和社会效益。果树对环境有较强的适应性，利用丘陵山地、沙坡地与土壤瘠薄地发展果树生产，既可增加果农的收入，又可绿化荒山、保持水土、改善生态环境和农民的生活条件。果树生产还是人类亲近大自然的重要途径之一，利用果树生产发展农村与城郊的生态农业、观光果业，举办以观光果树为主题的“桃花节”“杧果节”“葡萄节”等赏花、品果、自采活动，既可以净化空气、美化环境，提高人们的文化生活质量，又可以带动当地观光旅游产业的发展。因此，果树生产还具有观赏旅游、教育、心理健康调节、吸纳富余劳动力、提供就业机会等社会功能。

二、果树生产的特点

与一般农作物相比，果树生产具有以下特点：

1. 生产周期长，效益持久

绝大多数果树是多年生木本植物，经济寿命可达十几年，甚至几十年。除草莓、香蕉等草本果树可在种植当年或次年开花结果外，大多数果树种植后2～3年可开花结果，3～4年有经济效益，进入结果期后即可持续收益。因此，果树生产具有经济收益期长、投资周期长、见效慢的特点。

2. 果品以鲜食为主，要求质量高

鲜食是果品消费的主要形式，对果品质量要求高。首先，要求果品安全卫生，在果树生产中要以无公害果品为基本目标，在园地选择、肥料与农药使用、果品贮藏运输技术等方面严格执行食品安全生产标准，逐步提高果品生产质量等级。其次，随着人们生活水平的不断提高，在果品外观品质和内在品质方面也有比较高的要求，既要果品风味好、营养价值高、保健作用好，又要果品新鲜、外表靓丽美观。

3. 生产管理技术含量高

果树种类品种较多，树性差异大，单株独立性强，多采用无性繁殖方法来生产苗木，必然增加生产的技术含量。例如，大多数果树种类的苗木生产需要熟练的嫁接技术；维持果树合理的生长结果树形，要通过修剪技术来实现；促进果树花芽分化、花果管理等要根据植株生长情况和当时的气候条件采取相应的技术手段；为了实现鲜果周年供应，要不断研究和改进果品贮藏保鲜方法，除了常规露地栽培以外，常常采用果树设施栽培技术来延长鲜果的供应期。

果树生长地点具有相对固定性，土肥管理和病虫害防治难度大。一般果树相对长期生长在同一地点，从土壤中吸收固定的营养元素，容易使土壤某些元素缺乏，影响果树的正常生长和结果；果园病虫害种类繁多，树体本身又是许多病虫害的越冬场所，因此果园病虫害防治难度较大。随着果品安全要求的提高，果园土壤管理和病虫害防治工作显得更加重要。

三、我国果树生产现状及发展趋势

（一）果树生产的现状

20世纪以来，我国果树种植面积出现了两个快速增长期，一个是1985—1989年，果树种植面积从 200 万 hm^2 增加到 500 万 hm^2，年增长率达到 19.4%；另一个是 1991—1996 年，果树种植面积从 500 万 hm^2 增加到 850 万 hm^2，年增长率也达到 8.7%。至今，我国果树种植面积已超过 1 000 万 hm^2，果品总产量已突破 9 000 万 t，约占世界总产量的 15%。据统计，我国至少有荔枝、龙眼、柿子、枣、草莓、桃、梨、苹果、猕猴桃等 9 种果品产量稳居世界首位。虽然我国水果种植面积和产量居世界前列，但人均消费水平还达不到世界平均水平，目前，世界年人均消费水果约 75 kg，我国年人均消费水果约为 58.1 kg。

我国水果主要产区有山东、河北、广东、陕西、广西、福建、河南、四川、辽宁、新疆等省（自治区）。

(二)果树生产存在的问题

(1)树种、品种结构和区域布局仍不太合理。近几年果品出现结构性、季节性和地域性相对过剩，造成果树生产效益降低。主要原因是：早、中、晚熟品种不配套，成熟期过于集中；鲜食与加工品种搭配不合理，适合加工的品种比较少；品种区域化程度不高，没有充分发挥品种和地域优势。

(2)果品产量低，品质差，商品化处理水平低，贮藏加工业发展滞后。多数果园都是分散经营，管理粗放，单产低，果品质量参差不齐，优质果率低。大多数产区的果品可列入高档精品果的只有 5%左右，优质果占 30%，50%是中低档果，15%是劣质果，能参与国际市场竞争的鲜果年出口量仅占总产量的 1.2%，而且价格也只有国际平均售价的 50%左右；果品商品化处理水平低，绝大多数果品采收后就直接销售，只有极少数果品经过清洗、打蜡、分级、包装等商品化处理后投放市场，在很大程度上影响果品的销售价格；果品保鲜贮藏和加工业滞后，鲜果销售市场压力大，价格低。目前，鲜果贮藏能力不到水果总产量的 20%，加工能力不足 10%。

(3)果品安全问题突出。果园化肥和农药的长期大量使用，果园土壤、灌溉用水和空气污染，都会造成果品有害物质残留。不少果品农药残留超标，影响人们身体健康与安全，也是影响我国果品出口量的一大障碍。

(4)果树生产机械化程度低，生产效率低，生产成本高。

(5)社会服务体系滞后。高效的果树生产必须有配套的专业化服务体系。而我国目前服务体系远不能适应果树的规模化生产，主要表现在果树生产合作组织机制的产业化水平低，果品营销体系尚未形成，为果树生产服务的技术体系和产业严重不足，风险保障机制缺乏等，严重制约着果树产业的持续发展。

(三)我国果树生产的发展趋势

1.优化品种结构，区域布局

依据“适地适树”的区域布局原则，实施果树生产区域化。进一步调整树种结构，适当调减大宗水果，发展小杂果、特有树种；在品种上，适当增加早、晚熟品种的比例，错开成熟期，均衡上市；逐步增加设施型、加工型或兼用型新品种；除了充分挖掘和培育本地优良水果品种外，还要应用现代生物技术手段培育新品种和从国内外引进优、新、稀品种，进行品种改良和更新，实现品种良种化。

2.推行优质、安全生产技术体系 IFP(integrated fruit production)

IFP 涵盖果品生产全过程，能最大限度地减少化学物质的使用，生产出优质、安全果品。

其主要栽培技术包括:①矮密化栽培。推行矮密短周期栽培,实现早果、丰产、优质及简便管理等生产目标。②简化树形和整形修剪。③土、肥、水管理更趋精确化。以土壤营养分析为基础,以叶片分析为主要依据建立计算机推荐施肥技术体系,减少化肥施用量,提高化肥的使用效率。施肥、灌溉实行机械化、自动化。④围绕提高品质的花果管理系列措施。包括严格疏花疏果、果实套袋、摘叶转果、树下铺反光膜和分批采收等技术。⑤优先采用物理和生物防治措施的病虫害综合防治措施,尽可能减少化学农药的使用,禁止使用高毒或剧毒农药和除草剂,保护生态环境安全。

IFP 已被世界上越来越多的国家所接受。我国目前推广的以无公害和绿色果品生产为主的标准化生产技术体系,促进生态环境改善和保护人类健康。通过采用国家强制标准和市场调节双管齐下的方法,逐步控制果园环境,按照标准化生产技术规程进行施肥与病虫害防治,生产优质、安全的果品,促进生态环境改善。最终建立起果品质量保证生产体系,实现果树生产标准化。

3. 突出优质高效,实现果树生产的产业化

一是建立健全无病毒苗木繁殖体系,实现良种苗木规范化、规模化、无病毒化生产;二是果园栽培管理标准化、精细化,提高单位面积的产量和果品质量;三是完善果品采后产业链,加强采后商品化处理,提高果品的商品性;提升果品的贮藏及加工能力,提高果品的附加值;重视果品生产和市场销售的信息化指导,加强水果市场的开发力度;以果树生产企业为龙头,提高果树生产的产业化和组织化程度。

4. 发展果树设施栽培和观光果业

利用温室、塑料大棚或其他设施,可以改变或控制果树生长发育的环境,实现果实提前或延后成熟或一年多次结果来延长市场供应期,增加经济效益;可以为果树提供理想的生长环境,保证果树在生长发育期间得到最理想的管理效果;可以扩大果树的种植范围,不受地域限制;有利于控制病虫害传播,生产绿色果品。

观光果业是将果园当作观光旅游资源进行开发的一种绿色产业,把种植果树和旅游业结合在一起,利用农艺景观吸引游客前来观光、休闲、科学考察、求知、采购的一种新型农业生产经营形态,是发展农村经济的一个新增长点。现代观光果业建设的类型有:标准化栽培示范型、设施栽培型、盆景果树栽培艺术型、赏新赏奇观光型、果园开放自乐型、科普示范展示型、配套综合开发型等。

四、果树分类

全世界的果树约有 60 科 2 800 种左右,其中比较重要的约 300 种,主要栽培的约 70 种。我国现有的果树(包括原产和引进)有 50 多科近 300 种。为方便栽培管理和研究利用,常根据果树的植物学和园艺学特性进行分类。

(一)植物学分类

依据植物亲缘系统进行分类。按照界、门、纲、目、科、属、种等层次来划分。例如,三月红荔枝属于植物界被子植物门双子叶植物纲无患子目无患子科荔枝属中国荔枝种三月红品种。

- 果树
  - 裸子植物果树
    - 银杏科：如银杏
    - 紫杉科：如香榧
    - 松科：如果松
  - 被子植物果树
    - 单子叶植物果树
      - 凤梨科：如菠萝
      - 芭蕉科：如香蕉、粉蕉、大蕉
      - 棕榈科：如槟榔、椰子
    - 双子叶植物果树——→大部分果树

1. 裸子植物门(Gymnospermae)

(1)银杏科(Ginkgoaceae)，如银杏(白果)。

(2)紫杉科(Taxaceae)，如香榧。

(3)松科(Pinaceae)，如海松、华山松。

2. 被子植物门(Angiospermae)单子叶植物(Monocotyledone)

(1)凤梨科(Bromeliaceae)，如菠萝(凤梨)。

(2)芭蕉科(Musaceae)，如香蕉、粉蕉、大蕉。

(3)棕榈科(Palmae)，如椰子。

3. 被子植物门(Angiospermae)双子叶植物(Dicotyledoneae)

(1)猕猴桃科(Actinidiaceae)，如中华猕猴桃、软枣猕猴桃。

(2)漆树科(Anacardiaceae)，如腰果、杧果、阿月浑子等。

(3)番荔枝科(Annonaceae)，如番荔枝、牛心果。

(4)木棉科(Bombaceae)，如榴莲。

(5)橄榄科(Burseraceae)，如橄榄。

(6)仙人掌科(Cactaceae)，如火龙果。

(7)番木瓜科(Caricaceae)，如番木瓜。

(8)榛科(Corylaceae)，如榛子。

(9)柿树科(Ebenaceae)，如柿、君迁子、油柿。

(10)胡颓子科(Elaeagnaceae)，如牛奶果。

(11)杜鹃花科(Ericaceae)，如越橘。

(12)大戟科(Euphorbiaceae)，如余甘。

(13)山毛榉科(Fagaceae)，如板栗、茅栗、锥栗。

(14)醋栗科(Grossulariaceae)，如醋栗。

(15)藤黄科(Guttiferae)，如山竹子。

(16)核桃科(Juglandaceae)，如核桃、山核桃。

(17)樟科(Lauraceae)，如油梨。

(18)金虎尾科(Malpighiaceae)，如西印度樱桃。

(19)桑科(Moraceae)，如面包果、无花果、果桑、菠萝蜜。

(20)杨梅科(Myricaceae)，如杨梅。

(21)桃金娘科(Myrtaceae)，如番石榴、蒲桃、莲雾。

(22)木犀科(Oleaceae)，如油橄榄。

(23)酢浆草科(Oxalidaceae)，如杨桃。

(24)西番莲科(Passifloraceae),如西番莲、鸡蛋果。

(25)山龙眼科(Proteaceae),如澳洲坚果。

(26)安石榴科(Punicaceae),如石榴。

(27)鼠李科(Rhammaceae),如枣、酸枣、毛叶枣。

(28)蔷薇科(Roseceae),如枇杷、山楂、草莓、桃、李、梅、杏、梨、樱桃、刺梨、海棠、苹果。

(29)芸香科(Rutaceae),如甜橙、宽皮柑橘、柚、柠檬、枸橼、佛手、黄皮、枳、金柑、九里香。

(30)山榄科(Sapataceae),如人心果、蛋黄果、神秘果。

(31)无患子科(Sapindaceae),如龙眼、荔枝、红毛丹。

(32)梧桐科(Sterculiaceae),如苹婆、可可。

(33)葡萄科(Vitaceae),如葡萄。

(二)园艺学分类

依据果树生物学特性、生态适应性等进行分类。

1.根据冬季叶幕特性分类

(1)常绿果树　主要特征:叶片终年常绿,春季新叶长出后部分老叶逐渐脱落,没有明显的休眠期。如柑橘、枇杷、杨梅、荔枝、龙眼、杧果、榴莲、椰子、槟榔等。

(2)落叶果树　主要特征:叶片在秋冬季全部脱落,第二年春季重新长出,有明显的生长期和休眠期。如梨、桃、李、山楂、枣、板栗、葡萄、柿、无花果、核桃等。

2.根据植株形态特征分类

(1)乔木果树　主要特征:有明显的中心干,一般树冠较高大。如荔枝、龙眼、杧果、橄榄、梨、板栗、柿等。

(2)灌木果树　主要特征:没有明显的中心干,树冠较低矮。如树莓、无花果、番荔枝、刺梨等。

(3)藤本果树　主要特征:枝条蔓生,匍匐生长,一般需借助支撑物才能使枝叶立体分布。如葡萄、西番莲、猕猴桃等。

(4)草本果树　主要特征:枝干木质化程度低、草质。如香蕉、草莓、菠萝等。

3.根据果实构造分类

(1)仁果类　主要特征:子房下位,果实为假果,食用部分主要由花托、萼筒发育而成。因种子俗称仁,故名仁果。如枇杷、梨、山楂、海棠果、木瓜等。

(2)核果类　主要特征:果实为真果,由子房发育而成。有明显的外、中、内三层果皮,食用部分为肉质的中果皮,内果皮木质化,发育成坚硬的核。如杧果、橄榄、桃、李、梅、杏、樱桃等。

(3)坚果类　主要特征:食用部分(种子的子叶或胚乳)一般被一层坚硬的外壳包裹,又称壳果。如板栗、银杏、核桃、香榧、阿月浑子等。

(4)浆果类　主要特征:食用部分一般柔软,多浆汁。如葡萄、柿、番石榴、番木瓜、杨桃、猕猴桃、无花果、醋栗等。

(5)柑果类　主要特征:由子房发育而成,外果皮革质化,富含油胞,中果皮疏松呈海绵状,食用部分是内果皮发育而成的瓤瓣,其表皮的毛状细胞发育成汁胞,汁胞内充满果汁。如柑、橘、橙、柚、柠檬等。

(6)荔果类　主要特征:外果皮革质化,食用部分为假种皮。如荔枝、龙眼、红毛丹等。

(7)聚复果类　主要特征:由整个花序发育而成的果实,食用部分由肉质的花序轴及苞片、花托、子房构成。如菠萝、树菠萝、番荔枝、面包果、草莓、树莓等。

4.根据生态适应性分类

根据栽培地区的气候条件进行分类。

(1)热带果树

①典型热带果树。要求在热带气候条件下才能正常开花结果,并获得经济产量的果树。如榴莲、腰果、槟榔、山竹子、巴西坚果、面包果、神秘果等。

②一般热带果树。原产于热带地区,但对低温抗性略强,能在较温暖的南亚热带地区作经济栽培。如香蕉、菠萝、杧果、树菠萝、番木瓜、椰子、番荔枝、人心果、番石榴、蒲桃、海枣(椰枣)等。

(2)亚热带果树

①常绿性亚热带果树。无真正休眠期,只是由于低温和干旱引起营养生长缓慢或停止。如柑橘类、荔枝、龙眼、杨梅、枇杷、杨桃、橄榄、黄皮、油梨等。

②落叶性亚热带果树。有较明显的休眠期,冬季落叶。如石榴、无花果、猕猴桃、枳等。

(3)温带果树　喜欢冷凉干燥的气候条件,适宜在温带地区和北亚热带地区栽培的果树。如梨、桃、李、杏、梅、枣、柿、葡萄、山楂、板栗、樱桃、核桃、苹果等。

(4)寒带果树　这类果树能抗－40～－50℃的低温。如山葡萄、秋子梨、醋栗、树莓、越橘、榛子等。

除此之外,还可以根据果实含水量及其利用特点分为水果和干果;根据树种的利用程度分为栽培果树和野生果树。

五、我国果树带的划分

根据环境条件和果树实际分布情况及我国以往果树带的划分方法,可把我国果树带划分为8个自然分布带(图1-1)。

1.热带常绿果树带

位于北纬21°以南,其界线基本与北回归线一致。包括广东的潮安、从化,广西的梧州、百色,云南的开远、临沧、盈江,福建的漳州,以及台湾的台中以南的全部地区。本区是热量最丰富、降水量最多的湿热地带。年平均温度19.3～22.5℃,7月份平均气温23.8～29℃,绝对最低气温大多在－1℃以上,年降水量832～1 666 mm,无霜期在340～365 d。

本带是我国热带、亚热带果树主产区,主要栽培的热带果树是香蕉、菠萝、椰子、杧果、番木瓜等;主要栽培的亚热带果树是柑橘、荔枝、龙眼、橄榄、枇杷等。

2.亚热带常绿果树带

位于热带常绿果树带以北,云贵高原常绿落叶果树混交带以东。包括江西全省,福建大部,广东、广西北半部,湖南溆浦以东,浙江宁波、金华以南,以及安徽南缘的屯溪、宿松,湖北南缘的广济、崇阳地区。处于我国暖热湿润地带。年平均气温16.2～21℃,1月份平均气温4～12.3℃,7月份平均气温27.7～29.2℃,绝对最低气温大多在－1.1～8.2℃,年降水量1 281～1 821 mm,无霜期在240～331 d。

本带主要产亚热带常绿果树,亦有多种落叶果树。果品的特点是种类多,品质好。主要栽培果树有柑橘、枇杷、杨梅、黄皮、杨桃等。次要栽培果树是柿、砂梨、板栗、桃、李、梅、枣、龙眼、荔枝、葡萄、核桃、中国樱桃、石榴、无花果、草莓、香榧、锥栗等。

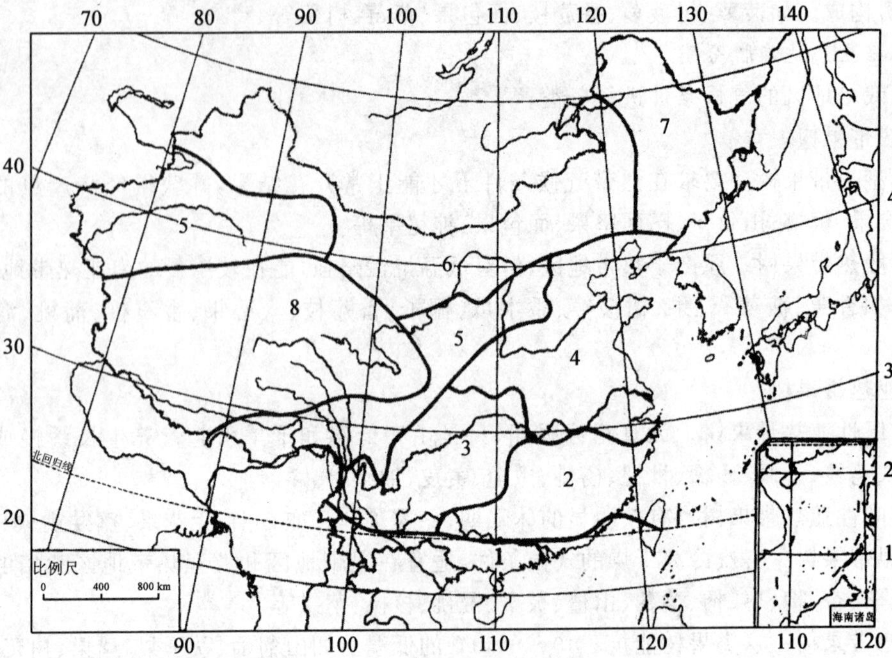

图 1-1　我国果树带示意图

(引自《果树生产技术》北方本，蒋锦标，2011)

1.热带常绿果树带　2.亚热带常绿果树带　3.云贵高原常绿落叶果树混交带　4.温带落叶果树带

5.旱温带落叶果树带　6.干寒落叶果树带　7.耐寒落叶果树带　8.青藏高寒落叶果树带

3.云贵高原常绿落叶果树混交带

位于热带常绿果树带以北，亚热带常绿果树带以西。地理位置在北纬 24°～33°，包括云南大部，贵州全部，四川平武、泸定、西昌以东，湖南黔阳慈利以西，湖北宜昌、郧县以西，以及陕西南部的城固，甘肃南端的文县、武都和西藏的察隅等。本区海拔 99～2 109 m，地形复杂多变，具有明显的垂直地带性气候特点。年平均气温 11.6～19.6℃，1 月份平均气温 2.1～12℃，7 月份平均气温 18.6～28.7℃，绝对最低气温大多在－1.1～8.2℃，年降水量 467～1 422 mm，无霜期在 202～341 d。

本带果树种类繁多。常绿、落叶果树常混交分布。本区主要果树有柑橘、梨、苹果、桃、李、核桃、板栗、荔枝、龙眼、石榴等；次要果树有香蕉、枇杷、柿、中国樱桃、枣、杏、橄榄、无花果、海棠果等。

4.温带落叶果树带

位于亚热带常绿果树带及云贵高原常绿落叶果树混交带以北，包括江苏、山东全省，安徽、河南的绝大部分地区，湖北宜昌以东，河北承德、怀来以南，山西武乡以南，辽宁鞍山、北票以南以及陕西的大荔、商县、佛坪一带，浙江的北部等地区。本带地势多较低平，海拔在 400 m 以下。年平均气温 8～16.6℃，1 月份平均气温－10.9～4.2℃。7 月份平均气温 22.3～28.7℃，绝对最低气温大多在－10.1～－29.9℃，年降水量 499～1 215 mm，无霜期在 157～256 d。

本带落叶果树种类多、数量大，是我国苹果和梨的最大生产基地。主要果树有苹果、梨、桃、柿、枣、葡萄、板栗、核桃、杏等。次要果树有樱桃、山楂、海棠果、沙果、石榴、李、梅、无花果、草莓、油桃、君迁子、枇杷、银杏、山核桃等。

5. 旱温落叶果树带

本带由两部分构成：一部分位于云贵高原常绿落叶果树混交带及温带落叶果树带西边，包括山西北半部，甘肃东南部，陕西西北部，宁夏中卫以南，青海黄河及湟水河流域的贵德、民和、循化一带，四川西北的南坪、马尔康、甘孜，西藏东南部河谷地带的拉萨、林芝、昌都、日喀则等；另一部分地区位于新疆的伊犁盆地以及塔里木盆地周围的喀什、库尔勒、和田、哈密及甘肃的敦煌。

本带年平均气温 7.1～12.1℃，1 月份平均气温－10.4～3.5℃，7 月份平均气温 15.6～26.7℃，绝对最低气温－12.1～－28.4℃，年降水量 32～619 mm，无霜期在 120～229 d，年平均相对湿度在 42%～69%，是我国栽培果树地势最高的地区，海拔较高，光照充足。

本带主栽果树是苹果、梨、葡萄、核桃、桃、柿、杏等。次要果树有枣、李、扁桃、阿月浑子、槟子、海棠等。

本带的川西高地、甘肃天水、陕西凤县和铜川、四川的茂汶与小金、西藏的昌都、山西太原等地，果实品质优良，是我国生产优质苹果最好的地区和苹果外销商品生产基地。新疆塔里木盆地周围的干温地带是我国最大的葡萄生产基地，也是世界著名的葡萄干产区。

6. 干寒落叶果树带

包括内蒙古全部，宁夏、甘肃、辽宁西北部，新疆北部，河北张家口以北，以及黑龙江、吉林西部年降水量少于 400 mm 的地区。

本带年平均气温 4.8～8.5℃，1 月份平均气温－8.6～－15.2℃，7 月份平均气温 17.2～25.7℃，绝对最低气温－21.9～－32℃，年降水量 116～415 mm，无霜期在 127～183 d，年平均相对湿度在 47%～57%。

本带海拔较高，气候干燥寒冷，日照强。比耐寒落叶果树带温暖。主栽果树是小苹果、葡萄、秋子梨、新疆梨、海棠果等。次要栽培果树有李、桃、草莓、树莓等。

7. 耐寒落叶果树带

位于我国东北角，包括辽宁的辽阳以北、吉林的南辽以东、黑龙江的齐齐哈尔以东地区，是我国栽培果树纬度最高、气候最寒冷的地带。果树分布区年平均气温 3.2～7.8℃，1 月份平均气温－12.5～－22.7℃，7 月份平均气温 21.3～24.5℃，绝对最低气温－30～－40.2℃，年降水量 406～871 mm，无霜期在 130～153 d。

主要栽培果树有中小苹果、秋子梨、海棠果、杏、乌苏里李、加拿大李、中国李、葡萄等。次要栽培果树有树莓、草莓、醋栗、毛樱桃、穗状醋栗等。

8. 青藏高寒落叶果树带

位于我国西部北纬 28°～ 40°，包括西藏大部分地区，青海绝大部分，甘肃西南的合作、碌曲，四川北端的阿俱一带。

本带海拔多在 3 000 m 以上。年平均气温－2～3℃，绝对最低气温－24～－42℃，主要位于青藏高原山地的高寒地带，降水少而干燥，温度较低，仅有少量的李、杏等分布。

任务二　亚热带地区主要果树种类和品种识别

一、柑橘

(一)主要特征

柑橘多为小乔木或灌木，枝条有刺或无刺，一年生枝条横切面多为三角形，叶片为单身复叶(枳为三出复叶)，革质；花朵为完全花，花瓣白色或紫色；果实属柑果类，果皮有油胞，中果皮疏松呈海绵状，食用部分是内果皮发育而成的瓤瓣。

(二)主要种类和品种

柑橘属芸香科柑橘亚科，是热带、亚热带常绿果树(枳除外)，用作经济栽培的有3个属，即枳属、金柑属和柑橘属(表1-1)。生产中种植最多的是柑橘属。

表 1-1　枳属、金柑属、柑橘属主要性状

属名	主要性状
枳属	落叶，三出复叶，子房多茸毛，果汁有苦辣油脂
金柑属	常绿，单身复叶，叶脉不明显，果小，果汁无脂
柑橘属	常绿，单身复叶，叶脉明显，果大，果汁无脂

主要栽培品种有：

1. 甜橙类

(1)红江橙　又名改良橙，可能是柳橙和福橘发生的嵌合体，兼有橙和橘的特点。果实圆球形，单果平均重约120 g，果顶有印圈，果皮橙黄色，有光泽；果肉有红、黄或红黄相间三种类型，以红肉品系品质优良，可溶性固形物含量12%～13.5%，汁多，清甜，浓香。11月下旬至12月上旬成熟。适应性广，抗逆性强，丰产稳产。

(2)伏令夏橙　原产西班牙，从美国引进。是世界柑橘加工的重要优良品种。果实椭圆形或圆形，单果平均重120～150 g，果面橙色或橙红色，果汁色、香、味良好，可溶性固形物10%～14%，出汁率43%。成熟期为翌年4月底至5月初。

(3)奥灵达夏橙　原产美国加州，从伏令夏橙实生苗中选出。果实长圆形，单果重145 g，果皮橙色，较光滑，可溶性固形物约11%，肉质较细、脆、化渣，汁多味浓，有香气，品质优良。果实5月上旬成熟。幼树树势旺盛，丰产稳产。

(4)纽荷尔脐橙　原产美国。果实长椭圆形或倒阔卵圆形，较大，单果重170～265 g，果面光滑，橙红色或深橙色。肉质脆，风味浓甜，可溶性固形物12%～14.1%。果实成熟期为11

月上中旬。该品种在同类脐橙中果型较好，商品性佳，但对不良环境的适应力稍差，果型不整齐，产量不够稳定。

(5)红肉脐橙 又名卡拉卡拉(caracara)脐橙，为秘鲁选出的华盛顿脐橙的芽变。该品种树势强，树姿开张。果实圆球形或椭圆形，平均单果重 200 g，果肉呈均匀的粉红色至红色，但果汁仍为橙色，有特殊香味，品质优，可溶性固性物含量 13.3%。果实 12 月上旬成熟。是目前脐橙类唯一的红肉品种。

(6)福本脐橙 原产日本和歌山县，为华盛顿脐橙的芽变，以果面色泽深红而著称，也称"福本红脐橙"。树势中等，树姿较开张。果实短椭圆形或球形，单果重 200～250 g，果顶部浑圆，多闭脐，果梗部周围有明显的短放射状沟纹，果面光滑，红橙色，肉质脆嫩多汁，可溶性固形物含量 12.5%～13%，酸甜适口，富香气，无核，品质优良。果实 11 月中下旬成熟，产量中上。

(7)脐橙 4 号 中国农业科学院柑橘研究所选育。果实呈扁球形，平均单果重 250 g，果皮橙黄色，较光滑，多闭脐，不易裂果、落果。可溶性固形物 12%以上，风味浓甜，汁多，品质上等，耐贮藏。11 月中旬成熟。树势中等，丰产性特强。

(8)塔罗科血橙新系 该品种从塔罗科血橙珠心系后代中选育而成。其树势强；果实倒卵形或短椭圆形，单果重 200～250 g，成熟时果皮及果肉血红色。果实一般 1 月下旬成熟，果肉细嫩化渣，汁多味浓甜，香气浓郁，可溶性固形物含量 12%～13%，果大无核，具极强的市场竞争力。

(9)梨橙 重庆市果树研究所等单位选出的甜橙新品种，因其果实多为梨形而得名。果大，外观美，平均单果重 200～220 g，最大可达 350 g，果皮为橙红色或深橙色，果形独特，呈梨形或倒卵形；果实风味浓甜，酸味较锦橙稍低，微有香气，果肉脆嫩化渣，风味似脐橙，可食率 74.6%，可溶性固形物含量 11.8%。

此外，在生产上适宜栽培的甜橙品种还有锦橙、新会橙、哈姆林甜橙、暗柳橙、雪柑、纳维林娜脐橙、华盛顿脐橙、罗伯逊脐橙、朋娜脐橙、脐血橙、塔罗科血橙等。

2. 宽皮柑橘类

(1)温州蜜柑 原产浙江。主产浙江、湖南、湖北、广西等地。果实中等大，为扁圆形、圆锥状扁圆形或球形，果面橙色，果皮较厚，汁胞短粗柔软，味甜少酸，无核。根据成熟期可分为特早熟、早熟、中熟和晚熟温州蜜柑。目前生产上主要发展特早熟和早熟温州蜜柑。特早熟温州蜜柑有宫本、桥本、胁山、日南一号等；早熟温州蜜柑有兴津、宫川、龟井、山下红等。

(2)椪柑 又名芦柑。主产福建、广东、广西、浙江、湖南等地。树势强健，直立性强。果高扁圆形或扁圆形，单果重 110～150 g。果皮较厚，橙黄色，有光泽，果皮易剥离。囊瓣肥大，汁多味甜，脆嫩爽口，品质极佳。11 月下旬至 12 月上旬成熟，较耐贮运。椪柑是我国柑橘类中极优良的品种，主要有硬芦、椪芦、潮州芦等品系，以硬芦产量高，品质好。目前发展的椪柑优良品系有太田椪柑、黔阳无核椪柑等。

(3)砂糖橘 原产广东。果实扁圆形，色泽橙黄，易剥离，单果重 50～100 g，可食率 71%，果肉爽口，汁多化渣，味清甜。11 月上旬成熟。丰产稳产。

(4)南丰蜜橘 原产我国江西，又名金钱蜜橘、邵武蜜橘。树势中等，半圆头形，树姿开张。果扁圆形，单果重 30～50 g，两端广平或微凹，顶端多有假脐；果面橙黄色，油胞小而密，较光滑，皮薄易剥；果肉柔软多汁，可溶性固形物 14%，风味浓甜，种子 1～2 粒或无核，品质中上等。11 月上中旬成熟，丰产，果实耐贮性不佳。

(5)本地早蜜橘　原产浙江黄岩。小果型蜜橘，11 月中旬成熟，最佳食用期为 12 月上旬至次年 2 月初，果实呈扁圆形，单果重 50～70 g，果皮橙黄色或橙红色，果肉柔软多汁，化渣，风味佳，微具香气，种子少，可食率达 72%以上，可溶性固形物含量 12%左右。

(6)蕉柑　原产我国，别称桶柑。12 月中旬至次年 1 月成熟，挂果性能好，丰产。始果期早，产量高，喜爱温暖，不耐寒，对肥水要求高，要求精细栽培管理。

3. 杂柑类

(1)清见　原产日本，是特罗维塔甜橙与宫川温州蜜柑的杂种。树势中等，枝条似温州蜜柑，长而披垂。果实扁球形，单果重 200～250 g。果皮橙黄色，较光滑，稍厚，剥皮较温州蜜柑稍难。无核，果肉细嫩多汁，酸甜爽口，品质好。成熟期 3 月上旬，晚熟。内膛结果能力强，丰产。

(2)春见　原产日本，以清见与椪柑 F-2432 杂交育成。树势较健旺。树姿直立。果实高扁圆形或倒阔卵形，果大，单果重约 230 g，大者可达 460 g，果面光滑，深橙色，果皮薄，较易剥皮；果肉深橙色，质地脆嫩多汁，极化渣，风味浓郁，可溶性固形物含量 12%～13%，无核。重庆地区果实 10 月下旬着色，12 月中下旬成熟。丰产。

(3)天草　原产日本，是清见和兴津的杂交后代再与佩奇橘杂交而成。果扁球形，果形指数 1.2 左右。果皮橙红色，较薄，果面光滑，果形美观。单果重约 200 g，大小整齐。可溶性固形物含量 12%左右，果肉细嫩，化渣，酸甜可口，无核，品质优良，具有甜橙风味和宽皮柑橘易剥皮的特点。成熟期 12 月下旬至 1 月下旬。早产丰产稳产。

(4)不知火　原产日本，是清见与中野 3 号椪柑杂交育成的优良品种。果实倒卵或扁球形，一般果蒂有明显的突起，单果重 200～300 g，果皮黄橙色，成熟时果皮稍厚、稍粗，易剥皮；成熟期 12 月至翌年 3 月，留树越久，糖度越高，汁胞和肉质越柔软，风味越佳。有椪柑香味，果肉橙红色，肉质柔软多汁，风味极佳，无核果率高，丰产。是目前推荐发展的重要晚熟新品种之一。

此外，还有濑户香、天香、南香、诺瓦等优良品种。

4. 柚类

(1)沙田柚　原产广西容县。果实中等大，单果重 1 000～1 500 g，果实葫芦形或梨形，果面橙黄色，果皮光滑，果肉脆嫩、清甜汁少、有香气，可溶性固形物含量 15.7%，种子多，品质优良。11 月中下旬成熟，耐贮藏。树势强健，丰产稳产。

(2)琯溪蜜柚　原产福建平和县。树冠半圆形，较开张，枝叶稠密，长势特别壮旺。10 月下旬成熟。果实呈倒卵圆形或阔圆锥形，果色淡黄，果特大，单果重 2 500 g，大者可达 5 000 g。果肉淡红色，甜酸适口，化渣，香气浓郁，可溶性固形物含量 12%，品质优。树势强健，适应性强，结果早，丰产稳产。

(3)矮晚柚　从晚白柚中选出。果形美观，扁圆形或短圆柱形，平均单果重 2 000 g，最大达 3 600 g，果皮黄色、光滑。果肉白色，肉质细嫩，多汁化渣，甜酸爽口，果实充分成熟时有浓郁的芳香味，无苦麻味，品质上等。可溶性固形物含量 11%～13.5%，种子少，少数无核，品质极优。果实次年 1 月底 2 月初成熟，极耐贮藏。适应性广，抗逆、抗病虫能力强。

(4)梁平柚　原产四川。果色金黄，具光泽，果皮中厚。单果重 1 000～1 300 g，果肉细嫩多汁，可溶性固形物含量 11%～13%，可食率 60.5%～66.7%，少核，味甜，略带苦麻余味，品质好。果实 10～11 月份成熟。树势中等，丰产稳产。

(5)强德勒红心柚　原产美国，杂交育成。树势旺，枝梢长、披垂。平均单果重 1 000 g，果皮光滑，有光泽，皮中等厚，包着紧，黄色，常有淡色彩纹，果顶平圆。少核，果肉红色，甜酸爽口，脆嫩化渣，无异味，多汁，可溶性固形物含量 10.5%～11.5%，品质优。9 月至 11 月下旬成熟，丰产，耐贮性好。

5. 其他柑橘类

(1)脆皮金柑　果实幼果期墨绿色，成熟时橙黄色，单果重 12～15 g，最大果重 20 g 以上。果实近圆球形，果皮极光滑，油胞稀少，全果带皮食用，清香脆甜，无普通金柑的刺鼻辛辣味。成熟期在 11 月中旬至 12 月上旬。早结丰产，抗逆性强。

(2)尤力克柠檬　原产美国。树势中等，开张，枝条披散，零乱。果实椭圆形至倒卵形，果顶具有明显的乳突，果皮淡黄，较厚而粗，平均单果重 150 g 左右。果汁多，香气浓，每 100 mL 果汁含酸 6～7.5 g，含糖 1.48 g。果实在 11 月中下旬成熟。

(3)佛手　因其果形似人手而得名。果实皮色金黄，肉质白嫩，香脆甘甜。可加工成佛手茶、佛手露、佛手果冻和佛手果酒。花、幼果和成熟果实均可入药。

佛手分金华佛手和广佛手。其中，青皮为金华佛手的主栽品种，果实中等大，平均单果重 300 g，最大果可达 2 000 g，香气浓，品质上等，极耐寒。广佛手平均果重 750～1 000 g，最大可达 2 200 g，栽后第二年投产，丰产期鲜果产量 45 000～60 000 kg/hm^2，抗寒力极强。果实 11 月份可上色，11 月下旬充分转色，可挂果到次年 3 月份。

二、荔枝

(一)主要特征

荔枝属常绿乔木，树冠多呈半圆形，高 5～10 m，宽 7～12 m，主干粗大，树皮平滑，灰褐色或黑褐色，枝条繁茂，枝条密而较短或疏而较长。偶数羽状复叶，小叶 2～4 对，互生或对生，革质，叶面浓绿，有光泽，披针形、长椭圆形或倒卵形，长 9～15 cm，宽 3～5 cm，先端渐尖或急尖，具短柄，全缘。复总状圆锥花序，顶生或侧生，每小穗有花 3 朵。花小、淡黄绿色，多数无花瓣，花萼杯状，花盘肉质，有蜜腺。花型可分为 4 种：①雌花，即雄蕊不完全雌花，子房发达，二室，能受精结果，花丝很短，药囊不散播花粉。②雄花，包括雌蕊完全退化和雌蕊发育不完全的雄花，子房退化，花药壮，花粉健全。③两性花，雌雄蕊发育完全，雄蕊能正常散发花粉，雌蕊有受精能力，是有结果能力的完全花。④变态花，雌蕊有子房 1～16 个，柱头有单裂或多裂，雄蕊花丝 3～19 枚。核果多为卵形、圆形，由果柄、果蒂、果皮、果肉(假种皮)及种子等组成。成熟时果皮多为红色，革质，有瘤状突起，形成龟裂片、裂纹和片峰，有时有刺手感。果皮由对称的两边合成，连接处有缝合线。假种皮为果肉，白色，半透明如凝脂，外包有一层薄膜状的内果皮。种子一枚，多褐色光亮并发育完全，部分败育，易与果肉分离。

(二)主要种类和品种

荔枝属无患子科荔枝属。荔枝属下有两个种，即中国荔枝和菲律宾荔枝，中国荔枝即通常所指的荔枝栽培种，荔枝种内有两个野生变种：光头荔枝和褐毛荔枝。菲律宾荔枝、光头荔枝、褐毛荔枝常作荔枝的砧木和育种材料。

我国荔枝在长期栽培的过程中，选育出很多栽培品种。全国现有荔枝品种、品系以及优良单株 220 多个，其中作为商品生产的主栽品种有 30 多个。

1.早熟品种

(1)三月红　别名早果、玉荷包(广东)、鹿角(四川)、四月荔、五月红(广西),因在农历3月下旬果实即着色,故名三月红。是我国目前最早熟的荔枝品种。主产于珠江三角洲和广西南部。果实心脏形或歪心形,果较大,单果重26～42 g,有大小果;果皮鲜红色,味甜微酸,肉厚,种子大,品质中等。5月中下旬果成熟,耐湿,较丰产、稳产。

(2)白糖罂　别名蜂糖罂,主产于广东茂名。果实歪心形或短歪心形,平均单果重24.8 g,果皮薄,鲜红色;肉厚味甜,质脆多汁,具香蜜味。是优良的早熟品种,在广东高州2月中下旬至3月上旬开花,5月上旬至6月中旬成熟。品质优、丰产。

(3)白蜡　主产于广东茂名。果实近心形或卵圆形,果中等大,平均单果重24.1 g,果皮鲜红色,稍带紫色,品质优良。种子大。在广东茂名2月中下旬至3月上旬开花,5月下旬至6月中旬成熟。生长势较强,丰产,但大小年现象较明显。

2.中熟品种

(1)妃子笑　主产广东、广西、四川。树势壮旺,树冠疏散,枝条粗硬,叶片较大。果实近圆形或卵圆形,单果重约30 g,果皮淡红色,可食率75%～80.8%,可溶性固形物含量18.4%～19%,肉质厚实,爽脆多汁,清甜,核小,品质优,最宜鲜食。在广东、广西5月下旬至6月上中旬成熟,在四川7月下旬成熟。

(2)黑叶　别名乌叶荔枝,为广东、广西、福建、台湾普遍栽培的品种。果实歪心形,果中等大,平均单果重19.6 g,大小均匀。果皮紫红色,核中等大,品质中上等。广东、广西3月下旬至4月上旬开花,6月中旬成熟。耐湿,丰产、稳产性较好。制糖水罐头时其果肉内膜顶端褐变不明显,具有良好的加工性能。

(3)糯米糍　别名丁香,是荔枝名贵优良品种。主产于珠江三角洲,广西、贵州、福建也有栽培。有“红皮大糯”(称红壳)和“白皮小糯”(称白壳仔)两个品系,前者果大,皮色鲜红;后者果较小,皮色浅红,品质以前者为优。单果重25 g左右,扁心形,广州3月下旬至4月下旬开花,6月下旬至7月上旬果熟。该品种果大、肉厚、味浓甜、核小、风味佳。除鲜食外,还可加工成优质荔枝干。耐旱性强,丰产,但大小年结果明显,且易裂果。

(4)桂味　别名桂枝、冰糖荔。广东、广西、福建、四川、台湾等地有栽培。果实圆球形或近圆球形,中等大,平均单果重17 g;果皮浅红色,果肉乳白色,肉厚,品质极佳,以细核、肉质爽脆、清甜、有桂花味而闻名。广州3月下旬至4月下旬开花,6月下旬至7月上旬果熟。适应性较强,耐旱,但枝脆,抗风力稍弱。大小年现象明显,易裂果。

(5)鸡嘴荔　原产广西合浦,广西南部各县均有种植。果实歪心形,果皮红色,果大,平均单果重29.5 g,果肉爽脆,清甜,多为小核,可食率79.3%,可溶性固形物含量18.5%,品质极优,适宜鲜食。果实6月下旬成熟。适应性强,适宜山区发展。

3.晚熟品种

(1)灵山香荔　原产广西灵山县,因其果实香味浓而得名。树势旺盛,枝条密而下垂。果实卵圆形,平均单果重21 g,果皮深红色,果肉爽脆清甜,香味浓,核小,可食率73.5%,可溶性固形物含量20%,品质极优,适宜鲜食。果实7月上中旬成熟。丰产但不稳产,适宜平地、山地栽培。

(2)东刘一号　从福建省福清市晚熟荔枝品种下番枝中选育的优良品种。果实短心脏形,单果重30 g左右,果皮紫红色,肉质爽脆,肉厚,中核,味香清甜,品质上等。3月中下旬抽穗,5

月上旬至下旬开花,8 月上旬成熟,宜鲜食和制罐。适应性强,耐旱、抗风,树形较矮化,结果早、高产、稳产、晚熟。

(3)下番枝　别名中元枝。福建最晚熟品种,产于福清等地。果实近圆形,鲜红或带黄色,单果重 22.9～31.5 g,果肉乳白色,质细、较脆,有香气。可溶性固形物含量 18%～19%,种子多数大核。7 月下旬至 8 月上中旬成熟。

(4)楠木叶　别名三块石荔枝。四川迟熟品种,主产于合江县三块石村。果实心脏形,阳面浅红,阴面浅橙黄色,皮薄;平均单果重 19.3 g,龟裂片大小不一,较平滑,肉细嫩略脆,汁多化渣,味甜微涩,稍有香气。可溶性固形物含量约 19.7%,品质中上等,种子大者居多,8 月上中旬成熟。

(5)雪怀子　主产于广州市郊、增城及广西南宁市郊。果实歪心形,深红色;单果重19.8～25.9 g,肉白蜡色,肉质结实爽脆,味甜。可溶性固形物含量 15.7%～17.4%,品质中上等。种子多饱满。成熟期 7 月上中旬。

此外,生产上较重要的品种还有钦州红荔、兰竹、陈紫、禾荔、大造、尚书怀、江口荔、挂绿、四两果、糖驳等。

三、龙眼

(一)主要特征

龙眼为常绿乔木,树体高大,树冠半圆形或圆头形。树干外表粗糙且厚,具不规则纵裂。树龄可达百年至数百年。枝条顶端优势较强,新梢常从充实的枝条顶芽延生,故分枝较少。多为偶数羽状复叶,小叶对生或互生,成年植株以 3～4 对为多,长椭圆形,全缘,革质,长 9～17 cm,宽 3～5 cm。叶面绿色,叶背淡绿,叶柄短,中脉显著突出,侧脉明显。嫩叶赤褐色,叶片寿命 1～3 年。为聚伞花序圆锥状排列的混合花序。每花序支轴 10 余枝,花数常逾千朵。每个小穗由 3 朵花组成,中间一朵先开。花蕾黄褐色。花型以雄花(约占总花数的 80%)及雌花为主,有少数两性花及变态花。子房上位花,正常的雌蕊子房 2 室,常一室膨大为果实,另一室萎缩。果实扁圆形或圆球形,一般果径 2～3 cm,果重 8～20 g。果皮褐色,因品种不同又有黄褐、青褐、锈褐、赤褐、红褐等颜色。外皮具明显度不同的龟裂纹、细疣突及放射线。果皮薄,外、中、内果皮难以分开。果肉为假种皮,从果核基部向顶部生长,包裹种子并迅速膨大充满果实。果肉乳白色至灰白色。种子圆形至扁圆形,暗黑至红棕色,光滑,子叶肥大,小胚略带黄色,胎座白色。

(二)主要种类和品种

龙眼为无患子科龙眼属植物。作为果树栽培的仅龙眼一种。龙眼有 4 个变种,即龙眼原变种、大叶龙眼、钝叶龙眼、长叶柄龙眼。

我国主要龙眼栽培品种有:

1.石硖

原产广东南海市,是广东、广西的主栽品种。石硖有 3 个品系:黄壳石硖、青壳石硖、灰壳石硖。生产上种植的主要是黄壳石硖,单果重 8～12 g,肉质干脆蜜甜,可溶性固形物含量 21.7%,可食率 65%～70%,品质好,耐贮运。适应性强,丰产稳产。成熟期 7 月中旬到 8 月中旬。

2.大乌圆

原产广西容县,因果大叶色乌绿而得名,是我国最大的龙眼品种。单果重15～20 g,果皮黄褐色,果肉软滑呈干包,可溶性固形物含量14%～18%,可食率65%～75%,品质中等,适鲜食、制干、制罐。栽培适应性强,稳产性稍差。成熟期7月下旬到8月中旬。

3.储良

原产广东高州,在广东、广西、海南有栽培。果扁圆形,果大,平均单果重12～15 g,果皮黄褐色,果肉厚,干脆爽甜,可溶性固形物含量20%～22%,可食率约70%,品质优,是鲜食的优良品种。树势旺盛,树干和主枝树皮较粗糙。丰产稳产,对肥水要求较高。果实成熟期8月上旬至8月下旬。

4.灵龙

原产广西灵山县。果穗大,果密集,平均穗重500～550 g,果粒均匀,平均单果重11～15 g,果皮黄褐色,果肉白色半透明,爽脆蜜甜,干脆不流汁,可溶性固形物含量22%～23.5%,可食率约70%,种子红棕色,焦核率10%～13%,品质优良,适宜鲜食。植株健壮,适应性强,丰产稳产。成熟期在8月下旬。

5.白露

原产广西,因白露前后成熟而得名。果实近圆形,果皮黄褐色,单果重10～14 g,果肉爽脆,清甜,干包,可溶性固形物含量22%,可食率60%～72%,品质优,适宜鲜食。栽培适应性强,丰产稳产,抗鬼帚病。成熟期8月下旬至9月上旬。

6.福眼

福建主栽品种。果实扁圆形,平均单果重16.8 g。果皮黄褐色,果肉淡白色,味清甜,较淡,肉厚汁多,可溶性固形物含量13.5%～16%,可食率64.1%～73.5%,品质中等,加工桂圆成品率高。树体高大,树冠圆头形或半圆形。成熟期在8月中下旬。较抗鬼帚病,抗旱力较强。大小年结果现象较明显。

7.乌龙岭

原产于福建省仙游县郊尾塘边的乌石村而得名。平均单果重12.6 g,果皮厚,核大,可溶性固形物含量18.4%,焙干率高,产品外形美观,为福建莆田、仙游产区最主要的制干良种。产量高,但核偏大,大小年结果明显。

8.油潭本

原产福建省莆田县华亭乡油潭村。平均单果重12.4 g,可溶性固形物含量16.9%,品质中上,核大,皮厚,焙干率高,焙后壳不凹陷,亦不易破裂,为制干良种。丰产稳产,成熟期较迟,但果核较大,易感鬼帚病。

此外,还有大广眼、双孖木、东壁、水南一号、立冬本、八月鲜、九月乌、桂龙早等优良品种。

四、杧果

(一)主要特征

杧果为常绿高大乔木,植株高大,寿命长,一般实生树寿命达100多年。树冠半圆形或圆头形,干性较强,树干直立粗壮,实生树放任生长,具明显的中心主干,主干上的分枝有明显的层性。枝梢具有较强的顶端优势,而且枝梢呈层状分布。为单叶,互生,全缘,革质,每次梢顶端叶片集中,下部较稀疏。叶片多为阔披针形,其大小、形状与品种有关。叶片寿命1.5～2年或更长。顶芽和侧芽均能形成花序，但大多数品种顶芽分化的花序对腋花序的发生有较强的抑制作用。为圆锥花序，花序长10～50 cm，总轴上有2～3级分枝，一般第1～2个侧枝较大。每个花序有100～300朵小花，花瓣、花萼、雄蕊均为5枚，雄蕊通常只有一个发育，其余退化。子房上位，胚珠倒生，花柱斜生于子房上。有雄花、两性花、畸形花3种花型，其中，只有两性花才能坐果。果实属于核果类，果形因品种有较大变化。果实的增长速度在坐果后8周内最快，以后增长显著减慢，直至果实成熟。

(二)主要种类和品种

杧果为漆树科杧果属植物。杧果属有41种。目前杧果仍未形成系统的分类，按胚性可分为单胚和多胚两个类型。根据众多品种的生态特征、分布地区进行分类，可分为4个品种群：印度品种群、印度支那品种群、印度尼西亚品种群、菲律宾品种群。

1.台农1号

台湾省凤山热带园艺研究所用海顿与爱文杂交选育而得。植株较矮，枝条节间短，叶窄小，抗风能力强。花序再生能力强。果实卵形稍扁，平均单果重200～250 g，成熟果皮和果肉均为黄色，肉质细滑，多汁，味香浓甜，纤维极少，品质上等。在海南5月上中旬成熟，广东、广西6月中旬至7月上旬成熟。果实高抗炭疽病，耐贮运，货架期长。

2.金煌杧

金煌杧是台湾省黄金煌先生选育出来的优良品种。树势强壮，叶片大而长，易成花，花穗长，花朵大。丰产稳产，果实特大，长椭圆形，平均单果重500～1 500 g，最大可达2 400 g，种胚退化的果实成熟时单果重约150 g。成熟果皮和果肉呈黄色，味香甜爽口，汁多，纤维极少，可溶性固形物含量17.3%，可食率80.1%，品质上等。4月开花，果实7月成熟。较抗病，丰产稳产。

3.象牙杧

有白象牙、黄象牙和红象牙3种类型：①白象牙原产泰国和马来西亚，20世纪30年代从泰国引进海南，果实成熟时果皮呈乳白色或奶黄色；②黄象牙原产地不明，果实成熟时果皮和果肉呈浅黄色，易裂果；③红象牙是广西大学农学院于20世纪80年代初从象牙26实生后代选育而得，成熟时向阳果面呈粉红色。单果重300～500 g，果实长而细，呈象牙形，果顶尖呈钩状；可食率75%～80%，果肉细嫩，纤维少，白象牙和黄象牙品质上等，红象牙品质中等。开花期3月下旬至4月下旬，成熟期在7月下旬至8月份。果实耐贮藏。

4.田阳香杧

广西田阳县选育，主产广西百色市、田阳县、田东县等地。树势中等，耐旱，对肥水要求不高，耐修剪，在春季干旱地区栽培丰产稳产。单果重200～300 g，果实椭圆形，皮薄光滑，熟后果皮和果肉均为黄色，纤维少，果汁多，肉质细嫩香甜，可食率75%，品质上等，耐贮运，是鲜食的优良品种。2～3月份开花，6月上旬至7月上中旬成熟。

5.紫花杧

由广西农学院从泰国杧的实生后代中选出。树势中等，果实呈椭圆形，两端尖，果皮灰绿色，向阳面淡红黄色，后熟果皮深黄色，果皮蜡粉较厚，果肉橙黄色，纤维极少，果汁多，肉质细嫩。可食部分占64%～73%，可溶性固形物含量13%～15%，含糖量为12%，含酸量为0.09%～0.65%。品质中等，核小，单胚。果实外观美，耐贮运。

6.粤西1号

中国南亚热带作物研究所选育。树势强，花穗再生能力强。单果重100～200 g，果实长卵形，成熟时果皮黄色，果肉金黄，嫩滑多汁，味甜清香，纤维少，可食率约70%，较丰产。开花期2～3月份，果实成熟期5月下旬至6月中旬。

7. 海顿

美国佛罗里达州选育的红杧优良品种。果实色泽鲜艳，平均单果重680 g，可溶性固形物含量14.1%～14.5%，香味浓，纤维中等，品质上乘。一般在6～7月份成熟。较耐贮运，抗炭疽病能力较强。

8. 串杧

树势强壮，枝条开展、中等粗细，发枝力强，结果后枝条易下垂。叶中等大，叶面略有波状，叶色浓绿。平均单果重280 g。开花期在3月中旬至5月上旬，果实7～8月份成熟。含可溶性固形物19%左右，含糖量15%，含酸量0.99%。果核中等大，多胚。该品种除正常结果外，7～8月间尚有第二次开花结果现象。

此外，还有金穗杧、桂香杧、桂热杧、青皮杧、吕宋杧、秋杧、留香杧、凯特杧、爱文杧、红杧6号、斯里兰卡811等优良品种。

五、香蕉

(一)主要特征

香蕉是热带多年生大型草本果树。香蕉根系浅生，没有主根，由球茎抽出的细长肉质不定根组成，常常是由2～4条一组并生。新根白色，老根淡黄色；幼根先端被根毛，是吸收水分和矿质养分的主要部位，老根外层组织逐渐木栓化，吸收作用减弱，只起固定作用。

香蕉的茎部分为真茎和假茎。真茎即球茎，俗称蕉头，其上着生芽眼、吸芽、根和叶，是植株的养分贮存中心；假茎又称蕉身，由许多叶鞘呈覆瓦状互相紧密抱合而成，草质多汁，呈圆柱形，起支撑和运输作用。新叶从假茎中心伸出，把老叶及其叶鞘逐渐挤向外围，从而使假茎不断增粗。

香蕉叶片由叶鞘、叶柄、叶翼和叶身组成，叶身宽大，长椭圆形，中脉明显，具浅中槽。新叶从假茎中心向上生长时，叶身左右半片互相抱卷着呈圆筒形，当整张叶片伸出假茎后，抱卷的叶片才自上而下张开。在香蕉整个生长过程中，其叶片大小、形状均在变化。吸芽初期长出的叶片如鳞状，只有狭小的叶鞘，无叶身，约10片；随后抽出仅有狭窄叶身的小形叶10～15片；其后逐渐长出正常的大叶，叶片一张比一张大，直到花序分化开始，叶身达到最大，约15片；以后抽生的叶片又逐渐缩小，在花序抽出前的两片叶片最小，最后一张直立生长，约8片。花芽分化后，叶片、叶柄变短而密集排列于假茎顶部。

从香蕉球茎上萌发出来的芽称吸芽。根据吸芽的形状不同可分为剑芽和大叶芽。剑芽因抽生时期不同又可分为红笋和褛衣芽。红笋球茎粗壮，假茎上部尖细，顶部有几片尖窄的剑形叶，一般在初春抽生，色泽嫩红。褛衣芽发生于上一年秋后，地上部生长慢，地下茎的养分积累较多，形成下大上小的形状，叶片狭小，似剑状，由于上年抽生的叶片过冬后部分叶片枯死，干叶包裹身上而得名。剑芽适宜做种苗或接替母株开花结果。大叶芽叶片相对较大，球茎小，假茎细，不宜做种苗。

香蕉的花序为顶生穗状花序，由地下茎长出并延长到假茎顶端抽出。香蕉在抽生短钝且直立生长的最后一张叶片时花序开始出现。香蕉花序外由大花苞重叠包裹，大多为紫红或粉红色，每张苞片包裹一梳小花，每梳由两排小花构成，随着花序的延长花苞逐渐展开，最后自行脱落。一株蕉一生只能抽生一个花序，香蕉的花是完全花，花型有雌花（子房占全花长度约2/3）、中性花（子房占全花长度约1/2）和雄花（子房占全花长度约1/3）3种类型，分别位于花轴基部、中部、顶部。只有雌花能发育成为果实，雌花梳数的多少与品种和营养有关，少的4～5梳，多的达15～16梳（图1-2）。

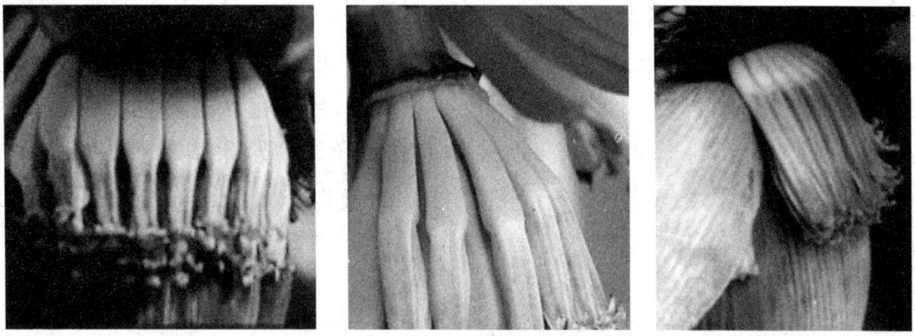

雌花　　中性花　　雄花

图1-2　香蕉的花

香蕉果实俗称果指，属于浆果，圆柱形，梳状螺旋排列在果轴上。大多数品种未成熟时果皮为绿色，成熟后转为不同程度的黄色。蕉类栽培品种都是单性结实，没有种子，但粉蕉经过授粉会产生少量种子。

（二）主要种类和品种

1. 主要种类

香蕉是芭蕉科芭蕉属植物。根据植株形态特征及经济性状，我国习惯把食用蕉分为香蕉、大蕉、粉蕉和龙牙蕉，它们是由尖叶蕉和长柄蕉杂交后代进化或由某一野生种进化而来，栽培的香蕉绝大多数为三倍体。如将来自尖叶蕉的染色体基因组用A代表，来自长柄蕉的染色体基因组用B代表，香蕉属于AAA组群，大蕉和粉蕉属于ABB组群，龙牙蕉属于AAB组群。

（1）香蕉　由尖叶蕉进化而来的三倍体，是我国主要的栽培品种。植株高1.5～4 m，假茎黄绿色而带紫褐色斑，幼芽绿而带紫红色。叶片较阔大，圆钝，叶柄粗短，叶柄沟槽开张，有叶翼反向外，叶基部对称斜向上。幼苗和试管苗幼叶多有紫斑。果柄下垂，果实向上弯曲生长，果形为月牙弯状。幼果横切面多为五棱形，成熟时近圆形。果皮呈黄绿色至绿黄色。果皮厚度中等。果肉黄白色，光滑柔软，味清甜，香味浓郁。一般株产15～30 kg，高产的可达60～70 kg，根据植株高度和果实特征等经济性状的不同，香蕉又分高、中、矮3个类型。

（2）大蕉　别名芭蕉，是尖叶蕉和长柄蕉的杂交三倍体。植株高1.8～4.5 m，蕉身粗壮，生势强，假茎绿色，幼芽青绿色，叶片圆而宽大，深绿色常有光泽，先端较尖，叶基部近心脏形，叶背和叶鞘微被白粉或无白粉，叶柄长，沟槽闭合，无叶翼；果轴无茸毛，果实较大，果身直，棱角明显；果皮厚而韧，外果皮与中果易分离；果肉杏黄色，粗滑味甜带酸。偶有少量种子。大蕉适应性广，抗性强。单株产量为10～20 kg，生育期比香蕉长15～30 d，依植株高矮也可分为高、中、矮3个类型。

(3)粉蕉　别名粉沙香、糯米蕉,是尖叶蕉和长柄蕉的杂交三倍体。植株高 3～5 m,假茎淡黄绿色,无黑褐斑。叶狭长而薄,叶基部对称,心形,叶柄长,沟槽闭合,无叶翼,叶柄和基部被白粉。果轴无茸毛,果实微弯,果柄较短,果身近圆形而短(10～15 cm)。果皮薄,不耐贮藏。成熟时呈浅黄色,果肉乳白色,汁少肉实,味甜微香,偶有种子。单株产量一般为 15～20 kg 或更高。适应能力强,但香蕉弄蝶幼虫危害较严重,容易感染巴拿马枯萎病。

(4)龙牙蕉　别名过山香、美蕉等。植株较瘦高,3～4 m,假茎青绿色,有紫红色斑,叶狭长,叶基部两侧不对称,楔形,有叶翼,叶柄与假茎被白粉,果轴有茸毛。花苞表面紫红色,被白粉。果实近柱状,肥满,稍弯。果皮薄,果实成熟呈鲜黄色,易裂,果指易脱梳。果实充分成熟方无涩味。果肉质地柔软,甜或微酸,有特殊风味。一般株产量为 10～20 kg,抗寒力介于香蕉和大蕉之间。易感巴拿马枯萎病,抗风抗涝性差。果实不耐贮运。

2. 主要品种

目前,生产中栽培的蕉类主要有以下品种。

(1)威廉斯　1985 年从澳大利亚引进。从中选育出的桂蕉 6 号(威廉斯 B6)是目前国内种植面积最大的品种。组培苗第一代假茎高 220～260 cm,假茎基部围径 75～95 cm,假茎中部围径 48～65 cm;叶片较长而稍直立,叶片长 210～250 cm,宽 88～95 cm,叶形比为 2.3～2.6;果穗梳形整齐,排列紧凑,每穗形成果指 7～14 梳,每梳果指数 16～32 只,果指长 19～24 cm,可溶性固形物含量 18%～21%,果皮薄,肉质甜,香味较浓;每穗果重 20～30 kg,高的可达 95.5 kg。每公顷种植 1 800～1 950 株,产量 36 000～52 500 kg/hm^2,高的可达 60 000 kg/hm^2 以上。抗风能力中等,不耐霜冻,易感香蕉花叶心腐病、香蕉束顶病,栽培上要注意防治蚜虫及避免与茄科、葫芦科等寄主植物间套种。

(2)巴西蕉　1987 年从巴西引进。假茎高 250～330 cm,周长 70～80 cm,褐黑偏绿;叶片细长直立;果穗 8～11 梳,梳距较疏,疏型好,单株产量 18～35 kg,果指长度 19～24 cm;可溶性固形物含量 18%～21%,品质好,香味较浓;适应性较强,丰产优质。

(3)西贡蕉　粉蕉类型,别名糯米蕉,1932 年从越南引进。假茎高 400～500 cm,;叶色淡而有红色斑纹;果梳 14～18 梳,果指饱满,果指长 11～14 cm,果皮薄,成熟时为淡黄色,果肉乳白色,可溶性固形物含量 24%～28%,香气较淡,品质优;单株产量 15～20 kg;抗风、耐寒、耐旱,适应性强。但果皮薄易裂,不耐贮运;易感巴拿马枯萎病。

(4)天宝矮蕉　原产福建省。假茎高 160～180 cm,周长 50～60 cm,叶柄粗短;每穗 8～10 梳,单株产量 10～15 kg;果指长 15～20 cm,果皮薄,肉质柔软,味甜浓香,品质甚佳;抗风力强,适宜密植,但耐寒力较差,抗叶斑病和束顶病能力弱,品种易退化。

(5)广西矮香蕉　别名浦北矮、那隆蕉、田东蕉。假茎高 150～175 cm,周长 60～80 cm;叶柄短,叶片长 140～161 cm,宽 65～78 cm,叶幅 275～310 cm;每穗 9～12 梳,果指数 135～183 只,株产 15～20 kg;果指长 16～19 cm。适宜密植,具有管理方便、抗风和抗病力强、品质优异的特点。

(6)广东香蕉 2 号　假茎高 200～265 cm,周长 55～65 cm;果穗 10～11 梳;果指长 18～23 cm,果形好,可溶性固形物含量约 20%。单株产量 22～32 kg。适应性强,抗风力较强,丰产优质。

(7)河口中把　从越南引进云南省河口。适宜高温高湿及肥水充足的地区栽种。假茎高230～300 cm,周长70～80 cm;梳形整齐,每穗9～10梳,单株产量20～30 kg;果指长15～21 cm;产量高,品质好。

(8)漳蕉8号　漳州市以“台湾北蕉”离体试管芽辐射诱变后选育而得。假茎高250～320 cm,浅绿色,周长65～85 cm;叶柄较长,株型较直立,果轴茸毛稀少或无茸毛;单株产量25～30 kg;果指长23～26 cm。较抗叶斑病。

(9)红皮香蕉　从东南亚地区引进我国。假茎高350～450 cm;除叶面呈绿色外,假茎、叶柄和中脉呈暗紫红色;果梳、果数少,株产10～20 kg;果指长17～20 cm,果皮暗紫红色,后熟果肉淡黄色,果实可溶性固形物含量20%～21%,具浓郁兰花香味。但株产低,易突变为绿蕉,生长期特长,抗寒力弱。

六、葡萄

(一)主要特征

葡萄为多年生藤本植物,根系发达,为肉质根,再生力强,根压大,吸收能力强。植株蔓性,需设支架扶持。葡萄的枝条又称枝蔓,老枝蔓外皮深褐色,表皮粗糙,嫩枝蔓表皮青绿色,枝蔓生长迅速,节间长,借助卷须向上攀缘生长,年生长量可达1～10 m。枝蔓生长有明显的顶端优势和垂直优势。

葡萄叶为掌状单叶,互生,有三裂、五裂和全缘3种类型。叶片厚薄、颜色深浅及茸毛多少与抗病能力相关,叶厚、色深、茸毛多者抗病力较强。节上着生卷须或花穗(与叶片相对着生)。

葡萄的芽为复混合芽。每节叶腋中存在两个芽,即夏芽和冬芽。夏芽是裸芽,随新梢生长当年萌发为副梢;冬芽外有鳞片包裹,一般在第二年春天萌发,其中除主芽外,还可包含3～8个预备芽,但仅2～3个发育较好。葡萄的花芽为混合芽,一般着生在结果母蔓的第2～16节。生长势弱的品种着生节位低,常在2～6节,且以2～3节居多;生长势强的品种着生节位高,以第6节以上居多。花芽萌发后抽生结果蔓,结果蔓多在第4～7节叶的对侧着生1～3个花序结果。葡萄花序为复总状圆锥花序,发育完全的花序,一般有花蕾200～500个。花序中部的花蕾质量最好。葡萄花有3个类型,即两性花、雌花和雄花,栽培品种多为两性花。花小,花粉极小,通过昆虫和风传播。葡萄果实为浆果,食用部分是中果皮、内果皮形成的果肉。每个果有种子1～4粒。果穗、果粒的形状、大小及果粒的色泽因品而异。

(二)主要种类和品种

葡萄属于葡萄科葡萄属植物。按起源和分布地大体分为3个种群,即欧亚种群、北美种群和东亚种群。欧亚种群品质好,但不耐湿,不适宜南方栽培;北美种群较耐高温高湿,适合南方栽培。目前,南方栽培的葡萄多以欧美杂种为主。

1. 巨峰

欧美杂种,原产日本。果穗圆锥形,平均穗重350 g;果粒椭圆形或近圆形,平均粒重10.5 g,紫黑色。果肉柔软多汁,味甜。皮肉、种子均易分离,可溶性固形物含量15%～16%,品质上等。7月中旬着色,8月上中旬成熟。树势强健,枝粗芽大,适应性、抗病力均较强,但不耐旱,落花落果较严重。

2. 藤稔

欧美杂种,原产日本。果穗大,圆锥形,平均穗重 500 g。果粒着生较紧密,果粒特大,一般粒重 15～22 g;果皮厚,紫黑色,肉质肥厚,可溶性固形物含量 16%～18%,品质上等。成熟期比巨峰早 10 d 左右,江南地区 7 月初着色,7 月中下旬成熟。树势较强,易形成花芽,丰产。

3. 希姆劳特

欧美杂种,日本品种。平均穗重 750 g,平均粒重 3～4 g,成熟后黄白色,无核。果肉柔嫩多汁,风味浓甜,具特殊香味,品质极佳。早熟,6 月下旬成熟,比巨峰早熟 20 d 以上。树势强壮,抗黑痘病、霜霉病、白腐病和炭疽病,易栽培。

4. 维多利亚

罗马尼亚品种。果穗大,圆锥形或圆柱形,平均穗重 630 g。果粒大,平均粒重 9.5 g,果粒紧密,长椭圆形,金黄色,粒形美观诱人。果皮中等厚,果肉脆而硬,味甘甜爽口,品质极佳。7 月下旬至 8 月初成熟。丰产。

5. 红提(晚红、红地球)

欧亚种,美国品种。果穗长圆锥形,平均穗重 800 g,松紧适度;果粒圆或卵圆形,平均粒重 12～14 g,最大达 20 g,果粉中厚,果皮为红色或深红色,色泽艳丽,果肉硬脆,味甜爽口,品质优。9 月中下旬成熟。不落粒,极耐贮运。在南方需设施栽培。

6. 美人指

欧亚种,日本品种。果穗较大,平均穗重 400 g;果粒大,平均粒重 11～12 g,果粒细长形,先端紫红色,光亮,基部稍淡;果肉脆,无香味,味甜甘爽,品质优。9 月中下旬成熟。生长势强,产量中等,较耐贮运。

此外,适宜南方栽培的优良品种还有京亚、高妻、夏黑无核、夕阳红、香悦、金星无核等。

【技能训练】1-1 主要亚热带果树种类识别

一、实训目的

1. 通过实训使学生能够在主要物候期,从地上部主要形态上识别不同类型的果树,具备识别果树种类的能力。

2. 能够识别当地主要果树种类 10 个以上。

二、材料与用具

材料:当地常见果树的植株和枝、叶、花、果实实物或标本。

用具:记载用具。

三、实训提示

1. 选择当地主要栽培的果树,在开花期或果实成熟期进行观察。

2. 可与本课程的其他实训内容结合,以增强在不同物候期识别树种的能力,增加识别树种的范围。

3. 确定重点识别项目，制作树种调查记载表。

四、实训内容

根据果树地上部分的形态特征，识别常见亚热带果树。

（1）植株形态　树性（常绿、落叶；乔木、灌木、藤状或攀缘状藤本、草本）、树形（自然圆头形、自然开心形、阔圆锥形、主干形、攀缘藤本等）。

（2）枝干　树干的颜色、光滑或粗糙，裂纹形态等；枝条形状（圆形或棱状等、皮层的颜色，刺的有无、多少、长短，直立、开展、下垂，密生、适中、稀疏等）。

（3）叶片　类型（单叶、复叶——羽状复叶、掌状复叶、三出复叶、单身复叶等）、形状（长椭圆形、披针形、剑形等）、叶缘（全缘、圆钝锯齿状、锐锯齿状、复锯齿状、刺杧状、波浪状、掌状裂叶等）、质地（革质、纸质、肉质等）、叶脉（羽状网脉、平行脉；叶脉明显与否，平、凸出或凹陷）、叶色（叶面、叶背、幼叶的色泽与特征）。

（4）花　单生或花序（圆锥花序、葇荑花序、聚合花序、聚伞花序、穗状花序等）、花型（两性花、雄花、雌花等）、着生位置（顶生、腋生、顶腋生、老枝生等），各种花器的色泽及特征。

（5）果　大小、形状（圆形、偏圆形、长圆形、半圆形、筒形或长圆筒形、方形等）、果皮和果肉的色泽及其他特征。

此外，对部分果树还可以从种子的大小、数量、形状和颜色等来识别树种。

参考下表，分别观察、记录各种果树主要器官的形态特征。

树种	植株形态	枝干	叶片	花	果实
柑橘	常绿（枳除外）灌木或小乔木；树冠自然开心形或圆头形	枝上有刺或无刺，新梢常为三角形	单身复叶或三出复叶	完全花；花瓣白色或紫红色；单生或总状花序	果实大小、形状、色泽因种类、品种而异，有圆形、长圆形，橙色、橙黄色、橙红色等
荔枝	常绿乔木或小乔木；树冠自然圆头形	主干或老枝表皮光滑	偶数羽状复叶，主脉明显，侧脉不明显	雌花子房2室，开放时柱头末端分叉	果实成熟时为红色或鲜红色
龙眼	常绿乔木或小乔木；树冠自然圆头形	主干或老枝表皮粗、纵裂	偶数羽状复叶，主脉、侧脉明显	雌花子房2～3室，多为2室，柱头末端分叉	果皮黄褐色
杧果	常绿乔木或小乔木；树冠自然圆头形	枝梢生长呈蓬状，各次梢之间有明显的界线	每次梢顶端叶片集中，叶有椭圆披针形、卵状椭圆形	圆锥花序，分两性花、雄花	果实为浆质核果，有椭圆形、卵形、象牙形等
香蕉	常绿大型草本	由叶鞘互相紧密抱合而成，呈圆柱形，组织结构疏松，极易折断	叶大，长椭圆形，由叶鞘、叶柄、叶翼、叶身组成	花为穗状花序，分雌花、中性花和雄花三种	果实筒状（俗称果指），浆果，一般无种子
菠萝	浅根性草本	分地上茎和地下茎，肉质	叶片剑形，中部较厚且凹陷，两边较薄，向上弯形成叶槽	聚合花序，由100～200个小花聚合而成；完全花，花瓣为紫红色	果实为肉质松果状复果，圆柱形或长圆筒形或圆锥形

续表

树种	植株形态	枝干	叶片	花	果实
杨桃	常绿小乔木，树冠自然圆头形或开心形	枝条细而密，柔软下垂	羽状复叶	聚伞状圆锥花序，腋生或生于枝干，花白色或紫红色	果实为肉质浆果，椭圆形，一般为五棱，横切面呈五角星状
枇杷	常绿小乔木或乔木；树冠圆头形或主干分层形	顶生枝生长缓慢、短而粗壮，侧生枝生长快而细长	叶片长椭圆形，叶缘有锯齿，幼叶有茸毛，老叶叶面的叶肉隆起	花序顶生	果圆形，成熟时黄色或橙黄色
葡萄	落叶藤本，枝蔓攀缘	老蔓黑色，外皮粗糙	叶为掌状裂片，叶缘有粗锯齿	花序属复总状花序，呈圆锥形	果穗球形或圆锥形，果粒圆形或长圆形
板栗	落叶乔木；树冠圆头形	新梢有短毛，先端自枯，无顶芽	叶阔披针形	雄花为葇荑花序，其基部着生球形雌花	果形呈半圆形，果顶常有茸毛
柿	落叶小乔木或乔木	新梢有茸毛	叶片椭圆形，叶背有茸毛	雌花花冠大、黄白色，萼片大，雄花小	果实圆形或偏圆形或方形
桃	落叶小乔木或灌木；树冠开张，自然开心形	树皮灰褐色	叶呈长披针形	花大，红色	果实圆形，表面有茸毛或无，有缝合线
李	落叶小乔木或灌木；树冠开张，自然开心形	树皮紫褐色	叶椭圆形	花较小，白色	果实圆形，黄色或红色或紫红色，果肉黄色或红色
梨	落叶乔木；树冠自然开心形或疏散分层形	树皮灰褐色，新梢有茸毛	叶椭圆形，叶缘锯齿状	花着生于枝梢顶端或叶腋	果实近圆形，果皮褐色或绿色
梅	落叶小乔木，树冠开张，自然开心形	树干、大枝呈灰褐色，有不规则的纵驳纹	叶片椭圆形	花白色或淡红色或红色	果实近圆形，果肉不易与核分离

五、实训报告

1. 按观察项目列表比较几种有代表性树种的主要形态特征。

树种	植株形态	枝干	叶片	花	果实	种子

2. 指出以下 3 组树种在形态上的异同点：龙眼和荔枝，桃和李，黄皮和杨桃。

六、考核评价

考核目标	考核要点	等级分值				考核说明
		A	B	C	D	
态度	时间观念；吃苦耐劳和团结协作精神；安全意识；材料用具的准备。	20	16	12	8	1. 操作技能考核：根据实地考察和记录数据进行综合评定。 2. 实训态度：根据学生现场表现确定等级。
操作技能	1. 观测的植株或器官具有代表性。 2. 观测方法合理，记录数据翔实。	50	40	30	20	
实训报告	果树种类形态特征记录规范，描述准确；能清楚阐述龙眼和荔枝、桃和李、黄皮和杨桃 3 组果树的异同点。	30	25	20	15	

任务三　了解果树生长发育规律

一、果树树体结构

果树树体由地上部和根系两部分组成（图 1-3）。

（一）根

果树根的总合称为根系。根系是果树吸收养分、水分的主要器官，同时还具有固着、支撑果树体和输导、合成、贮藏的功能。

（二）根颈

指主干和根的交界处。一般情况下处于近地表处，是连接根系和树冠的重要通道。是果树器官中较为活跃的部位，种植时，根颈埋得过深或过浅均易引起生长不良。越冬时根颈处最易受冻害，应注意保护。

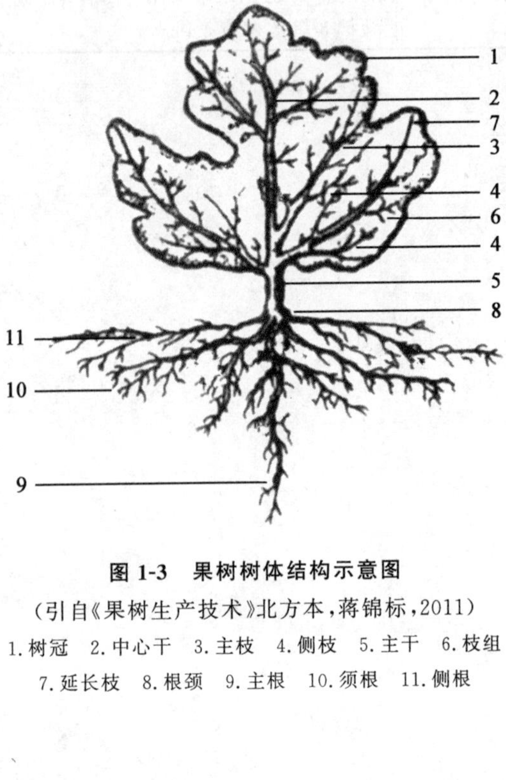

图 1-3　果树树体结构示意图

（引自《果树生产技术》北方本，蒋锦标，2011）

1.树冠　2.中心干　3.主枝　4.侧枝　5.主干　6.枝组　7.延长枝　8.根颈　9.主根　10.须根　11.侧根

（三）地上部

木本果树地上部由主干和树冠两部分组成。

1. 主干

指从根颈到第一主枝之间的树干部分。主干对树冠起支撑作用，是根系与树冠输送水分和养分的通道，兼有贮藏养分的作用。

2. 树冠

树体主干以上部分总称为树冠，由骨干枝和枝组组成。树冠东西向和南北向的距离称为冠径，常用东西向距离和南北向距离的平均值来表示树冠直径的大小。从地面到树冠顶端的距离为树高。

（1）骨干枝　处于树冠中央位置、由主干向上延生的大枝称为中心干；着生在中心干上的多年生分枝称为主枝（或一级枝）；着生在主枝上的多年生分枝称为侧枝（或二级枝）。中心干、主枝和侧枝构成树冠的主要骨架，统称为骨干枝。

（2）延长枝　各级骨干枝先端领头生长的一年生枝称为延长枝，有引领骨干枝生长的作用。

(3)枝组　指着生在各级骨干枝上，有两个以上分枝的小枝群，是果树构成树冠和叶幕，以及生长结果的基本单位。枝组按其体积大小分为大型、中型和小型枝组。

(4)辅养枝　着生在主干和中心干上的非永久性大枝称为辅养枝，又称临时枝。辅养枝是整形修剪时暂时保留的枝条，具有充分利用空间，增加枝叶量，辅养树体，促进幼树快速生长，提早开花结果的作用。当它对树体结构产生不利影响时，就应该剪除。

二、果树生长发育规律

(一)果树的生命周期

果树生命周期是指树体在个体发育中所经历的生长、结果、衰老和死亡的过程。研究果树生命周期，对控制树体的提早结果、高产、稳产和延长经济寿命具有十分重要的意义。果树按繁殖方法不同，其生命周期分为两种类型，即有性繁殖果树和无性繁殖果树的生命周期。

1. 有性繁殖果树的生命周期

有性繁殖果树也称实生树，是由种子萌发生长而来的个体。其生命周期可以划分为幼年阶段和成年阶段。

幼年阶段也称为童期，是指从种子萌发到具有开花潜能的阶段。这个时期只进行营养生长，任何人为措施均不能使其开花结果。幼年阶段的树体形态特征是：芽小、枝密、多针刺(有刺树种)、叶小而薄。幼年阶段的长短与树种、品种、栽培环境、栽培技术等有关。良好的栽培环境与栽培技术，可以促进树体的快速生长和营养积累，缩短幼年阶段，提早结果。

成年阶段是指树体已具备了开花潜能的阶段，在适宜的条件下可以开花结果。经过多年开花结果以后，生长逐渐衰弱，产量不断下降，进入衰老阶段，直至死亡。

2. 无性繁殖果树的生命周期

无性繁殖果树是指采用扦插、压条、嫁接、分株、组织培养等方法培育而来的个体。其繁殖材料取自成年阶段的优良母树，是母树枝芽发育的延续，已具备开花结果的能力，只要条件适合，即可开花结果。根据各时段的生长特点，通常把其生命周期划分为幼树期、初果期、盛果期、衰老期 4 个阶段，各阶段的长短与树种、品种、砧木、环境条件和栽培技术有关。

(1)幼年期　指果树从苗木定植到第一次开花结果的时期。这一时期以营养生长为主，所以也称营养生长期。幼年期的根系和树冠迅速扩大，逐步形成树冠和根系的骨架；枝梢多趋向于直立生长，生长量大，但往往不充实，越冬性差。幼树期的长短因树种、品种、繁殖方法和栽培技术而不同，一般葡萄 1～3 年，柑橘和枇杷 2～5 年，荔枝、龙眼 3～6 年。

栽培目标：促进根系和树冠的扩大。通过深翻扩穴，增施有机肥，改良土壤，培养以须根占优势的根系；合理整形，轻剪多留，增加枝量，尽快培养合理的树冠骨架，提早进入结果期。

(2)初果期　指果树从初次结果到大量结果之前。这一时期，营养生长仍占优势，分枝级数增加，树冠继续扩大；根系继续向深层和水平方向扩展，须根大量形成；随着树冠的扩大，主枝逐渐开张，侧枝结果逐渐增加，产量和果实品质逐年提高。

栽培目标：保证树冠和根系继续扩大，形成强健的树势和合理的树形，逐年提高产量。继续深翻扩穴，增施有机肥料，改良土壤，扩大根系；维持树冠内各类枝条间的从属关系，注意结果枝组的培养，增加结果部位；平衡营养生长与生殖生长的关系，保证树体生长和结果正常。

(3)盛果期　指果树从开始出现丰产到产量明显下降前。此期是果树一生中历时最长、产量和经济效益最高的时期。这一时期根系和主枝、侧枝基本停止扩展，新梢生长主要在侧枝上;营养生长趋于缓和,结果枝大量形成,产量和果实品质达到生命周期中的最高峰;盛果后期,树冠内部和下部的荫蔽枝开始衰老,结果部位外移,树冠内部光秃现象加重,出现明显的局部交替结果现象。如果栽培管理不当,容易出现大小年结果现象。

栽培目标:尽量延长盛果期,保证丰产稳产。加强肥水管理,满足果树大量结果对肥水的需要;合理修剪,适时更新结果枝组和骨干枝,改善树冠的光照条件,控制树体负载量,加强对病虫害和其他自然灾害的防治,防止"大小年"结果现象的发生。

(4)衰老期 指果树从产量明显下降到树体死亡的时期。这一时期,新梢数量显著减少,产量渐减,骨干枝末端开始枯死,树冠体积缩小,随后部分骨干枝开始枯死,主枝上出现更新枝。老枝上花芽虽多,但落花落果严重,产量和果实品质急剧下降。

栽培目标:加强老树更新,培养更新枝,形成新树冠,恢复树势,保持经济产量。

(二)果树年生长发育规律

果树在一年的生长过程中,其器官随外界环境条件的变化出现一系列生理与形态的变化,并呈现一定的生长发育规律的过程,称为果树年生长周期。果树在年生长周期中,随季节性气候变化而出现的果树器官动态变化时期称为生物气候学时期,简称物候期。如荔枝的主要物候期有:萌芽期、抽穗期、开花期、坐果期、生理落果期、果实成熟期、秋梢生长期等。

在年生长周期中,落叶果树的物候期可明显分为生长期和休眠期,而常绿果树则无明显的休眠期。

1.根

(1)根系类型 根据发生来源果树根系可分为实生根系、茎源根系、根蘖根系3种类型(图1-4)。

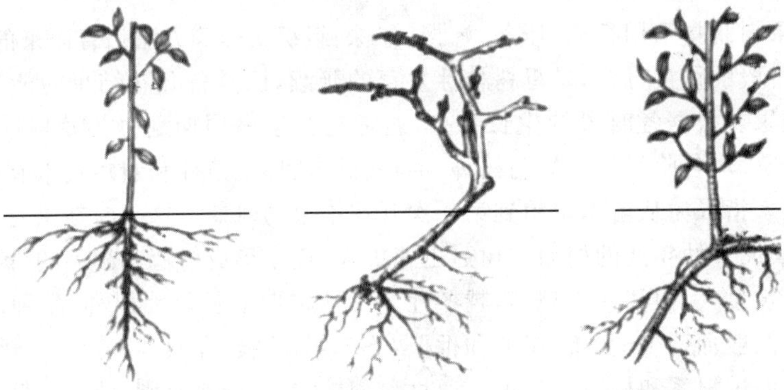

图1-4 果树根系类型

①实生根系。由种子的胚根发育而形成的根系称为实生根系。利用种子繁殖的苗木的根系为实生根系。实生根系的主根发达,根系分布广而深,生活力和适应能力强。但个体之间存在较大差异。

②茎源根系。由茎上的不定根长成的根系称为茎源根系。通过扦插、压条等方式繁殖的果树的根系属于茎源根系。茎源根系没有明显的主根,根系分布较浅,生活力和适应能力较弱,但个体之间差异较小。

③根蘖根系。有些果树的根能发生不定芽而形成根蘖，与母树分离成为独立的植株所形成的根系为根蘖根系，如枣、石榴等分株苗的根系。根蘖根系的特点与茎源根系相似，但由于其发生的部位不同，个体之间有一定的差异。

(2)根系组成与分布　大多数果树的苗木利用实生苗做砧木进行嫁接繁殖，其根系为实生根系，由主根、侧根和须根组成。利用扦插、分株、组织培养等方法繁殖的植株则没有明显的主根。主根和各级侧根上着生的细小根系(一般直径小于 2.5 mm)统称为须根。

根系在土壤中的分布有明显的层次，一般可分为 2～3 层。上层根群角较大，分枝性强，容易受环境条件的影响；下层的根群角较小，分枝性弱，受环境条件的影响较小。与地面近于平行生长的根称为水平根；与地面近于垂直的根称为垂直根。

果树根系的水平分布范围一般为树冠冠幅的 1～3 倍，有的可达 6 倍。水平根分枝多，着生的细根多，是构成土壤中根系分布的主要部分，其中，具有吸收功能的细根主要集中在树冠滴水线附近。成年树根系分布深度一般小于树高，多分布在 10～80 cm 的土层内，10～40 cm 是根群的集中分布层。果树的树种、品种、繁殖方法、土壤条件和栽培措施对根系的分布有影响。如柿、板栗、银杏、梨等根系分布深，香蕉、菠萝、无花果、李等根系分布较浅。实生树根系分布深，压条、扦插繁殖的果树根系分布较浅。土层深厚、地下水位低，根系分布深；土层薄、地下水位高，根系分布浅。根系总是向着水、肥、气、热适宜的土壤环境生长，大量的须根多分布在土壤中含氮和矿物盐多、微生物活动旺盛的土层中。生产中要重视改善土壤的理化状况和肥力，培养合理的根群。

(3)根系生长　果树根系没有自然休眠现象，只要条件适宜，果树根系周年都可以生长。一般成年果树的根系生长一年有 2～3 次生长高峰。根系生长和枝梢生长是交替进行的，发根的高峰多在枝梢缓慢生长、叶片大量形成之后。根系旺盛生长时，也是根系对营养元素吸收和有机物质合成的旺盛期。在果树休眠期或生长缓慢时期，根系贮藏较多的有机物质，春季开始生长后，营养物质逐渐消耗，到秋冬季营养物质又逐渐积累。

原产热带、亚热带地区的常绿果树，根系的生长要求较高温度，在初春时节，一般先萌芽后长根，如荔枝、柑橘等；原产温带寒带地区的落叶果树，根系能在较低温度下进行生命活动，在初春时节，根系往往早于地上部活动，如苹果、梨等。

(4)影响根系生长发育的因素　影响果树根系生长的因素主要有树体营养和土壤条件两方面。

根系的生长与养分、水分的吸收运输和合成所需要的能量物质都依赖于地上部有机营养的供应。因此，枝叶生长好，树体营养积累充足，则能促进根系生长；相反，有效叶片少或结果太多等，会造成有机营养供应不足，抑制根系生长。

土壤条件包括土壤温度、水分、通气状况、土壤微生物及土壤养分等。当土壤环境适宜时，根系生长旺盛。对多数果树而言，根系生长适宜的土壤温度为 20～25℃，热带、亚热带果树要求的土壤温度较高，温带果树要求的土壤温度较低；果树根系生长的最适宜土壤湿度为田间最大持水量的 60%～80%。土壤含水量过少，会抑制根系的生长；土壤水分过多，则通气不良，影响根系呼吸，根系生长也不好。柑橘、龙眼、荔枝等大部分果树都具有菌根(指果树根系与有益真菌形成的共生体，能增强根系对矿质营养和水分的吸收，在土壤水分低于萎蔫系数时，可从土壤中吸取水分)，菌根多数为好气性真菌，当土壤水分过多、通气不良时，菌根活动减弱，严重时会造成烂根。

根系有趋肥性。肥沃的土壤，根系发育良好，吸收根多，持续活动时间长。

(5)促进根系生长的措施　根系的生长发育很大程度上受环境条件特别是土壤条件的影响。

①不同年龄时期根系的管理。在幼年期，为使果树尽快生长扩大树冠，提早结果，必须进行深翻扩穴，增施有机肥，改良土壤，以培养强大根系；随树龄和结果量的增加，要加深耕作层，深施有机肥料，增进下层根的发育；同时，还要注意控制结果量，以增加地上部营养物质对根系的供应。在结果末期，应注意深耕土壤，增施有机肥促进骨干根的更新，以延缓树体的衰老。

②不同季节根系的管理。在年周期中，早春由于气温低养分分解慢，此时应注意排水、中耕松土，以提高土温；施肥以腐熟肥料为主，配合速效肥，以促进吸收根的大量发生。在夏季，由于高温，蒸发量大，同时果树生长结果又处于最旺盛时期，注意中耕松土、灌水和覆盖，以保证根系正常活动。秋季和初冬（南方温暖地区）发生的吸收根常比春季多，能将吸收的物质转化为有机物质贮藏起来，提高越冬抗寒能力。因此，南方果园要在秋冬季深耕土壤，增施有机肥料。

2. 芽

芽是枝、叶、花等的原始体，是度过不良环境的临时器官。

(1)芽的种类

①按芽的性质分为叶芽和花芽。叶芽内只含叶原基和雏梢，萌发后形成新梢。花芽内含有花原基，萌发后可形成花。花芽又分为纯花芽和混合芽。纯花芽内只含花原基，萌发后只开花或抽花序，如香蕉、番木瓜、枳壳、核果类、核桃的雄花芽等。混合芽内既有叶原基也有花原基，萌发后既抽生枝叶又开花，如柑橘、龙眼、荔枝、葡萄、板栗、仁果类等。

②按芽的着生位置分为顶芽和侧芽。顶芽着生在枝梢顶端。柑橘、板栗、柿、猕猴桃等枝梢的顶芽常自然枯死，称为自剪，以侧芽代替顶芽位置，这种顶芽，称为假顶芽。侧芽着生在叶腋内，又称腋芽。

顶芽和腋芽在枝条上按一定的位置发生，称为定芽。发生位置不定的芽叫不定芽。如在愈伤组织上或根上发生的芽是不定芽。有些果树的根上易发生不定芽，形成根蘖，如番石榴、石榴、银杏、枣、李、梨等。

③按芽体有无鳞片分为鳞芽和裸芽。有鳞片包被的芽称为鳞芽，芽鳞是叶的变态，木栓化或革质化，内外常具绒毛，起保护生长锥、防寒和减少蒸腾的作用。大部分落叶果树的芽是鳞芽。裸芽的外面没有鳞片，芽体直接裸露在外，如柑橘、荔枝、杧果、菠萝、葡萄的夏芽等。

④按同一叶腋芽的位置和形态分为主芽和副芽。着生在叶腋中央，芽体较大的为主芽。位于主芽上方或两侧，芽体较小的为副芽。葡萄有明显的副芽，而柑橘的副芽则不明显。

⑤按同一节着生芽数分为单芽和复芽。同一节上只着生一个明显的芽称单芽，如枇杷、杨梅、仁果类等。在同一节上着生两个以上明显的芽称为复芽，如柑橘、桃、梅、李等。

⑥按芽的生理状态分为活动芽和潜伏芽。一般上一生长季形成的芽，第二季适时萌发的为活动芽。常绿果树多数为一年数季，落叶果树一般一年一季。芽在形成的第二季或连续几季不萌发的为潜伏芽，也称隐芽。潜伏芽发育缓慢，条件适宜时可以萌发。果树进入衰老期或受损伤后，常由潜伏芽萌发抽生强旺的新梢。潜伏芽多而寿命长的树种，更新容易，如柑橘、杧果、葡萄、梨等；潜伏芽少而寿命短的树种，则不容易更新，如桃、李、樱桃等。

结果量:开花结果过多,对枝梢生长有抑制作用;树势旺,结果少的树,则枝梢生长量大。因此,生产上采取保花保果与疏花疏果相结合的措施调节结果量,调节生长与结果的矛盾。

修剪:重度修剪会减少树体整体枝梢数量,但能增强局部新抽枝梢生长势,减少花芽数和结果量,促进枝梢生长。

肥水管理:合理施肥和灌水有促进枝梢生长的作用。特别是氮肥的作用更为明显。氮肥不足,则枝梢生长细弱;但氮肥过多则枝梢生长发育不充实;适量的磷、钾肥能促进枝梢生长充实健壮,过多则有抑制枝梢生长的作用。充足的水分可以促进枝梢的生长,干旱时枝梢生长缓慢。

激素:激素是影响枝梢生长的重要因素。生长素、赤霉素、细胞激动素可刺激枝梢生长,脱落酸和乙烯能抑制枝梢的延伸与生长。直立枝生长旺盛,除因养分、水分的极性运输能获得较多的营养外,还因顶芽能产生生长素并向下输送,较高浓度的生长素抑制了侧芽的萌发。如将枝条拉平或枝条下垂时,细胞激动素可向枝条弯曲处的芽体移动,有利此芽萌发抽梢。弯曲的枝梢则因乙烯含量增高,生长削弱,有利于花芽分化。生产中可采用拉枝、摘心等修剪手段改变枝梢内源激素的平衡与营养分配,以控制枝梢生长势,调节生长与结果的平衡;树冠喷施一定浓度的生长素和赤霉素可促进新梢的加长生长;喷施比久、矮壮素、多效唑可使枝梢生长减缓,节间粗短;喷施乙烯利能抑制新梢生长,促进花芽分化或侧芽萌发。

④环境条件。生长季节内,在保证土壤通气的情况下,水分供应充足,能促进新梢生长;但水分过多而营养不足时,新梢生长纤弱,组织不充实;缺水时,枝梢短小;强光会加速枝梢停止生长,而光照不足时枝梢趋向徒长。

4. 叶

叶是进行光合作用、制造有机养分的主要器官,植物体内 90%左右的干物质是由叶片合成的,是果树生长发育、形成产量的物质基础。常绿果树的叶片还是养分贮藏器官。

(1)叶的类型　果树的叶片根据其形态特征可以分为 3 种:①单叶(仅具单张叶片。如具有叶柄,一个叶柄上只着生 1 张叶片,叶柄与叶片间无关节),如香蕉、菠萝、枇杷、板栗、柿、葡萄等;②复叶(一个叶柄上着生 2 张以上叶片),如荔枝、龙眼、枳壳、杨桃、草莓等;③单身复叶(形似单叶,但顶生小叶的基部和叶轴交界处有一明显的关节,叶轴两侧有小叶或无),如柑橘类。

(2)叶幕与叶面积系数　叶幕是指树冠内全部叶片分布的空间区域。适当的叶幕厚度和叶幕间距,是合理利用光能的基础。研究表明:主干疏层形的树冠第一、二层叶幕厚度 50～60 cm,间距 80 cm,叶幕外缘呈波浪形是较好的丰产树形。

叶幕的厚薄是衡量果树叶面积多少的一种方法,但不够精确。叶面积系数(果树总叶面积与所占土地面积的比值)能比较准确地说明单位面积的叶面积数。叶面积系数高则表明叶片多,反之则少。一般果树叶面积系数以 4～6 较合适,耐阴树种可以稍高。叶面积系数太高,说明叶片过多,相互遮阳,功能叶比率降低,果实品质下降;叶面积系数太低,说明叶片少,光合产物合成量减少,产量降低。

(3)落叶与休眠　落叶是落叶性果树进入休眠的标志。落叶前叶片内发生一系列变化,如叶绿素分解,光合及呼吸作用减弱,一部分氮、钾成分转入枝条中,最后叶柄产生离层而脱落。

落叶果树的正常落叶,是在日平均气温降到 15℃以下、日照短于 12 h 开始的,昼夜温差增大,也能促进落叶;干旱、水涝和病虫为害都能引起果树落叶。过早落叶会使树体营养亏缺,有时引起越冬前萌芽、开花,损伤树势,降低产量。而生长后期的高温和潮湿又会延迟落叶。过晚落叶,枝梢组织成熟不充分。因此,过早和延迟落叶对越冬和次年生长、结果都是不利的。

常绿果树无固定的集中落叶期,其叶片在秋冬季能贮藏大量养分。在春季新叶产生后,老叶逐渐脱落,这种落叶不是为了适应改变了的外界条件,而是叶片老化失去正常生理机能后,新老交替的生理现象。夏季高温、干旱可使常绿果树不正常落叶,对新梢生长、果实发育、营养物质的积累都将产生不利影响。

落叶果树落叶之后即进入休眠。果树休眠是为适应不良环境(如低温、高温、干旱)所表现的一种特征。果树在休眠期生命活动并没有停止,树体内部仍进行着各种生理活动,如呼吸、蒸腾、根的吸收与合成及芽的进一步分化和树体内养分的转化等,但这些活动比生长期要微弱得多。

果树休眠根据其生理活动特性分为自然休眠和被迫休眠两种类型。自然休眠决定于树种、品种特性及正常的温度、光照、水分等条件。落叶果树在自然休眠中,即使有萌芽生长的适当条件也不能生长,而要在一定程度的低温下,经过一定的时间后,才能结束休眠。如苹果和梨,温度要保持在5℃以下,经过50～60 d的时间,才能结束休眠。一般落叶果树自然休眠期在12月份到次年1～2月份,通过休眠最适宜的温度是稍高于3～5℃。被迫休眠是由于外界温度和水分条件不能满足果树萌芽生长的要求时形成的。常绿果树一般无自然休眠,只有被迫休眠。

5.花芽分化

果树由叶芽状态转化为花芽状态的过程称花芽分化。花芽的数量和质量对果树产量和果实品质有直接影响。

果树的花芽分化过程包括生理分化期和形态分化期。花芽出现形态分化之前,生长点内部由叶芽的生理状态转向形成花芽的生理状态的过程称生理分化。此时期生长点原生质处于不稳定状态,对内外因素有高度敏感性,是易于改变生理代谢方向的时期,因此,是控制花芽分化的关键时期。由叶芽生长点的细胞组织形态转化为花芽生长点的细胞组织形态的过程称形态分化。此时期逐步分化出萼片、花瓣、雌雄蕊等花器官原基。

根据花芽分化时期的不同,可以把果树分为以下4种类型:①冬春分化型。在冬春季进行花芽分化,并连续进行花器官各部分的分化与发育,不需经过低温休眠就能开花。大多数常绿果树属于这一类型,如柑橘、荔枝、龙眼、杧果、黄皮等,一般是在末级秋季枝梢生长停止后至第二年萌芽前进行花芽分化。②夏秋分化型。多在夏秋新梢生长减缓后开始分化,需要通过冬季休眠,雌雄蕊才正常发育成熟,于次年春季开花。仁果类、核果类的大部分温带落叶果树属于这一类型,如梨、桃、银杏等的花芽分化是6～7月份开始,第二年开花。③多次分化型。一年内可多次分化花芽,多次开花结果,如杨桃、番石榴、柠檬、金柑、四季橘、番荔枝等。④不定期分化型。一年仅分化花芽一次,可以在一年中的任何时候进行,其主要决定因素是植株大小和叶片多少。如菠萝的卡因品种在具有30～40片叶时分化花芽;由吸芽长成的香蕉植株一般抽生20～24片大叶时分化花芽。

花芽分化的条件:

(1)影响花芽分化的内部因素

①芽内生长点的细胞必须处在缓慢分裂状态。处于休眠期或细胞停止分裂的芽都不能分化花芽;生长旺盛的新梢,由于生长点细胞分裂迅速,也不能转化为花芽,只能继续延长生长。

②积累足够的营养物质。营养物质是花芽形成的物质基础，只有树体的营养积累达到一定水平花芽才能形成。其中，碳氮营养及碳氮比(C/N)对果树成花有较大影响：a.有效叶片少或光照不足，碳水化合物积累不足时，不能形成花芽。b.氮素营养过量或修剪过重，造成枝叶生长旺盛，碳水化合物积累少，也不能形成花芽；c.碳水化合物积累和氮素供应都适量，树体长势适中，可形成大量花芽；d.氮素不足，枝叶生长过弱，碳水化合物积累相对较多，能够形成花芽，但结果不良。

大量的研究结果表明，碳和氮对花芽形成都是必需的，在有足够的碳水化合物积累的基础上，保证一定的氮素营养，并有利于趋向蛋白质合成时，才有利于花芽分化。

③内源激素平衡。赤霉素对花芽分化有抑制作用；脱落酸与赤霉素拮抗，可使枝条生长速度减缓，促进碳水化合物的积累，有利于花芽分化；细胞分裂素是花原基发生与分化的必要条件；乙烯有促进花芽分化的作用。其实，在果树组织中上述几种激素并存，激素对花芽分化的调节不是取决于单一激素水平，而是取决于组织内各种激素的动态平衡。

(2)影响花芽分化的外部条件

①光照。大多数果树的花芽分化对日照强度要求较高。光是花芽形成的必需条件，强光下，新梢内生长素的生物合成受抑制，特别是紫外光钝化和分解生长素，诱发产生乙烯，抑制新梢生长，促进花芽的形成。

②温度。大多数常绿果树在较低的温度下进行花芽分化，如柑橘花芽分化适温为13℃以下，龙眼在8～14℃花芽分化良好；落叶果树一般都在夏秋季高温下进行花芽分化，如苹果花芽分化的适温为20℃左右，20℃以下分化缓慢。

③水分。在花芽分化临界期前，适当控制水分供应，使营养生长减缓，碳水化合物积累多，精氨酸增多，生长素、赤霉素含量下降，脱落酸和细胞分裂素相对增多，有利于花芽分化。如柑橘在13℃以下的低温下，适当干旱能诱导成花。

(3)花芽分化的调控措施

①控制环境条件。合理密植、合理修剪，改善果园内及树冠内光照条件；花芽分化前适当控水，促进新梢及时停止生长；花芽分化早期合理增施铵态氮肥和磷、钾肥均能有效地增加花芽的数量。

②平衡果树各器官间的生长发育关系。对大年树疏花疏果，可减少养分消耗，有利于花芽形成；幼树轻剪、长放、开张枝条角度等可缓和生长势，促进成花；对旺长树采用拉枝、摘心、扭梢、环剥、环割和倒贴皮、断根等修剪手段可以促进花芽分化。

③合理应用植物生长调节剂。在果树花芽生理分化前期喷洒比久、多效唑、矮壮素等生长调节剂，可以使枝条生长势缓和，促进成花。

6.开花结果

(1)花的结构与性别　一朵完全花通常由花梗、花托、花萼、花瓣、雄蕊和雌蕊组成。缺少了其中某些部分，则为不完全花。一朵花中有雄蕊和雌蕊者，称两性花，如柑橘、仁果类、核果类等果树的花；花中仅有雄蕊或雌蕊者，称单性花，如板栗、银杏、核桃、猕猴桃等果树的花。雌花与雄花着生在同一树体上的称为雌雄同株，如荔枝、龙眼、板栗、核桃等。雌花和雄花着生于不同树体上的称为雌雄异株，如杨梅、银杏、猕猴桃、罗汉果等。对于雌雄同株的果树，气候因子、栽培技术措施会影响花的性别及其比例，生产上应该注意加强管理，提高两性花和雌花的比例，以获得高产。

很多果树的花以花序的形式出现，花序的类型有：总状花序（如甜橙、柚、柠檬等）、复总状花序或圆锥花序（如葡萄、荔枝、龙眼、枇杷等）、伞房花序（如梨等）、聚伞花序（如枣等）、隐头花序（如无花果等）、葇荑花序（如板栗、银杏、核桃等）、穗状花序（如香蕉、椰子等）。同一个花序上单花开花有先后，一般花序上先开的花坐果率高。

(2)开花　当雌雄蕊成熟花被展开即为开花。开花期是指一株树从有极少量的花开放至所有花全部凋谢时止。一般可分为4个时期：①初花期，全树有5%的花开放；②盛花期，全树有25%以上的花开放为盛花始期，50%的花开放为盛花期，75%的花开放为盛花末期；③终花期，全部花已开放，并有部分花瓣开始脱落；④谢花期，全树有5%的花瓣脱落为谢花始期，95%以上的花瓣脱落为谢花终期。

果树开花的迟早与延续时间的长短因树种、品种和气候条件不同而异。一年中，梅最早开花，樱桃、杏、李、桃开花较早，梨、苹果、杨梅次之，柑橘、荔枝、葡萄、龙眼、枣、板栗等再次之，枇杷最迟。同一树上通常短果枝先开，长果枝和腋花芽后开。枇杷、板栗、柿、枣花期长，桃、梨花期较短。

影响果树开花的主要外界因子是温度与光照。晴朗和高温条件下，开花早、花期短、开花整齐；低温阴雨条件下，开花迟、花期长，且花朵开放不整齐。不同果树种类在一天中开花的时间也有所不同，多数在上午10时到下午2时开放，火龙果则在夜间开花。各种果树开花要求的温度不同，热带、亚热带果树一般为18～25℃，落叶果树一般为10～20℃。果树开花期与地理环境也有关，在平原地区，一般纬度向北推进1°(110 km)，果树开花期平均延迟4～6 d；在山地，海拔高度每升高100 m，开花期延迟3～4 d。春季气温变化，能使果树开花期提前或延后15～25 d。地形特点和土壤条件不同，能使果树开花期变动3～5 d。砧木和农业技术能使果树开花期变动7～10 d。

(3)授粉受精　花的雌蕊成熟时，柱头便分泌出黏液，以便花粉附着和花粉管萌发；雄蕊成熟时，花药开裂，花粉散出。授粉也称传粉，是指花粉粒借外力传到雌蕊柱头上的过程。受精是指精细胞与卵细胞融合的过程。花朵完成授粉过程后，花粉粒在柱头上萌发形成花粉管，并通过花粉管在柱头中生长进入胚囊，释放精细胞，完成与卵细胞的融合（即受精）。

主要依靠风力为媒介传播花粉的花，称为风媒花。一般风媒花的花小而多，花被很小或退化缺失，不具鲜艳的颜色，无蜜腺和香气，花粉粒多而小，呈羽状，易随风传播。如板栗、银杏和核桃等的花。主要依靠昆虫为媒介传播花粉的花，称为虫媒花。虫媒花一般花冠大而显著，颜色鲜艳，有蜜腺，分泌蜜汁和芳香脂类物质，容易引诱昆虫前来采食花粉、花蜜，或在花中产卵、栖息；其花粉粒较大，有黏性，易黏附在虫体上，如荔枝、龙眼、杧果等大部分果树的花。常见的传粉昆虫有蜂类、蝶类、蛾类、蝇类等。

果树中凡用同品种的花粉授粉受精结实的称为自花授粉。用异品种的花粉授粉受精结实的称为异花授粉。有的果树（如葡萄）在花冠脱落前，在同一花朵内已进行了授粉，称为闭花授粉。自花授粉后能获得经济栽培要求产量的称为自花结实。如柑橘、龙眼、荔枝、枇杷、葡萄等绝大部分果树品种都是自花结实。自花授粉后不能达到经济栽培要求产量的称为自花不实。如沙田柚及大部分梨的品种，李、桃、梅、杏的某些品种，自花结实率很低，需要进行异花授粉才能提高结实率。这类果树栽植时必须配置适宜的授粉树。

未经授粉或虽经授粉而未完成受精过程而形成果实的现象，称为单性结实。单性结实多为无核果实。未经授粉的单性结实，子房发育不受外来刺激，完全是自身生理活动造成的，称为自发性单性结实,如香蕉、温州蜜柑、脐橙、菠萝、无花果、柿等。经过授粉但未完成受精过程而形成果实,或受精后胚珠在发育过程中败育,称为刺激性单性结实。如一些西洋梨品种,可经花粉刺激产生单性结实。在此基础上,人们用植物生长调节剂处理花朵以诱发单性结实,已在葡萄、桃、李、梨、苹果等果树上获得成功。

(4)果实发育　果实发育是指从授粉受精后,子房开始膨大起,到果实完全成熟止。

①坐果和落花落果。果树的花经过授粉受精后,子房或子房及其他部分膨大发育成为果实的过程称为坐果(或着果)。坐果数与开花数的百分比,称为坐果率。柑橘的坐果率为8%～15%,龙眼、荔枝坐果率为1%～5%。

从花蕾出现到果实成熟采收过程中,出现的花、果脱落现象,称为落花落果。落花是指未经授粉受精的子房脱落,所以落花也叫子房脱落。落果是指授粉受精后,部分幼果因授粉受精不完全、营养不良或其他原因而脱落。果实在成熟之前,有些品种也有落果现象,称为采前落果。

落花落果是果树在系统发育过程中为适应不良环境而形成的一种自疏现象,是一种自身的调节。果树的落花落果现象大多数是因为生理上的原因引起的,故又称生理落果。

果树落花落果时期依果树种类、品种而异。仁果类和核果类一般有3次落果高峰。第一次在开花后,未见子房膨大,花即脱落。第二次在第一次落花后2周左右。这时子房已开始膨大,但仍有大批幼果带果柄脱落。第三次在第二次落果后1个月左右,这次落果多在6月份发生,亦称六月落果。

引起落花落果的原因:第一、二次主要是花器发育不完全、授粉受精不充分引起,树体贮藏养分不足也是第二次落果的主要原因之一。第三次主要是同化养分和水分供应不足引起。此外,外界条件如低温阴雨、高温且伴随干旱与大风、水涝、病虫危害等也能引起落花落果。

②果实生长发育。果实生长发育期:果实发育所需时间的长短,因树种、品种而不同。最短的是草莓,仅需20 d左右,荔枝90～100 d,柑橘150～390 d,梨100～180 d。此外,外界条件和栽培技术对果实发育期的长短也有一定影响。

果实个体发育:从开花以后,将果实的体积、直径或鲜重在不同时期的积累增长量画成曲线,可以得到两类图形:单S形和双S形(图1-5)。单S形果实生长的特点是只有一个速长期,可以把果实个体发育划分为3个时期:a.缓慢生长期,此期主要以细胞分裂为主,体积或重量增加缓慢;b.快速生长期,以细胞膨大为主,体积和重量迅速增加;c.缓慢生长期,此期体积或重量增加又趋缓慢,主要与果实品质变化有关。如柑橘、香蕉、菠萝、荔枝、龙眼、枇杷、草莓、栗、梨、核桃等都属于这种类型。双S形果实生长的特点是有两个速长期,在两个速长期之间,有一个缓慢生长期:a.初始迅速生长期,此期整个果实细胞分裂很快,部分细胞膨大;b.生长缓慢期,此期细胞停止分裂与膨大,主要表现为种子的发育;c.成熟期的迅速增大期,主要表现为果肉细胞膨大。如大部分核果类、柿、枣、山楂、无花果、葡萄、番荔枝等属于这一类型。

果实体积的增大,决定于细胞数目的增加和细胞体积及细胞间隙的增大,以前两个因素为主。

③果形与果形指数。在果实发育过程中,一般幼果发育阶段纵径生长快于横径。通常认为在开花后果实纵径伸长大的(同品种比),说明细胞分裂旺盛,具有形成大果的基础,可作为疏果时选择的依据。

成熟果实的形状主要决定于果形指数。果形指数是指果实纵径与横径之比值,果形指数

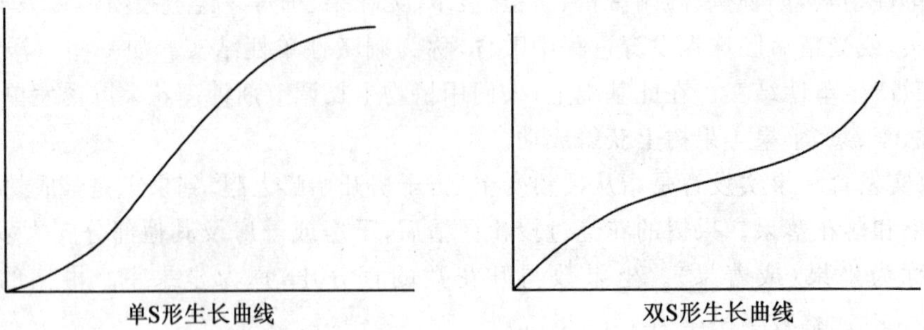

图 1-5 果实生长曲线

近于或等于1的为圆形，大于1的为长圆形，小于1的为扁圆形。

④果实成熟与果实品质。果实成熟是指果实生长发育已达到该品种固有的形状、质地、风味和营养物质等的可食用阶段。果实在成熟过程中内部发生一系列的生理变化，如淀粉转化为糖，有机酸参与呼吸作用而氧化分解，单宁被氧化，原果胶在果胶酶的作用下转化成可溶性的果胶，果肉变松脆或柔软且具有芳香味，叶绿素分解、消失，类胡萝卜素、花青素等色素的颜色显现出来。

果实品质由外观品质和内在品质构成。外观品质包括形状、大小、整齐度和色泽等；内在品质包括风味、质地、香味和营养成分等。

果实色泽因种类、品种而异。决定果实色泽的主要物质是叶绿素、胡萝卜素、花青素和黄酮素等。糖的积累、温度和光照条件是果实色泽形成的3个重要因子。花青素是主要的水溶性色素，花青素的形成需要糖的积累。近年来，生产上对杧果、杨桃、香蕉、葡萄、梨等果树的果实进行套袋，改善了果实的着色和光洁度，是提高果实品质的主要技术措施之一。柑橘在采收前用红色透明纸对果实进行套袋或在果实贮藏期间用红光照射果实，能形成很好的色泽。另外，还可在树下铺反光膜，改善树冠内膛和下部的光照条件，使果实着色良好。

果实中含有水分、糖、有机酸、脂肪、淀粉、纤维素、蛋白质、色素、单宁、果胶、芳香物质、维生素及各种矿物元素等物质。这些物质中，除水外均称为干物质。干物质在水中可溶解的部分称为水溶性物质或可溶性固形物。可溶性固形物主要是糖、有机酸、果胶、单宁和一部分色素及维生素，其中占比例最大的是糖，其次是酸。因此，果实可溶性固形物的含量是衡量果实成熟和品质的主要指标之一。

决定果实甜酸风味的主要因素是含糖量与含酸量之比，简称糖酸比，比值大则味甜；反之，酸味大。一般糖酸比为(8～14)∶1为宜。果实的糖酸比主要受品种特性的影响，但环境条件也会对果实的糖酸含量及其比值产生一定的影响，如高温、光照强、土壤中磷和钾丰富时，果实的糖酸比值高；而低温、阴雨、土壤中氮过多时，果实的糖酸比值低。

【技能训练】1-2 果树物候期的观察

一、实训目的

熟悉果树物候期观察的项目和方法；能够判断果树当前所处的物候期。

二、材料与用具

材料：柑橘、梨，或当地有代表性的树种的结果树。

用具：皮尺、卡尺、放大镜、记载用具。

三、实训提示

1. 实训前根据当地条件确定观察树种及观察项目。要选择地点、树种和品种、树龄、生长状况有代表性的植株，植株在果园中的位置要代表全园状况。观察对象应选择典型部位，挂牌标记。

2. 春季萌芽前安排。具体观察利用课余时间进行。观察结束后完成作业。如观察的树种、品种较多，可分组分人进行，保证能观察2～3个树种，10个品种左右。

3. 列表记录各物候期的起止时间。要定期、定时观察。萌芽至开花期2～3 d观察1次，以后每周或稍长时间观察1次。开花进程快的地区，开花期每天进行观察。

4. 学生不易掌握的物候期，如芽膨大期、花蕾分离期等，指导教师要选物候期早的植株，到现场辅导。

5. 物候期因树种、品种、树龄、树势、地点、树体部位等不同有所不同，有条件可将整个实习设计为一个试验，为当地教学积累资料。

四、实训内容

1. 柑橘物候期的观察项目和标准

(1)萌芽期　以树冠外围枝梢顶部的芽为标准，指芽体开始膨大、幼叶露出时。

(2)花期　①现蕾期，春、秋梢母枝上的结果枝出现花蕾时。柑橘蕾期较长，1个月左右，可根据试验的需要详细记载蕾期的3个阶段：现蕾期、露白期和花瓣全露期。现蕾期即幼蕾出现时；露白期即萼片开裂，出现白色花瓣；花瓣全露期即花蕾膨大伸长，花瓣全露。②初花期，开花量达5%。③盛花期，开花量达25%～75%。④末花期，开花量超过75%。⑤终花期，花冠全部脱落或凋谢。

(3)生理落果期　第一次落果，幼果连果柄脱落时；第二次落果，幼果从蜜盘处脱落时。

(4)新梢生长期　选树冠东、南、西、北4个方向8～12个延长枝为标准，以萌芽后第一片叶展开时为新梢生长始期。当新梢长1 cm时开始测量生长量，每周在同一枝上测量一次，直到芽“自剪”脱落为止，以生长速度最快的1周为生长盛期。

(5)新根生长期　设根系观察箱(室)进行观察。当观察箱的玻璃面上开始出现白色幼根时为始期。每周观察玻璃面上新根数及新根总长，以生长量最大、速度最快的1周为生长盛期。

(6)花芽分化期　每10 d取春梢顶部芽15个左右，固定后进行切片观察，取样时间可从10月上、中旬至次年萌芽前。

(7)果实生长期　选择树冠外围健壮春梢上的果实20个，每2周在同一果实上用卡尺测量其横径和纵径。

(8)果实成熟期　选择树冠外围的果实观察。当果面3/4以上着色时为成熟期。

2. 梨物候期的观察项目和标准

(1)萌芽期　延长枝的顶芽鳞片开始裂开，叶苞出现时。

(2)花期　①现蕾期，以短果枝为标准，花芽鳞片开裂，花蕾露出时；②花蕾分离期，花蕾伸出后，小花分离时；③初花期，开花量达 5%；④盛花期，开花量达 25%～75%；⑤末花期，开花量超过 75%；⑥终花期，花冠全部脱落或凋谢。

(3)生理落果期　第一次落果，幼果直径约 0.6 cm 大时脱落；第二次落果，幼果直径约 1 cm 大时脱落。

(4)新梢生长期　选树冠东、南、西、北 4 个方向 4 个延长枝为标准，以萌芽后第一片叶展开时为新梢生长始期。当新梢长 1 cm 时开始测量生长量，每周在同一枝上测量一次，直到芽不再延长为止，以生长速度最快的 1 周为生长盛期。

(5)新根生长期　设根系观察箱(室)进行观察。

(6)花芽分化期　从 6 月 1 日至 10 月 31 日，每 10 d 选取已经停止生长的强壮短枝上的顶芽 15 个左右固定后，进行切片观察。

(7)果实生长期　选粗壮短果枝上的果实 10～20 个，每 2 周在同一果实上用卡尺测量其横径、纵径。

(8)果实成熟期　选树冠外围果实记载，当果实充分表现其品种特性，果实容易从果台上脱离时。

(9)落叶期　①初期，全树 5%～15%的叶片脱落；②盛期，全树 50%～75%的叶片脱落；③终期，全树除顶梢上有少量叶片，其余叶片均脱落。

有些年份会出现二次梢或二次开花现象，应补充记载。

五、实训报告

全部观察项目完成后，列表记载观察结果，写出总结报告。

柑橘物候期观察记载表

品种	花期				落果期				新梢生长期						果实着色期	果实成熟期	备注
					第一次		第二次		春梢		夏梢		秋梢				
	现蕾期	初花期	盛花期	谢花期	始期	终期	始期	终期	始期	自剪期	始期	自剪期	始期	自剪期			

六、考核评价

考核目标	考核要点	等级分值				考核说明
		A	B	C	D	
态度	时间观念，吃苦耐劳精神，团结协作能力，安全意识，材料用具准备。	20	16	12	8	1. 操作技能考核：根据实地考察和记录数据进行综合评定。 2. 实训态度：根据学生现场实际表现确定等级。
操作技能	1. 观测的植株具有代表性。 2. 观测的时间段安排合理。 3. 观测方法合理，记录数据翔实、真实。	50	40	30	20	
实训报告	物候期记载表项目记录规范，内容合理；总结报告能阐述观察过程，并对实训过程中存在问题进行初步分析。	30	25	20	15	

7. 果树器官之间生长发育的相互关系

(1)根系与地上部分的关系

①根系与地上部分在形态上具有对应关系。高大乔木果树的根系分布一般也较深，树冠开张较矮的果树根系分布浅而宽；果树的吸收根在水平方向的分布以树冠滴水线处为最多；棚架栽培的葡萄园内，架下根系分布明显大于架外。

②根系与地上部分在生长上是相互促进、相互制约的关系。合理的根群和良好土壤环境才能促进地上部分的生长；另一方面，根系的生长有赖于树体积累的营养物质。在生产上首先要为根系生长创造良好的条件，才能促进地上部分的生长发育；在秋冬季，切断龙眼、荔枝的部分吸收根，可以控制冬梢的抽生；在设施栽培中也有通过限制根系生长达到控制地上部分生长过旺的做法。

③根系与地上部分的生长高峰交替出现。由于树体营养积累和分配的原因，根系生长高峰期多在枝梢缓慢生长、叶片大量形成之后。生产中可以根据地上部分的生长状态来推测根系的生长高峰期，制订合理的土壤管理和施肥计划。

④根系特别是嫁接苗的根系对地上部分的寿命、树高和生长势、果实品质和成熟期、适应性和抗性等均能产生影响。如柑橘以枳壳做砧木的嫁接苗须根发达，主根不明显，抗寒能力较强，地上部分表现矮化；以柠檬做砧木的嫁接苗根系生长较深，地上部分表现生长旺盛，树体高大。

(2)营养器官与生殖器官的关系　果树的营养器官和生殖器官在生长发育上是相互依存、相互制约的关系。根、茎、叶等器官的生长是花芽分化、开花结果的基础，而果实发育对营养器官的生长发育有抑制作用。生产上可通过调整营养器官和生殖器官的数量和生长状态来调整营养生长和生殖生长的关系。如柑橘在坐果期控制夏梢的生长可以提高坐果率；疏花疏果可以促进枝、芽和根系的生长。

(3)生殖器官之间的相互关系　开花坐果、果实发育、花芽分化之间也存在竞争制约关系。坐果过多，会导致单果变小，同时抑制花芽分化，导致大小年结果现象。果实发育与花芽分化时期重叠时间长的果树，果实生长对花芽分化影响较大，容易出现大小年结果现象。

(4)顶生器官与侧生器官的关系　顶生器官对侧生器官生长有抑制作用，生产上可以采用短截和摘心等方法，促进侧芽萌发，增加分枝数量。

任务四　了解果树生产环境

果树在其长期生长发育过程中，与环境形成了相互联系、相互制约的统一体。环境影响着果树的分布和生长、发育，反之，果树的生长发育也会对环境造成一定的影响。

一、温度

温度影响着果树的地理分布，果树体内的一切生理、生化活动都必须在一定温度条件下进行。

(一)温度与果树分布

温度是影响果树分布的主要因素之一，其中，年平均温度、生长期积温和冬季最低温度对果树的分布有决定性的影响。

1. 年平均温度

各种果树都有适宜栽培的年平均温度范围，这与其生态类型和品种特性有关。如柑橘需要的年平均温度16～23℃、香蕉21～24℃、菠萝21～27℃、荔枝20～25℃、龙眼20～24℃、南方桃12～17℃、北方桃8～14℃、南方柿16～20℃、北方柿9～16℃。

2. 生长期积温

在综合外界条件下，能使果树萌芽的日平均温度称为生物学零度，即生物学有效温度的起点。一般常绿果树的生物学零度为10～15℃，落叶果树为6～10℃。在一年中能保证果树生物学有效温度的持续时期为生长期，生长期中生物学有效温度的累积值为生物学有效积温，简称有效积温或积温。

积温是影响果树生长的重要因素，积温不足果树枝条生长发育成熟不好，同时影响果实的产量和品质。不同种的果树，对积温要求不同。如柑橘需要2 500℃以上，葡萄3 000℃以上。积温是果树经济栽培区的重要指标。在某些地区，即使年平均温度适宜，冬季能安全越冬，但由于生长期的有效积温不足，果实不能正常成熟，该地区也失去该种果树的栽培价值。

3. 冬季最低温

不同树种和品种，具有不同的抗寒力。一种果树能否抵抗某地区冬季最低温度的寒冷或冻害，是决定该果树能否在该地生存或进行商品栽培的重要条件。因此，冬季的绝对低温是决定某种果树分布北限的重要条件。

落叶果树有自然休眠的特性。冬季进入自然休眠期后，需要一定低温才能正常通过休眠。如果冬季温暖，平均温度过高，不能满足果树通过休眠期所需的低温，常导致芽发育不良，春季萌芽、开花延迟且不整齐，花期延长，落花落果严重，甚至花芽大量枯落。因此，冬季的暖温是影响落叶果树南限分布的重要因素。各种果树要求低温量不同，一般在0～7.2℃条件下，

200～1 500 h 可以通过休眠。

(二)温度与果树生长发育的关系

温度影响着果树的生长发育过程，每一种果树都有其三基点温度，即最低点、最适点与最高点。温度处于最适点则表现生长发育正常，过高或过低，生长发育过程将受到抑制或完全停止。

早春气温对萌芽、开花有很大影响。温度上升快，开花提早，花期缩短。如早春气温回升慢，花期延迟，有些果树畸形花增多。花粉发芽适温为 20～25℃，过低发芽受到抑制，高于 27℃时花粉发芽率显著下降。

温度对果实品质、色泽和成熟期有较大的影响。一般温度较高，果实含糖量高，成熟较早，但色泽稍差。温度低则果实含糖量少，含酸量高，成熟期推迟。昼夜温差对果实品质的影响非常明显，温差大，糖分积累多，风味浓。

(三)高温与低温对果树的影响

在果树生长年周期中温度呈现正常的季节变化和日变化，是有利于果树生长发育的。如春季温度的逐渐回升，可促进解除休眠和萌芽；秋季温度的逐渐降低，可促进组织成熟和落叶，为越冬做好准备。但温度骤变，会造成果树生长受阻，枝叶萎蔫干枯，果实脱落，甚至导致整株死亡。如霜冻天气的昼夜温差大，往往会使我国华南地区的常绿果树遭受冻害。

生长期温度高达 30～35℃时，一般落叶果树的生理过程受到抑制，升高到 50～55℃时，受到严重伤害。常绿果树较耐高温，但高达 50℃也会引起严重伤害。夏季热量过多，果实成熟推迟，果实小、着色差、耐贮性差；夏季高温，果实易发生日灼；秋冬季温度过高，落叶果树不能及时进入休眠或按时结束休眠。

低温特别是突然的低温对果树的危害比高温危害更严重。果树一般以枝梢、花芽、根颈易受冻害。同一种果树在不同生育期对低温的忍受力不同。

二、光照

光是果树生存的重要因子，是果树光合作用的能量来源。果树生长发育与产量形成都需要来自光合作用形成的有机物质。

(一)光与果树生长发育的关系

1.果树的受光量

果树对光的利用率决定于树冠大小、叶面积多少及其合理分布程度。在一定范围内，果树密植比稀植的叶面积指数大，光能利用率高，能提高单位面积的产量。但并不是叶片越密越好，当超过一定限度时，叶片会相互遮蔽，有效叶面积反而减少，光能利用率亦随之降低。

合理的树体结构可使树冠受光量分布合理，能显著提高光能利用率。研究资料表明，直立树形比水平面树形有效光区大，前者为 98.2%，后者仅 72%。一般圆形树冠，由外向内分为 4 层，光量由外向内递减，分别为 71%～100%、51%～70%、31%～50%和 30%以下，最内层为非生产区，失去制造营养的能力。对果实品质来说，最好的受光量为 60%以上，40%是最低限。因此，进行合理整形修剪，增加树冠受光量，对提高产量和品质十分重要。

光照强度影响果树的同化量，光强减弱时，同化量下降。如阴雨天，葡萄叶的同化量为晴天的 1/9～1/2。

2. 光照与果树营养生长的关系

光照强度对果树地上部和根系的生长都有明显影响。光照强时，容易形成密集短枝，削弱顶芽枝向上生长，而增强侧生枝的生长，树姿呈现开张。光照不足时，枝梢细长，直立生长势强，呈现徒长，同时，间接地抑制果树根系的生长，根的生长量减少，新根发生数量少，甚至停止生长。光照良好，在一定程度上能抑制病菌活动，日照充足的山地果园，果树病害明显减少。但是光照过强，常引起枝干和果实日灼。

3. 光照与果树生殖生长的关系

光照与果树花芽分化、生理落果、产量、果实色泽和品质等都有密切关系。果树花芽分化需要一定的物质基础，光照充足，同化产物多，营养积累快，有利于花芽分化。光照不足会造成花芽分化不良，坐果率低。

生长期间日照时间长，则果实的糖分和维生素含量增加，果实品质提高。日照对果实糖分的增高有直接的作用，通常果实阳面的含糖量较阴面高，套袋的果实糖分含量较不套袋的低。果实成熟期受光良好，则着色美观。直射光充足，果皮较紧密，有利于提高果实的耐贮运能力。

(二)果树的需光度和对光照的反应

果树对光的需要程度，与原产地的地理位置和长期适应的自然条件有关。生长在我国南部低纬度、多雨地区的热带、亚热带树种，对光的要求低于原产我国北部高纬度、干旱地区的落叶树种。原生在森林边缘和空旷山地的果树，绝大部分都是喜光树种。

果树需光度是相对而言的，一般果树比森林树种喜光；成年树比幼树喜光；同一植株，生殖器官的生长(如花芽分化、果实发育)比营养器官的生长(如萌芽、枝叶生长)需光较多，休眠期需光最少。

在常绿果树中以椰子较喜光，荔枝、龙眼次之，柑橘、枇杷、杨桃、杨梅较耐阴。落叶果树中，以桃、杏、枣最喜光，梨、李、葡萄、柿、板栗次之；山楂、石榴、核桃、猕猴桃等较能耐阴。

三、水分

水是果树生存的重要生态因素，是组成树体的重要成分，一般树枝叶含水量为50%～70%，果实的含水量高达80%～90%。水是果树生命活动中不可缺少的重要介质，营养物质的吸收、转化、运输与分配，光合作用、呼吸作用等重要生理过程，都必须在有水的条件下才能正常进行。

(一)果树对水分的生态反应

果树对土壤含水量和空气湿度的适应能力与树种有关。起源于夏季多雨地区的果树需水量大，也较耐湿；起源于夏季干旱地区的树种则耐旱怕湿。

果树在干旱条件下能维持正常生长发育的特性称为耐旱性。果树按耐旱性的强弱可分为3类：①抗旱力强的树种，如荔枝、龙眼、橄榄、菠萝、板栗、石榴、桃、枣等；②抗旱力中等的树种，如柑橘、枇杷、梨、柿、梅、李等；③抗旱力弱的树种，如香蕉、草莓等。

果树在土壤含水较多的环境下能维持正常生长发育的特性称为耐涝性。果树按耐涝性的强弱也可分为3类：①耐涝性强的树种，如荔枝、龙眼、椰子、葡萄、柿、枣、山核桃等；②耐涝性中等的树种，如柑橘、香蕉、李、梅等；③耐涝性弱的树种，如菠萝、油梨、无花果、桃等。

(二)果树的需水量

需水量是指生产1 g干物质所需的水量。一般果树需水量为125～500 g。不同树种、品种、砧木的果树需水量不同。如甜橙的需水量比温州蜜柑高，酸橙砧比枳砧高。植株T/R率(地上部与根系重量之比)高的比低的需水量高。

果树在年周期中，不同生长发育时期需水量不同。在春季萌芽前，树体需要一定的水分才能发芽，如水分不足，常延迟萌芽或萌芽不整齐，影响花芽分化和新梢生长。花期干旱或水分过多，常造成落花落果严重，坐果率低。新梢生长期，枝叶生长迅速，需水量最多，为需水临界期。如此期供水不足，则削弱新梢生长，甚至提早停止生长。果实生长期需要一定水分，如水分不足，影响果实发育，严重时会引起落果。果实发育后期，多雨特别是久旱遇骤雨，容易引起裂果。花芽分化期需水相对较少，如果水分过多，花芽分化不良。

四、土壤

土壤是果树根系吸收水分、养分的场所，是果树生长发育的基础，良好的土壤条件能满足果树对水、肥、气、热的要求。

(一)土层厚度与土壤质地对果树的影响

土层厚度直接影响果树根系的分布和根系吸收养分、水分的范围。土层深厚，果树根系分布深，吸收养分与水分的有效容积大，水分与养分的吸收量多，树体健壮，结果良好，寿命长，对不良环境的抵抗力强。相反，土层浅则根系分布浅，土壤温度、水分变化剧烈，影响果树生长发育，树冠矮小，树势弱，寿命短，抵抗不良环境的能力弱。

果树根系分布深度还受土壤类型的影响。沙质土种植果树，根系分布深而广，植株生长快而高大，容易实现早期丰产优质。壤质土是种植果树较为理想的土壤，适宜栽培多种果树。黏质土种植果树根系分布较浅，易受环境胁迫的影响。

(二)土壤温度对果树的影响

土壤温度直接影响根系的生长、吸收及运输能力，影响矿质营养的溶解、流动与转化，影响有机质的分解和微生物的活动。一般果树根系生长适宜的土壤温度为20～25℃，热带、亚热带果树要求的土壤温度较高，温带果树要求的土壤温度较低。如在夏季高温季节，地表温度高达40～50℃，会造成近地表的细根枯死；冬季土温低至0℃以下，吸收根受冻害。

(三)土壤水分和通气状况对果树的影响

土壤水分是土壤肥力的重要组成因素。土壤中的养分必须在有水的条件下才能被树体吸收利用。土壤水分还可调节土壤温度和土壤通气状况。果树正常生长结果最适土壤含水量一般为田间持水量的60%～80%。当土壤含水量减少，则根系吸收水分减少，根系生长受抑制，枝叶变黄，甚至萎蔫。土壤水分过多时，则土壤中空气减少，根系呼吸减弱，微生物活动受抑制，养分不易分解吸收，甚至根系发生厌氧呼吸，产生有毒物质，导致根系生长不良或死亡。

土壤质地疏松，透气良好，利于果树根系生长。一般土壤空气的含氧量不低于15%时，根系正常生长，不低于12%时才发生新根。土壤通气状况取决于土壤孔隙度和含水量，土壤疏松、含水量适度时，土壤通气状况好，氧气充足。土壤通气状况不良，根系生长受阻，吸收能力减弱，同时，微生物活动减弱，有机质分解缓慢，影响根系的吸收。当土壤严重缺氧时，根系进行厌氧呼吸，积累酒精，造成中毒，引起烂根。

(四)土壤酸碱度对果树的影响

土壤酸碱度影响土壤的理化特性、矿质营养成分的有效性，进而影响果树的吸收和利用。土壤酸碱度还影响根际微生物的活动，从而影响土壤养分的分解。土壤中大多数有益微生物适于接近中性的酸碱度(pH 6.5～7.5)，土壤过酸过碱都会抑制微生物活动。不同的果树种类对土壤酸碱度的适应能力不同，如柑橘、龙眼、荔枝适宜的土壤酸碱度是pH 5.5～6.5，葡萄是pH 6～7.5，菠萝pH 4.5～6。

盐碱土的主要盐类为碳酸钠、氯化钠和硫酸钠，其中以硫酸钠危害最大。果树受盐碱危害轻者，生长发育受阻，表现枝叶焦枯，严重时整株死亡。不同果树种类、品种的耐盐能力不同。如柑橘在土壤总盐量0.07%～0.13%时可正常生长，达到0.4%以上时即受害；板栗在0.12%～0.14%时可正常生长，达到0.2%以上时即受害。

讨论与思考

1. 对当地主要果树进行分类。
2. 对照我国果树带的温度指标，判断所在地区属于哪个果树带。
3. 试述果树根系生长的特点及影响根系生长的因素。
4. 试对果树的枝条、芽进行分类。
5. 什么是果树的干性、层性？与果树树形有何关系？
6. 影响果树开花的因素有哪些？
7. 试述果树落花落果的时期和原因。结合当地实际，谈谈如何减少生理落果，提高坐果率。
8. 试述果树花芽分化的内外部条件。
9. 果实成熟过程中发生哪些变化？如何提高果实品质？
10. 试述果树不同年龄时期的特点及调控措施。
11. 温度对果树生长发育有何影响？
12. 如何增加果树的受光量，提高光能利用率？
13. 一年中果树对水分的要求有什么规律？水分不足与过多对果树有何影响？

学习情景二　果树生产常规技术

知识目标

- 了解果树种苗培育、果园建立相关知识。
- 了解果园土肥水管理、整形修剪及花果管理技术措施。
- 了解果树矮化密植及果树产期调控相关知识。

技能目标

- 能够运用常规方法培育果树种苗。
- 能够对果园进行合理规划与设计，掌握果树种植技术。
- 能够灵活运用修剪手段调节果树生长与结果的关系。
- 具备独立完成果园常规管理的能力。

任务一　果树种苗繁育

果树种苗的质量不但影响定植的成活率，而且对植株生长强弱、结果早晚、产量高低、适应能力、结果年限的长短和经济效益的高低等产生重要影响。因此，培育适应当地自然条件、品种纯正、生长健壮、根系发达、无检疫性病虫害对象、符合规格要求的苗木，是果树生产的首要任务。

果树育苗的方式，根据育苗地有无保护设施可分为有露地育苗和保护地育苗；根据苗木有无容器盛装可分为苗床育苗和容器育苗。果树育苗的方法有有性繁殖和无性繁殖。有性繁殖即实生繁殖，无性繁殖包括嫁接繁殖、扦插繁殖、压条繁殖、分株繁殖、组培繁殖等。

一、苗圃地选择

1.位置

苗圃地最好选择在交通便利，苗木需求地区的中心，以减少苗木出圃和生产物资运输的费用和运输途中的损失。尘土多的公路边、附近有煤烟和污水排出的地块不宜作苗圃。苗圃地应远离检疫性病虫发生的地方。

2.水源

苗圃地应选择水源充足的地方，保证苗圃灌溉用水。因为种子萌发和苗木的生长，都需要有充足的水分供应；苗木根系浅，耐旱能力弱，对水分的要求更为突出，只有确保水分供应才能使苗木正常生长发育。

3.地势

苗圃地应选择平坦、开阔、向阳、排水良好的平地或缓坡地带。大风口、易受水涝、地下水位高和冷空气易积聚的低洼地均不宜用作苗圃。

4.土壤

以土层深厚、疏松肥沃、富含有机质的沙壤土为宜。这类土壤理化性质好，适于土壤微生物的活动，有利于种子发芽和苗木根系的生长，苗木生长健壮、抗性强、质量好，种植成活率高。

二、实生苗繁育

（一）实生苗的特点

用种子播种培育的苗木，称为实生苗。实生苗具有如下特点：主根明显，根系发达，适应性、抗逆性强，寿命长；童期明显，进入结果期迟；存在较强的变异性和明显的分离现象，不易保持原品种的优良性状，尤其是异花授粉的树种更为明显。大多数果树的实生苗不宜直接用于生产,主要用作果树苗木嫁接的砧木。

(二)种子处理与播种

1. 采种

优质种子是壮苗的基础。种子质量的好坏,直接影响到播种后种子的发芽率和苗的长势,是影响实生苗质量的重要因子。种子的成熟度是决定种子生活力和发芽率的关键,种子必须要充分成熟、饱满。

2. 种子贮藏

种子取出后需妥善保管,否则会失去生活力。大多数常绿果树的种子应保持一定的安全含水量,不宜长久暴晒,最好采后即直接播种或催芽后播种,如荔枝、龙眼、杧果、柑橘、黄皮等。大多数落叶果树种子采后需用湿沙层积贮藏或冷藏一段时间后播种才能发芽;有些种子也可晾干后密闭贮藏;银杏、板栗的种子应于冷凉湿润处贮藏,不宜晒干;少量种子密封后,可置于4～7℃的冰箱中贮藏。

3. 种子休眠与种子层积处理

具有生活力的种子在适宜的温度、湿度和通气条件下也不发芽的现象称为种子休眠。大多数落叶果树种子具有休眠特性,而南方常绿果树种子没有休眠期或休眠期很短。处于休眠状态的种子需要经过一段时间的低温、湿润处理才能发芽,这种处理称为层积。具有休眠期特性的种子播种前需要进行层积处理。层积处理需要的环境:一定时间的低温(3～8℃),并保证适宜的湿度和良好的通气环境。层积所需的时间一般为60～100 d,环境对层积的时间有较大影响,如毛桃常温下需要6～7个月,在2～7℃条件下只需要2个月。

种子层积处理方法:用洁净、湿润的河沙与种子分层堆放(种子∶河沙＝1∶(3～5),河沙湿度以手握成团不滴水,撒手能散为宜)。先在地面用砖头砌成长方形或正方形的沙床,大小视种子多少而定,在沙床底部铺10 cm厚的湿沙,然后铺上一层种子,反复分层堆放至50～60 cm,在最上层盖一层10 cm厚的湿沙,再用稻草或薄膜覆盖保湿。

4. 播种前种子处理

种壳厚、硬或难于发芽的种子可以用水浸泡或加以外力,迫使种壳开裂,但不能损伤种仁;具有休眠特性但未经过层积的种子,可用清水浸泡1～2 d后放入1～5℃的环境中15～20 d,可以打破休眠。催芽方法有低温层积催芽、变温层积催芽和高温催芽。变温层积催芽时可用15～20℃和0～5℃的温度连续或交替处理种子,处理的温度和时间因树种而异;高温催芽即将种子置于15～25℃湿润的环境中催芽。催芽至有1/3左右的种子发芽即可播种。

5. 播种

(1)播种时期 常绿果树的种子没有休眠期,应随采随播,如柑橘、荔枝、龙眼等。落叶果树种子有明显的休眠期,需要经过层积处理后,次年春季(1～3月份)播种(表2-1)。

(2)播种方法 常见的播种方法有撒播、条播和点播。大粒种子常采用点播,小粒种子常采用撒播或条播。一般点播或条播行距为20～30 cm。播种后用疏松肥沃土壤或河沙覆盖,厚度以不见种子为宜,然后淋水。夏秋季播种最好设置遮阳降温设施。

表 2-1 常见亚热带果树砧木种子采收和播种时期 月

树种	采种时期	播种时期	播种方法	备注
荔枝	6～7	6～7	催芽后点播	随采随播
龙眼	7～8	7～8	催芽后点播	随采随播
杧果	7～8	7～8	催芽后点播	随采随播
枇杷	5～6	5～6	催芽后点播	随采随播
番石榴	7～8	7～8	撒播或条播	随采随播
酸杨桃	9～10	9～10	撒播或条播	随采随播
枳壳	10～11	10 月至翌年 3	撒播或条播	随采随播或沙藏至春季播种
酸橘	10～11	10 月至翌年 3	撒播或条播	随采随播或沙藏至春季播种
酸柚	9～10	9 月至翌年 3	撒播或条播	随采随播或沙藏至春季播种
土柠檬	10～11	10 月至翌年 3	撒播或条播	随采随播或沙藏至春季播种
毛桃	6～7	12 月至翌年 1	撒播或条播	层积处理后冬春播种
酸梅	4～5	12 月至翌年 1	撒播或条播	层积处理后冬春播种
棠梨	10～11	翌年 1～2	撒播或条播	层积处理后冬春播种
板栗	10～11	12 月至翌年 1	催芽后点播	层积处理后冬春播种
毛叶枣	10～11	翌年 2～3	催芽后点播	层积处理后春季播种

【技能训练】2-1 果树实生苗的培育

一、实训目的

掌握荔枝、龙眼等实生苗培育技术。

二、材料与用具

材料：成熟、新鲜的荔枝、龙眼种子。

用具：锄头、铁铲、遮阳网。

三、实训提示

整个实生苗培育过程较长，要提前做好苗圃地整地和播种前的各项准备工作，课内学生可以选择催芽和播种两个内容进行实训操作。播种后的管理工作利用课余时间进行。

四、实训内容

1. 整地

播种地要求土壤肥沃、土层深厚的沙壤土。黏性过重的土壤，不利于苗木生长；而沙质土壤，当嫁接苗带土出圃时，难带泥团，影响成活率。

应在育苗前 1 个月整地。深翻土地 30～40 cm，清除杂草，风化土壤，减少害虫。播种前施足基肥，精细整地，起畦播种，畦高 20 cm，畦面宽 100 cm，畦沟宽 30～40 cm。

2. 催芽和播种

荔枝、龙眼种子不宜在阳光下长久暴晒，否则会降低发芽率。为了提高种子发芽率，提高苗木的整齐度，采集种子后最好先用河沙进行催芽处理，河沙湿度控制在最大持水量的

60%～70%为宜。催芽3～5 d后便可分期挑选刚刚萌芽的种子播种。一般采用点播法，株行距10 cm×25 cm。播种后覆土厚度以不见种子为宜，然后在畦面覆盖稻草保湿。

3. 播种后管理

播种后要经常淋水，保持土壤湿润，促进种子发芽。荔枝苗期喜阴凉，忌烈日高温，因此，出苗后应搭遮阳网遮阴，促进苗木生长，防止幼苗顶芽枯萎。

当幼苗出现第1片真叶转绿后，可以淋施腐熟水肥，随着幼苗慢慢长大，水肥的浓度可以稍浓。当幼苗长高30～40 cm时摘除顶芽或短截，促使主干增粗。

五、实训报告

总结荔枝、龙眼催芽、播种的注意事项。指出本次实训过程中存在的问题及解决措施。

六、考核评价

考核目标	考核要点	等级分值				考核说明
		A	B	C	D	
态度	时间观念，吃苦耐劳精神，团结协作能力，安全意识，材料用具准备。	20	16	12	8	1. 操作技能考核：根据实地操作表现进行综合评定。 2. 实训态度：根据学生现场实际表现确定等级。
操作技能	1. 种子处理得当。 2. 催芽过程中河沙湿度适中。 3. 播种过程操作正确，盖土厚度合适。	50	40	30	20	
实训报告	能总结出荔枝、龙眼播种过程主要的注意事项，客观指出实训过程存在的问题，并提出解决措施。	30	25	20	15	

三、嫁接苗繁育

将植株的芽或枝接到另一植株上，使其接口愈合长成新植株的繁殖方法称嫁接。用此法繁殖的苗木称嫁接苗，用来嫁接的枝或芽称接穗，承受接穗的部分(植株、枝条或根)称砧木。

嫁接繁殖属无性繁殖，是木本果树苗木最主要的繁殖方法。

(一)嫁接苗的特点

嫁接苗基本上能保持母树的优良性状；提早结果；繁殖系数高；可利用砧木的抗性，扩大果树的种植范围；利用矮化砧木来降低树冠，便于管理。此外，高接换种可以加快大树的品种更新。

(二)嫁接愈合过程

嫁接后，砧木和接穗接合部的形成层和薄壁细胞在削伤的刺激下，不断分裂和生长，形成愈伤组织，愈伤组织的薄壁细胞充满砧木和接穗间的空隙，将砧木和接穗相互连接。之后，愈伤组织逐渐分化，向内形成新的木质部，向外形成新的韧皮部，连通砧木和接穗木质部的导管和韧皮部的筛管，恢复水分和养分正常的上下输送，两者愈合发育形成新植株。

(三)影响嫁接成活的因素

1. 砧穗亲和力

砧穗亲和力是指砧木和接穗经过嫁接后能愈合并正常生长结果的能力，是嫁接成活的关键因子。砧穗亲和力强,嫁接成活率高,苗木成长快;砧穗亲和力弱,成活率低。砧穗亲和力强弱与砧穗的亲缘关系有关,同种亲和力强,同科异属,亲和力较弱;不同科亲和力差,嫁接难成活。

2. 砧木和接穗的质量

由于在形成愈伤组织的过程中需要一定的营养物质,因此,生长充实、营养物质积累充足的砧木和接穗,嫁接成活率高。

3. 树种和品种

不同树种、品种,嫁接成活的难易不同。一般枝条髓部大、导管和管胞细小的树种、单宁含量多的树种和容易出现伤流的树种嫁接成活率都比较低。

4. 环境条件

在气温 20～25℃、空气湿度较大的条件下嫁接,嫁接后接口及其愈伤组织表面保持一层水膜(饱和湿度),有利成活。低温、高温、干旱、阴雨天气都不利于嫁接成活。

5. 嫁接技术

熟练的嫁接技术是提高嫁接成活率的重要条件。砧木和接穗切面平滑、深浅适宜,砧穗形成层对准、包扎紧密、操作速度快的,嫁接成活率高;切面粗糙,形成层错位,接口包扎不严等,均会影响嫁接成活。

(四)接穗的选择和贮藏

选择品种纯正、品质优良、丰产稳产、生长健壮、无检疫性病虫害的成年植株,选取树冠外围芽体饱满的一年生营养枝作接穗。细弱枝、徒长枝、落花落果枝不宜作接穗;剪取接穗后及时剪去叶片,以减少水分蒸发。一般接穗以随采随接成活率最高,如不能及时嫁接要用湿布包扎或湿润的河沙贮藏。

(五)砧木选择

选择砧木的主要依据是:与嫁接品种有良好的亲和力;对接穗生长结果有良好的影响;适应栽培地区的自然条件;具有矮化或乔化性状;抗病虫能力强;易于繁殖。南方主要果树常用的砧木见表 2-2。

表 2-2 主要亚热带果树常用砧木

树种	常用砧木	树种	常用砧木	树种	常用砧木
柑橘	枳、酸橘、红橘、柠檬、酸柚	枇杷	本砧、土种枇杷	板栗	本砧、野生板栗
荔枝	本砧、禾荔、黑叶、大造、白蜡	李	毛桃	柿	本砧、君迁子
龙眼	本砧、大乌圆、石硖、土种龙眼	桃	毛桃	梅	酸梅(骨梅)
杧果	本砧、土种杧果、扁桃	梨	棠梨	杨桃	酸杨桃
番石榴	土种番石榴	青枣	毛叶枣	油梨	本砧

(六)嫁接方法

根据所用的接穗不同,果树嫁接方法可分为芽接法和枝接法。

1. 芽接法

用不带木质部或带少量木质部的芽片作接穗的嫁接方法称芽接。芽接法具有适宜嫁接时间长,操作简单,速度快,节省芽条,接口伤面小,易包扎,成活率高;不断砧,不成活时可补接,不浪费砧木等特点，是一种较常用的嫁接方法。生产上应用最广泛的芽接方法是T形芽接和嵌芽接。芽接多用腹接法。

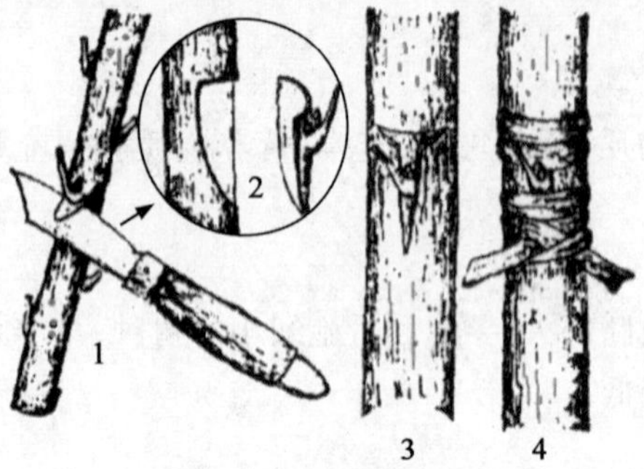

图 2-1 T形芽接示意图

（引自《果树栽培技术》南方本，许邦丽，2011）

1. 削取芽片 2. 取下的芽片（不带木质部） 3. 插入芽片 4. 绑缚

（1）T形芽接 适用于砧木和接穗均为圆形，皮层内圆滑、容易剥离的树种。通常采用一年生小砧木，在皮层容易剥离时进行。嫁接时，在砧木离地面5～8 cm处，选光滑处横切一刀，深达木质部，在横切口中间向下纵切一刀，长约1 cm，切口呈T字形，从T形两侧交接处用刀尖把皮层向左右拨开成三角形伤口，注意伤口不宜挑得太宽。削接穗时，倒拿接穗，从芽的下方1 cm处向上斜切一刀（深达接穗木质部的1/3～1/2），在芽上方约0.5 cm处横切一刀，深达木质部，用拇指和食指抓紧芽片叶柄把芽片剥离木质部，取下不带木质部的盾形芽片，立即插入开好的砧木三角形伤口，使砧木和接芽的横刀口对齐，用嫁接膜包扎（图2-1）。

（2）嵌芽接 对于枝梢有棱角或沟纹，或皮层难于剥离的树种，可采用此方法进行芽接。嫁接时，在砧木适当部位自上而下斜削一刀，深达木质部或稍带木质部，切口长1.5～2 cm，在削面基部以45°角向内、向下切断皮层，削出一嵌口。在接穗的芽眼上方0.5～0.8 cm处向下斜削一刀，稍带木质部，削面长1.5～2 cm，然后在芽下0.8～1 cm处以45°角向下斜切一刀，取下芽片，放入砧木切口内，对齐形成层，用嫁接膜包扎（图2-2）。

2. 枝接法

用带有芽的一段枝条作接穗的嫁接方法称枝接。砧木较粗、皮层不易剥离、高接换种时用此法较好。枝接方法有切接、改良切接、枝腹接、舌接、劈接、靠接等，生产中最常用的有切接、改良切接、枝腹接等。

（1）切接法 切接是枝接中最常用的方法。其操作方便，成活率高，接后生长迅速（图2-3）。

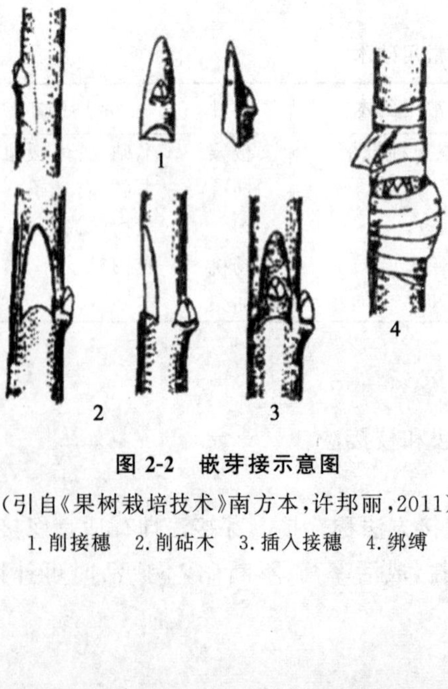

图 2-2 嵌芽接示意图

（引自《果树栽培技术》南方本，许邦丽，2011）

1. 削接穗 2. 削砧木 3. 插入接穗 4. 绑缚

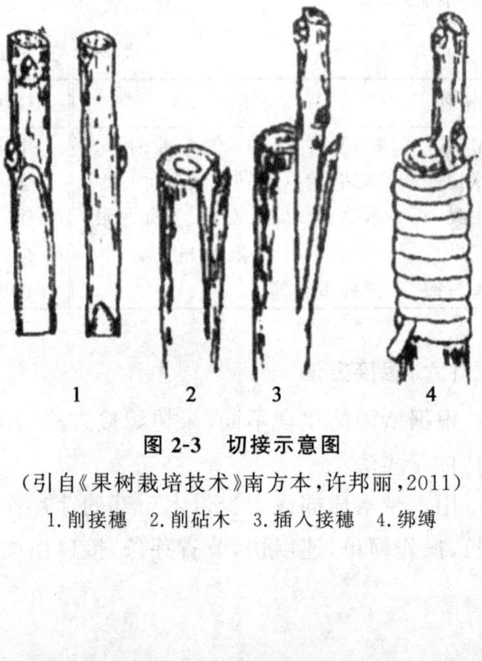

图 2-3 切接示意图

（引自《果树栽培技术》南方本，许邦丽，2011）

1. 削接穗 2. 削砧木 3. 插入接穗 4. 绑缚

【技能训练】2-2 果树嫁接苗(切接法)的培育

一、实训目的

初生掌握果树苗木切接嫁接技术。

二、材料与用具

材料:砧木苗,接穗,塑料薄膜条。

用具:枝剪,嫁接刀,磨刀石,湿毛巾,遮阳网。

三、实训提示

老师先讲解嫁接方法和注意事项,并做好操作示范。然后,在老师指导下,学生独立进行操作练习,达到一定熟练程度后,再到苗圃地进行实地嫁接。

四、实训内容

1. 砧木要求

当苗木嫁接部位粗度比接穗粗度稍大时进行嫁接。

2. 嫁接时期

荔枝周年均可嫁接,但以春季(2～4 月份)为最佳嫁接时间,嫁接当天以多云凉爽天气为好,避免在雨天嫁接。

3. 接穗采集

应以丰产、稳产、质优、适应性强的青壮年结果树为母树,选择树冠外围、芽眼饱满、枝条发育成熟、粗细与砧木接近的枝条为接穗。采集前 7 d,剪去接穗枝条顶部,使接穗枝条积累更多的营养。

接穗应以即采即用为好。接穗剪下来后,立即剪掉叶片(留少量叶柄,以免伤到芽眼),并用湿毛巾覆盖或包裹保湿。

4. 嫁接方法

嫁接常用的方法为切接法。

(1)切砧木 切砧木时选择离地面大约 20 cm 选一平滑处剪断砧木,在平滑处纵切一刀,要求切面平滑,长 1.5～2 cm,深度以刚达木质部或稍带木质部为宜。

(2)削接穗 倒拿芽条(上端向内,下端向外),把所选用芽眼以下平直面朝下,在芽眼下 2～2.5 cm 处用嫁接刀将芽条下端削成 45°的斜面,然后将芽条平直面反转向上,在芽眼下约 0.5 cm 处平削一长削面,深度以刚达木质部或稍带木质部为宜,削面与砧木切口等长或稍长,留 1～3 个芽,在顶芽上方约 0.5 cm 处将芽条切断。

(3)插合、包扎 把接穗的长削面向内插入砧木的切口,使接穗长削面的形成层与砧木切口的形成层对准,接穗与砧木的削面大小不一致时,至少对准一侧的形成层。然后,用薄型塑料薄膜条自下而上覆瓦状包扎嫁接部位和接穗,使嫁接部位和接穗密封良好,注意顶部芽眼只包一层,以便芽体可顶破薄膜自行长出。

五、实训报告

统计嫁接成活率,分析影响嫁接成活的原因。

六、考核评价

考核目标	考核要点	等级分值				考核说明
		A	B	C	D	
态度	时间观念,吃苦耐劳精神,团结协作能力,安全意识,材料用具准备。	20	16	12	8	1. 操作技能考核:根据实地操作表现进行综合评定。 2. 实训态度:根据学生现场实际表现确定等级。
操作技能	1. 砧木、接穗切削操作正确,削面平直,深度适中。 2. 砧木和接穗削面形成层对准,包扎紧密,顶芽芽眼处只包一层。 3. 动作熟练。	50	40	30	20	
实训报告	嫁接成活率高;分析影响嫁接成活的主要原因。	30	25	20	15	

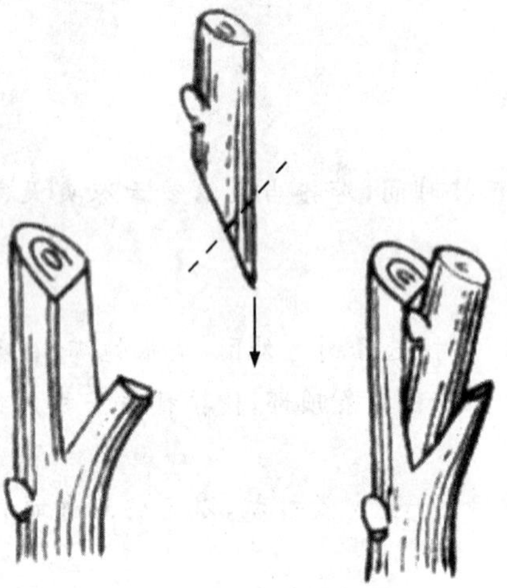

图 2-4 改良切接示意图

(2)改良切接　改良切接是广西果农在切接法的基础上进一步创新的一种嫁接方法。具有嫁接速度快、节约接穗、嫁接成活率高的特点。砧木切法与切接一样。削接穗:倒拿枝条,在芽眼下紧贴叶柄向前、向下切断枝条下部,并削成长度约 1.5 cm 的马耳形斜面,在斜面背面 0.5 cm 处以 30°角向下把斜面尖端切掉,形成一长一短的两个削面,在芽眼的上方约 1 cm 处剪断,取下接穗。把接芽插入切好的砧木切面,然后绑紧接芽并密封包扎。嫁接时砧木能保留 2～3 张叶片有利嫁接成活(图 2-4)。

(3)枝腹接　砧木苗不需剪顶,在离地约 15 cm 选平直处稍带木质部从上至下纵切一刀,切面长 2.5～3 cm,切断切开的皮层 1/2。削接穗:选芽眼对面或侧面(要求平直)做长削面,先在平直面的背面、芽眼下 1～1.5 cm 处削 45°斜短削面,然后,在平直面在芽眼上方约 1 cm 处自上而下削一长削面,要求削面平直,以不带木质部或稍带木质部为好,从芽眼上方约 0.5 cm 处剪断取下带单芽的接穗。把接穗长削面向内插入砧木切口内,两者形成层一边或两边对齐,用塑料薄膜条密封包扎。此法要求接穗要笔直,否则其切口不平直,影响嫁接成活。

(七)嫁接后的管理

1. 检查成活、补接

一般嫁接后 20～30 d 检查嫁接是否成活。接穗颜色依然新鲜、饱满、不变色、不萎缩即为成活;如果接穗变色、干缩,说明嫁接不活,应尽快补接,以保证苗木生长整齐,统一出圃。

2. 除萌、摘心

嫁接后,砧木基部会萌发大量的蘖芽,要及时抹除,以免与接芽争夺水分、养分,影响接芽生长；当新梢老熟或生长到 20～30 cm 时短截或摘心，促进分枝，培育“一干三杈”苗。

3. 解绑

一般在接穗抽生的一次梢完全老熟后即可解绑。方法是：用嫁接刀刀尖纵向划破并解除包裹嫁接口和接穗的塑料薄膜条。解绑要及时，过早，会因嫁接口尚未完全愈合而裂开；过迟，会影响砧木加粗生长。

4. 水分管理和施肥

嫁接前 2～3 d 淋透一次水，一般嫁接后 3～5 d 内不淋水，以免嫁接口部位水分过多，影响愈合。此后遇旱要及时淋水，保持苗圃土壤湿润；雨天要及时排出积水。接穗萌发的新梢老熟后，可以施用腐熟的稀人畜粪尿水肥，每月施用 1 次。注意做好苗圃除草、松土工作，保持畦面疏松无杂草。

5. 病虫害防治

秋季嫁接后常有蚁害咬破嫁接口薄膜，导致接穗失水干枯死苗。要在嫁接前用药物诱杀蚂蚁或在嫁接后及时喷药防治，直至接穗萌芽。接穗萌芽后，常有害虫为害嫩芽和叶片，一些易感病树种还有病害发生，要及时喷药防治。

另外，如果是腹接的，在嫁接成活后，需把嫁接口以上的砧木剪除，以利接穗芽的萌发。如果是在春季气温、湿度比较适宜的季节，可以一次性在嫁接口以上 1～2 cm 处将砧木剪断；如果是在夏秋季等干旱、高温季节，应先在嫁接口以上约 3 cm 处折砧，待接穗芽萌发后再在嫁接口以上约 1 cm 处剪砧。

四、自根苗繁育

利用果树的枝、叶、根等营养器官，在适宜的条件下，采用扦插法、压条法、分株法、组织培养法等方法培育的苗木，统称自根苗。

(一)自根苗特点

自根苗属无性繁殖方法，能保持母本的优良性状，苗木生长整齐，变异较少，结果早，可以直接作为生产用苗。但因无主根，根系浅，抗逆性弱，适应性比实生苗和嫁接苗差，繁殖系数较低，寿命短。葡萄、西番莲、草莓、香蕉、菠萝等常用自根苗繁育方法繁殖苗木。

(二)促进自根苗生根

1. 影响自根苗生根的因素

(1)内部因素

树种：果树因树种不同，其生根的难易有所不同。就扦插而言，有的树种易生根，如葡萄、西番莲等；有的树种难于生根，如荔枝、柑橘等。

树龄、枝龄：随着母株年龄和枝条年龄的增加，生根能力下降，所以，通常选择生长充实的一年生枝条作为材料。

树体营养：树体或枝条含有较高的碳水化合物和适量氮素营养时，有利生根；碳水化合物不足或缺乏氮素营养，则不利于生根。

(2)外部因素

温度：不同果树生根所需温度有差异。多数果树在土温 20～25℃时发根良好，可提高扦插成活率。

湿度:土壤湿度和空气湿度对扦插成活影响很大,土壤含水量最好稳定在田间最大持水量的 50%~60%,空气湿度越大越好。

氧气:扦插生根需要氧气,一般扦插基质中有适当水分,又含有 15%左右氧气时,有利于插条生根萌芽。

光照:扦插生根前或生根初期,强光照不利于扦插成活,因此,应避免强光直射,生产上常用遮阳网等遮阴。

基质:基质要求孔隙度适中,透气性好,能提供生根所需的水分、养分和氧气。常用扦插基质有一般土壤、河沙、泥炭、蛭石、珍珠岩、谷壳灰等。

2. 促进自根苗生根的方法

(1)物理方法　①环剥处理。扦插前 15~20 d,对选取的插条基部环剥 1~1.5 cm 宽,以切断碳水化合物和生长素向下运输,可促进生根。环缢、环割、纵伤等也具有同样作用。②刻伤处理。扦插时将插条基部纵向刻数条深达木质部的伤痕,可促进根原体长出不定根。③加温处理。冬季或早春扦插时常因基质温度不够,导致生根困难。可通过覆盖地膜、搭建塑料拱棚、电热加温等手段提高生根基质的温度,促进插条的生根。

(2)化学处理　对难以长根的树种或品种的枝条,可应用化学药剂处理,提高枝条酶的活性,促进分生细胞的分裂,从而促进长根。常用的药剂有 ABT 生根粉、吲哚乙酸、吲哚丁酸、萘乙酸等。

(三)扦插苗的培育

扦插繁殖方法是指切取植物的枝条、叶片或根的一部分,插入基质中,使其生根、萌芽,形成新植株的繁殖方法。根据用于扦插的器官不同,可将扦插分为枝插、根插和叶插,其中枝插在果树中应用最广。根据枝条的木质化程度不同,枝插又分为硬枝扦插和绿枝扦插两种。

1. 硬枝扦插

硬枝扦插一般是冬季落叶后采取插条,随采随插。在优良母株上选择一年生生长充实的枝条,剪成上平下斜(上端离芽 2~3 cm,下端靠近节部)、长 15~20 cm 的插条。插时以斜插为宜,扦插深度为插条的 1/3~1/2,插后淋水(图 2-5 至图 2-7)。

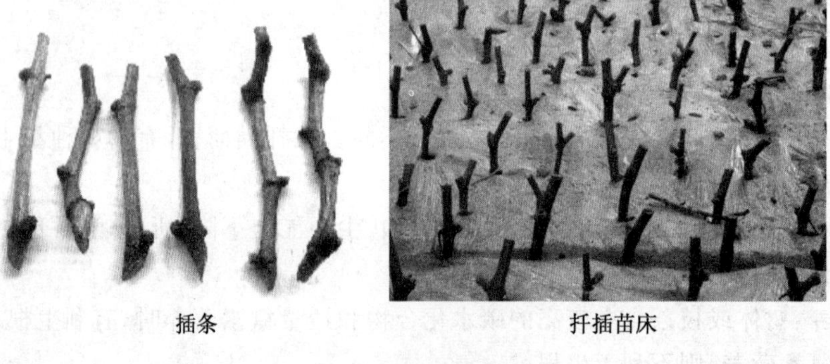

插条　　扦插苗床

图 2-5　葡萄硬枝扦插育苗

图 2-6 硬枝扦插成活的葡萄苗

图 2-7 火龙果扦插育苗

【技能训练】2-3 葡萄硬枝扦插育苗

一、实训目的

通过实训,掌握葡萄硬枝扦插繁殖的基本技术。

二、材料与用具

材料:葡萄枝蔓、塑料薄膜、营养袋、基质(肥沃园土等)、干净清水。

用具:枝剪、烧杯、玻棒、桶等。

三、实训组织形式

老师先操作示范并讲解,然后以班或分小组组织实施。

四、实训内容

1. 枝蔓准备

冬季修剪时,剪取并选择生长健壮、充分成熟、芽眼饱满、节间长度适中、髓部小、色泽正常,粗度在0.6 cm以上的一年生枝蔓。

2.苗圃地、苗床和容器的选择

苗圃地应选择在靠近水源、交通便利、地势平坦、排水良好、土层深厚疏松的沙质壤土或壤土,地下水位不高的地方。在扦插前20~30 d,将苗圃地耕翻1~2遍,施足基肥。起畦,畦高20 cm,畦面宽100 cm,畦沟宽30~40 cm。

如果是露地苗床育苗,插床可用珍珠岩和河沙作基质,或沙质壤土与河沙按1∶2的比例混合、或泥炭土与河沙按1∶(2~3)的比例混合作基质。

如果是容器育苗,容器规格为8 cm×15 cm。营养土的配制用表土和火烧土或采用肥泥、椰糠与河沙混合,打碎过筛后充分拌匀,装入营养袋内,土面距袋口约1 cm,然后将营养袋整齐地摆在育苗地上,浇透水备用。

3.插条的选择、剪取

结合冬季修剪采取枝蔓。选择品种纯正、生长健壮、充分老熟、芽眼饱满的一年生枝蔓的中下部枝段。上部枝蔓较细弱,芽眼不饱满,不宜选用。

将插条剪截成2~3芽、15~20 cm长的插条。插条上端的第1个芽眼要充实饱满。上端在芽眼上2~3 cm处平剪,下端在节下0.5 cm处剪成马蹄形。如果上端剪口离芽太近,插条干枯会影响到芽眼萌发;下端在芽眼处斜剪,芽眼处贮藏养分多,有利于发根。

4.插条的处理

春季气温升高通常比地温快,扦插后往往先萌发而后生根,不利于插条成活。扦插前对插条进行处理,可以促进生根,提高成活率。

(1)浸水促根法　将剪好的插条50条绑成一捆,扦插前用干净的清水浸泡插条茎部24~48 h,深度3~4 cm,期间换水2次,使插条吸收足够水分,可促进不定根形成,提高扦插成活率。此法方便安全、经济实惠。

(2)生长调节剂促根法　用ABT生根粉2号、吲哚丁酸、吲哚乙酸和萘乙酸等4种植物生长调节剂处理插条后都有刺激生根的作用。其中,以150 mg/L的ABT生根粉2号溶液浸5 h处理效果最好,发根数量最多,新梢长势旺盛。处理后取出插条晾干2~3 h后再扦插。

5.扦插方法

在冬季落叶后至春季萌芽前进行,此时枝蔓养分积累较多,有利于生根成活。扦插前,苗床可浇1次透水,使苗床土壤或基质疏松,便于扦插。为了增温保湿及防除杂草,苗床可先覆盖黑色地膜后扦插。扦插前按相应株行距用木棍插破地膜,防止扦插时戳破的地膜沾在插条基部而影响生根。插条扦插的深度一般为插条长度的1/3左右。

如果是容器育苗,将剪好的芽段直插在营养袋中央,扦插后淋一次透水,以利插穗与土壤结合密实。最后搭建塑料棚保温保湿。

6.插后管理

(1)搭棚保温　棚内保持气温25~30℃、相对湿度为80%~90%为宜。

(2)喷水保湿　每天或隔天喷水一次,保持土壤湿润即可。

(3)施肥　当插条长出2~3片叶后,一般15 d施1次肥,前期以氮肥为主,后期以磷、钾肥为主。为了使枝蔓生长粗壮,苗木生长期只留1条枝蔓,其余摘除。同时注意及时中耕、除草。

五、实训报告

1. 叙述葡萄硬枝扦插关键技术。统计扦插成活率。

2. 分析影响插条生根的因素。

六、考核评价

考核目标	考核要点	等级分值				考核说明
		A	B	C	D	
态度	时间观念，吃苦耐劳精神，团结协作能力，安全意识，材料用具准备。	20	16	12	8	1. 操作技能考核：根据实地操作表现进行综合评定。 2. 实训态度：根据学生现场实际表现确定等级。
操作技能	1. 插条的选取、处理正确。 2. 扦插方法正确、深度适中。	50	40	30	20	
实训报告	扦插成活率高；总结硬枝扦插关键技术；分析影响插条生根的主要原因。	30	25	20	15	

2. 绿枝扦插

绿枝扦插也叫嫩枝扦插。选取当年刚木质化或半木质化的中庸枝为插条(10～15 cm)，可带1～4个芽、0.5～1片叶(叶片较大时可剪去1/3～1/2)，深度约为插条的1/3。绿枝扦插比其他扦插法较易生根，但对空气和土壤湿度要求严格。因此，扦插后注意遮阳和喷水，每天喷水2～3次，保持基质湿润，空气湿度越大越好。

(四)压条苗的培育

压条是在枝条与母株不分离的状态下，将枝条埋入生根基质中(或用生根基质包裸枝条)，待枝条生根后剪离母株即成独立的种苗。对于扦插不容易生根的树种可用此法。压条繁殖可分为地面压条和空中压条两种，亚热带果树常采用空中压条。

由于压条繁殖所用的母株材料多，繁殖系数小，操作难度较大(尤其是空中压条)，所以目前生产中比较少用。

(五)分株苗的培育

将母株上的根蘖、匍匐茎、吸芽等器官分离，使之成为新植株的方法，称为分株繁殖法。在生产上常用的分株繁殖法有吸芽分株法和匍匐茎分株法。

1. 吸芽分株法

香蕉、菠萝等常用此法繁殖。

香蕉在生长期从母株地下茎上抽生吸芽(剑形芽)，待吸芽生长到一定高度(30 cm左右)后与母株分离种植，分株时，用特制的利铲，从吸芽与母株相连处割离，尽量少伤母株地下球茎部。吸芽必须带有本身的地下茎，有利于栽后成活(图2-8)。

菠萝芽体根据着生部位不同分为冠芽、托芽、吸芽、蘖芽4种(图2-9)，冠芽随植株抽蕾和果实发育而生长，芽体小，一般是单芽，少数果实有2～3个冠芽；托芽着生在果实基部和果柄，每株抽生2～6个，托芽的数量因品种和季节而异。吸芽着生在地上茎叶腋，生产上选留作母株接替株，作下一造收果植株。蘖芽是地下茎的芽体萌发形成。所有的芽体都可作为生产种苗,但因蘖芽弱小且量少,故很少用作种苗。生产中常常利用冠芽、托芽和吸芽作为种苗,冠芽和托芽种苗长度以 20～40 cm 为宜,吸芽以 30～50 cm 为宜。

香蕉母株抽生的吸芽

香蕉吸芽
(剑形芽,可作繁殖材料)

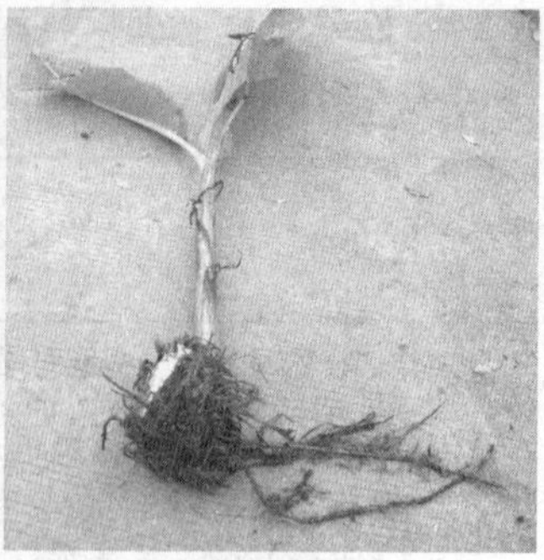

香蕉吸芽
(大叶芽,不宜作繁殖材料)

图 2-8 香蕉吸芽

冠芽苗 托芽苗 吸芽苗 蘖芽苗

图 2-9 菠萝常用的种苗类型

2. 匍匐茎分株法

草莓常用此法繁殖。草莓地下茎的腋芽生长当年可发生匍匐茎,匍匐茎上有节,节上长叶簇和芽,下部生根,形成匍匐茎苗。当匍匐茎长到 2～3 张叶片时,与母株分离,取出培育成大苗种植。

(六)组培苗的培育

在无菌条件下将植物离体的器官、组织、细胞接种于培养基上,使其在适宜条件下长成植株的方法称为组织培养。组培培养具有生产周期短、繁殖系数高、能快速提供规格一致的优质种苗的特点。目前,生产上香蕉、草莓等常用组织培养繁殖苗木。

附录 2-1 香蕉组培苗生产技术

一、品种的选择

选用适宜当地栽培、高产、优质、抗逆性强的品种。

二、原种吸芽苗的选择

选作吸芽的母株应是果梳整齐、果大均匀、产量高、无病害症状、健壮的植株。用作外植体的剑形吸芽必须按株系进行编号并建立株系档案,必要时拍照全株相片。

三、香蕉吸芽外植体的消毒与接种

从田间取回来的吸芽用自来水冲洗干净后,用不锈钢刀将吸芽切去根和顶端,剥去外层包片并切成高 2 cm、直径 1.5 cm 左右的圆锥体。在超净工作台上,用 75%酒精消毒 2 min,倒掉酒精,再用 0.1%升汞,另加 2～3 滴吐温消毒 20～30 min。消毒剂要浸过材料,消毒过程中要经常摇动以便材料充分灭菌。然后用无菌水清洗 4 次,使药液彻底洗净。用解剖刀剥去外层叶鞘,留 5 mm 左右的基座,并将此圆锥形外植体十字形切为 4 块,置入诱导培养基中培养,培养温度为 27～31℃。开始培养时,可只用自然弱光,待长小芽后光照需增加到 800～1 000 lx。

四、继代苗的培养

将已开始增殖的芽顶部叶片切除,切除的叶片可作为病毒检测的材料。经检测不带生产上检疫病毒的株系方可作为繁殖材料继代增殖。将基部切成含有 2～4 个芽的小块,转接到继代培养基中培养。培养温度 27～31℃,光照为 800～1 000 lx。20～30 d 继代一次,继代培养次数不超过 12 代。

五、生根苗的培育

将假茎生长至 2 cm 左右的无根继代苗转入生根培养基中培养,培养温度为 27～31℃,光照 2 500～3 000 lx,每天光照的时间为 10 h 左右,促进生根。

六、组培苗的炼苗培养

将培养室内培养的约 3 cm 高以上的组培苗转换至外界自然光温条件下培养,待叶片转浓绿色后(7～10 d)开始移栽。移栽时最好先打开塑料袋一个晚上,第二天用清水冲洗掉根部的培养基,并根据苗的大小进行分级。

七、营养杯苗的培育

1. 育苗大棚的建立

育苗大棚的地点应选择在交通便利,水源、电源充足,背风向阳、排水良好、远离蕉园,周围无茄科、葫芦科及豆科等作物的地方。可用竹木或钢管搭成拱棚,盖上 70%遮光率的遮阳网,冬天外覆盖塑料薄膜,并配备 40 目以上防虫网以防蚜虫传播病毒。

2. 营养杯基质要求

选择肥沃、富含有机质、通气性良好的基质,并过筛配制成肥沃、疏松、细、碎、保水性强的营养土(最好选择肥沃的塘泥打成颗粒),可拌施适量的 3%米乐尔或 10%益舒宝杀灭土壤害虫,并用 40%福尔马林杀菌。

3.装袋

把营养土装入宽12 cm、高14 cm、厚3 mm，中下部开有排水孔的塑料杯中，移栽深度以到假茎基部为宜，整齐地排放在排水良好的苗床上，畦宽一般1.3 m左右。

4.假植管理

将生根袋装苗袋口剪开，倒入清水中，把培养基清洗干净，将苗整齐排放在托盘中。种植时不宜种得太深，一般种至根颈处，种后淋足定根水。假植后一个星期内要经常喷水，保持叶面有水，空气湿度95%左右，温度27～31℃。要注意病虫害、风害、鼠害的防治，并适时剔除变异株。经2～3个月的培育，新长叶有6片以上时，即可作为商品苗出售或移入大田种植。

五、培育无病毒苗木

不带有已知病毒和特定病毒的苗木称为无病毒苗木。病毒对果树的生长结果有很大的危害，主要表现在降低种子发芽率、嫁接不亲和、生长量减少、降低产量和品质、树势衰退快。果树感染病毒后，目前没有有效的治愈办法，只能采取预防措施，以控制蔓延。建立无病毒苗木繁殖体系，种植无病毒苗木，是防止果树病毒病的主要途径和有效措施。各地实践表明，培育无病毒果苗，建立无病毒果园，不但果树生长健壮，总生长量大，寿命长，而且产量高，果实品质好，经济效益显著。

无性繁殖是果树病毒病传染扩散的主要途径之一。为避免病毒病的传播，应对繁殖材料提前检测，确保不带病毒后，再进行育苗和销售。

(一)苗木脱毒

1.热处理脱毒

通常热处理有3种方法：①温汤浸渍。将脱毒材料(如接穗)浸放在50～55℃的水中10～50 min可使一些热敏感的病毒钝化。此法对类菌原体引起的病毒效果较好。②高温空气处理。用盆栽的整株苗木在热处理箱内进行脱毒。具体方法：将整株苗木移入人工气室或大型恒温箱中，光强3 000～5 000 lx，每天16 h，温度为37～38℃，相对湿度为45%～90%，处理5～7周后，剪下1.5 cm长的新梢梢尖进行病毒鉴定，确认无毒后，就可作为无毒母本树。③高温蒸气脱毒。将材料放在有一定湿度的恒温箱内，过一定时间后可脱毒。如柑橘黄龙病在48～52℃湿热室内25～90 min即可被杀死。

2.茎尖组织培养脱毒

病毒侵入植物体后，一般是全身扩展的，但在生长点附近即茎尖和根尖的分生组织部位大多不含病毒。虽然不含病毒的部分是极小的，不超过0.1～0.5 mm，但可以采用组织培养技术获得完整的无病毒植株，培养为母本树。

3.珠心胚新生系避毒

具有多胚性的果树种子中有珠心胚和有性胚两种胚，其中珠心胚是不带病毒的，可以利用不带病毒的珠心胚培育无病毒苗木。

4.化学脱毒

近年研究表明，在茎尖组织培养和原生质体培养中加入抗病毒醚(ribaririn)能抑制病毒复制。化学脱毒有高度的专一性，脱毒效果因病毒种类的不同而有差异。

(二)果树病毒的检测方法

经过脱毒处理后得到的植株,需要经过病毒检测,确定无毒后才能作为无毒的母树。病毒检测常用的方法主要有指示植物检测法、电子显微镜检测法、酶联免疫检测法和分子生物学检测法等。其中,常用的是指示植物检测法,此法虽然检测速度较慢,但准确性较高。

指示植物检测法是利用某些对病毒反应敏感的植物(称为指示植物)经接种后可以表现出明显症状的特性来判断植物是否带有病毒的一种方法。如鉴定柑橘裂皮病用伊特洛香橼作指示植物。

(三)无病毒果苗繁育体系

规范化的无病毒繁育体系包括:国家级无病毒良种库、母本园和一级采穗圃;省级无病毒母本园、苗木繁育中心、二级采穗圃;区或县级无病毒良种苗木繁育场。良种无病毒繁育体系至少包括原种母本园、采穗圃和繁殖苗圃 3 个组成部分。果树无病毒苗木培育过程见图 2-10。

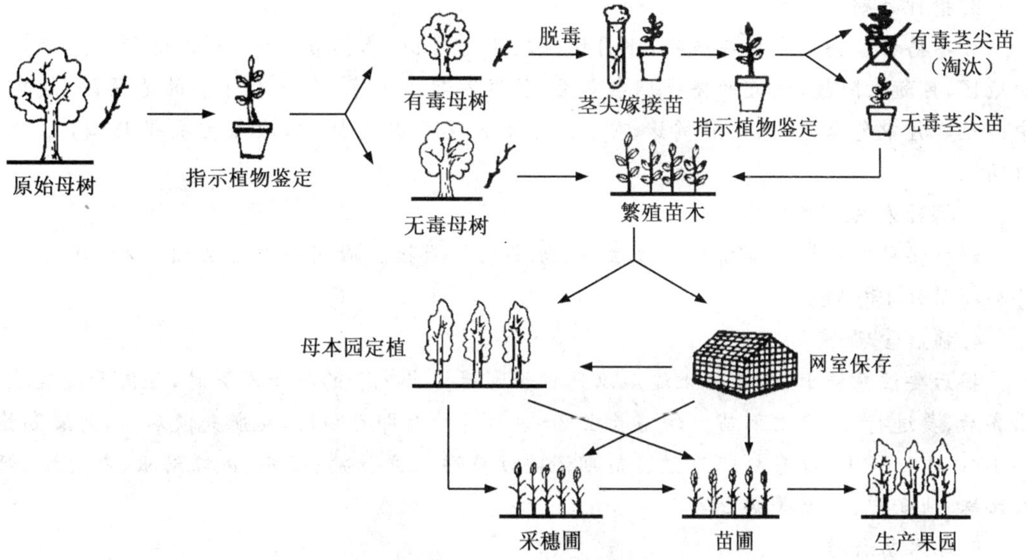

图 2-10　果树无病毒苗木培育过程

(引自《脐橙高产栽培技术》,石健泉,1998)

附录 2-2　柑橘无病苗繁育技术

一、选地

苗圃应选择无检疫性病虫的地段,并与柑橘种植地有一定距离,具备供水条件好,交通方便,阳光充足,地面平整的地块。土层深厚、疏松肥沃、通透性好、中性或微酸性壤土、沙壤土。

二、构建防虫大棚设施

大棚的规格大小、材料设备可依据各地的具体情况而定。以高 2～2.5 m、宽 5～6.0 m、长 30 m 较为合适。外层应用 40～60 目的防虫网,门口要设立缓冲间与双重防虫纱网门,四周用塑料编织布缝成的罩或遮阳网盖住；大棚内的场地要喷洒药液毒杀害虫及病源菌。场地清理完毕后要将地面整成中间稍高，两旁稍低的畦床，畦床应施入适量杀虫剂毒杀地下害虫。

三、砧木选择

选用适宜的砧木是改善柑橘品质、扩大种植范围、降低树体高度的一个有效措施。在广西，目前应用较多的砧木是枳壳、柠檬、酸橘和酸柚。

四、播种

1. 种子处理及整地

播种前的种子要进行消毒，可用 35～36℃的温水泡 1 h，然后用 1%硫酸铜或 0.1%高锰酸钾溶液或 300 倍福尔马林稀释液浸泡 10 min，用清水冲洗干净后播种。

播种前，要对苗圃进行土地平整，并进行深翻熟化，施足基肥，每公顷施腐熟的有机肥如粪肥、堆肥、厩肥、土杂肥等 20 000～30 000 kg，钙镁磷肥 1 500 kg，饼肥 3 000 kg，搅匀施下，耙平后开沟作畦，畦面宽 130 cm，高 30 cm，沟宽 40 cm。要求畦面平整，土粒细碎。

2. 播种时期

分冬播和春播。冬播在当年 11 月份至次年 1 月份，春播在 2～3 月份进行。冬季无冻害的地区，可随采随播，适宜的播种期在冬至，最迟不超过大寒；冬季有冻害的地区，一般在 2 月中旬至 3 月中旬春播。枳、酸橘嫩籽可在当年 8～10 月份播种，次年可提早移栽，缩短育苗时间。

3. 播种方法及播种量

柑橘播种有撒播和条播两种方法，一般多采用撒播。撒播一般每公顷用种 900 kg，条播每公顷用种 450 kg。

4. 播后管理

播后要注意浇水，但要防止过湿以免种子霉烂。当 2/3 的种子发芽时，可揭开覆盖物。苗出齐后，要进行 2～3 次间苗。幼苗长出 2～3 片真叶时即可施肥，施肥先淡后浓，薄肥勤施，每隔 10 d 施肥一次，以有机肥为主。苗期还要注意防止立枯病、疫病、凤蝶幼虫、潜叶蛾、蚜虫、红蜘蛛、地老虎、蝼蛄等病虫害。

5. 砧木苗移植

当砧木苗长出 3～4 片真叶时便可移植，移栽株行距 15 cm×25 cm。移植后注意浇水施肥，松土除草和防治病虫害，并注意抹除砧木苗主干 10 cm 以下的萌蘖，便于今后嫁接。苗高 30 cm 时可摘心，以促进加粗茎部的生长。

五、嫁接

采用切接、小芽腹接两种方法进行嫁接。

六、嫁接苗的管理

1. 浇水

嫁接后半个月内一般不淋水，以促进接口愈合。但如长期干旱，可每半个月沟灌一次，注意不要淋湿接芽，以免影响接芽的萌发。

2. 剪砧、解绑

嫁接 1 周后，检查嫁接成活情况。对已成活的腹接苗要进行剪砧，方法是：在接芽一边的上方剪断砧木粗度的 2/3，然后将砧木上部压倒在地上。待接穗第一次梢老熟后，解除薄膜袋,在接芽顶部以上0.2～0.3 cm处将砧木苗剪除。

3.除萌

接芽成活后,如有花蕾应及时摘除,如有多条新梢萌发,应留一枝强壮而直立的新梢,其余的摘除;并随时除去砧木上的萌蘖。

4.定干整形

当幼苗生长到一定高度时,就要摘心剪顶,以促进分枝。宽皮柑橘剪顶高度在距地面30～40 cm处,以后在主干上选留3～5个分布均匀、生长健壮的枝条作为主枝,其余做辅养枝或除去,第二次梢抽至15～20 cm长时及时摘心。对采用小苗种植的,也可以等定植后再整形。

5.肥水管理

幼苗施肥以薄肥勤施为原则,以促梢和壮梢肥为主,每次发梢前施肥一次。有冻害的地方速效肥施到8月份停止,以避免促发晚秋梢。多雨季节注意排水,高温干旱要及时灌溉,并及时中耕除草。

6.病虫害防治

及时防治炭疽病、溃疡病、疮痂病和潜叶蛾、红蜘蛛、黄蜘蛛、蚜虫、凤蝶幼虫等危害。

7.防寒防冻

在有冻害的地方地区,应做好防寒防冻工作。在苗床上方搭防寒防冻棚。冬季干旱时要及时灌水。

六、苗木出圃

1.出圃前的准备工作

苗木出圃是育苗工作的最后一个环节。出圃时苗木质量的好坏,对种植成活率高低、苗木生长结果快慢有直接的影响。因此,苗木出圃前必须做好计划,做好充分的准备。例如,起苗用具、包装材料、苗木检疫、标签、旱季时在起苗前1周灌水等。

2.苗木规格要求

苗木规格的基本要求:接穗和砧木品种纯正;根系发达,须根多;嫁接苗的嫁接口完全愈合,表面光滑,无肿瘤;有一定的高度和粗度,有2～3个分枝,枝条生长充实健壮;无检疫性病虫害。

3.起苗

常绿果树苗木周年均可起苗出圃,但以春季较好;落叶果树以落叶后到次年萌芽前起苗出圃为好。如果是用营养袋等容器育苗,周年均可起苗出圃。

起苗分为带土起苗和裸根起苗。通常落叶果树裸根起苗影响不大,起苗后要蘸泥浆护根;常绿果树最好能带土团起苗,带土团起苗根系损伤少,定植成活率高。

4.分级与修剪

起苗后应根据苗木规格进行分级。修剪结合苗木分级进行,剪去生长不充实的枝梢及病虫枝叶,短截过长的枝条;适当剪去一部分叶片,减少水分蒸发;短截过长的大根和受伤的根系,要求剪口要平,以利于愈合发根。

5.包装

带土起苗的苗木要用袋子和绳子将根系的土团包扎绑紧，避免土团裂散。裸根的苗木按30～50株扎成1捆，根部蘸泥浆护根后用塑料薄膜或稻草包扎并绑紧。包装后挂上标签，标签上要注明产地、树种、品种、砧木、等级、株数和出圃时间。

6.苗木检疫

苗木检疫是防止病虫害传播和扩散的有效措施。因此，苗木出圃时要到植物检疫部门进行苗木检疫，严防苗木带上有毁灭性、危害性的病虫，对检疫性病虫，做到"疫区不送出，新区不引入"。经植物检疫部门严格检疫并签发证明，才能调运。

7.苗木运输

苗木运输过程要注意遮阳降温保湿，避免日晒风吹，防止苗木失水落叶、干枯。如果长途运输，途中要给苗木根部适当淋水，保持根部湿润。

8.苗木假植

苗木挖出后，如不能立即定植或外运，应进行假植。假植就是临时性种植。假植地应选择避风、避晒和排水良好的地方，用湿沙或土壤埋住根部，压实并淋透水，最好能遮阳降温。

【技能训练】2-4 苗木出圃

一、实训目的

通过实地操作，使学生掌握起苗、修剪、分级、包装等苗木出圃技术。

二、材料与用具

材料：准备出圃的果苗、绳子、塑料薄膜。

用具：铁铲、锄头、枝剪、水桶。

三、实训提示

提前做好起苗用具、包装材料等准备，遇旱要在起苗前3～5 d对苗圃进行灌水。实训前，老师先操作示范并讲解，然后以班或分小组组织实施。

四、实训步骤

起苗有裸根苗和带土起苗两种。

1.裸根苗的起苗

起苗：挖苗时要避免损伤主干和尽量少伤须根，挖深20～25 cm，挖起后轻轻抖去泥土。

修剪：挖起的苗木要进行适当修剪，剪去受伤的根系、生长不充实的枝梢和一部分叶片。

分级、浆根、包扎：起苗后按苗木质量优劣分等级，一般把苗木分为大、中、小三级苗，然后蘸泥浆护根，根据苗木的大小，每30～50株扎成一捆，再用塑料薄膜或稻草将根部包扎，置于阴凉处待运。

2.带土起苗

起苗：起苗时以苗木主干为中心，将起苗器插入土中，用大铁锤敲打铁柄，至起苗器插入土中20～25 cm，握紧起苗器的铁柄左右前后摆动，然后把起苗器连泥带苗一块拔起，打开起苗器，就得到带有圆筒形泥团的苗木。

修剪、包扎：剪去过长主根，用塑料薄膜袋将整个泥团包好，再用绳子扎紧泥团，剪去生长不充实的枝梢。

五、实训报告

1. 叙述果树苗木出圃的技术要点。

2. 通过实训，你认为在苗木出圃操作过程中存在什么问题？如何改进？

六、考核评价

<table>
<tr><th rowspan="2">考核目标</th><th rowspan="2">考核要点</th><th colspan="4">等级分值</th><th rowspan="2">考核说明</th></tr>
<tr><th>A</th><th>B</th><th>C</th><th>D</th></tr>
<tr><td>态度</td><td>时间观念，吃苦耐劳精神，团结协作能力，安全意识，材料用具准备。</td><td>20</td><td>16</td><td>12</td><td>8</td><td rowspan="3">1. 操作技能考核：根据实地操作表现进行综合评定。
2. 实训态度：根据学生现场实际表现确定等级。</td></tr>
<tr><td>操作技能</td><td>1. 裸根苗起苗深度合适，保护须系好，根、枝叶修剪得当。
2. 带土苗泥团不松散，包装紧实。</td><td>50</td><td>40</td><td>30</td><td>20</td></tr>
<tr><td>实训报告</td><td>阐述苗木出圃关键技术要点；指出操作过程中存在的问题，并提出改进意见。</td><td>30</td><td>25</td><td>20</td><td>15</td></tr>
</table>

任务二　果园建立

一、园地类型

1. 平地

平地是指地势较为平坦的地带(图 2-11)。平地果园水分充足,水土流失少,土层较为深厚,有机质含量较多,根系入土深,结果良好,产量高。但通风、光照、排水均不如山地果园;果实色泽、风味、含糖量,贮藏性比山地果园差。

2. 山地

坡度≥20°、相对高差在 200 m 以上的地形为山地(图 2-12)。山地果园光照好,空气流通好,昼夜温差较大,有利于碳水化合物的积累;果实着色好,品质优,耐贮藏。但应注意改良土壤和水土保持。

图 2-11　平地火龙果园

图 2-12　山地柑橘园

3. 丘陵地

通常将地面起伏不大、相对高差在 200 m 以下的地形称为丘陵地。丘陵地是介于平地与山地之间的过渡性地形(图 2-13)。

二、果园规划设计

(一)小区的规划

小区又称作业区,是果园的基本生产单位,是为生产管理而设置的,是果园规划的一项重要内容。划分小区有利于果园管理和有效落实生产措施。划分果园小区应满足如下要求:

(1)果园小区内的气候、地势、土壤条件应当基本一致,以保证同一小区内管理技术内容和

图 2-13 丘陵地荔枝园

效果的一致性。

(2)山地和丘陵地果园,小区规划要有利于防止果园水土流失。

(3)有利于果园管理和生产措施的有效落实;有利于果园运输和机械化管理。

(4)一般平地果园气候和土壤条件基本一致,每个小区面积可设计 8～10 hm^2;丘陵地和山地果园,地形复杂,气候、土壤差异较大,每个小区可缩小到 1～4 hm^2。小区形状多采用长方形。小区面积应因地制宜,大小适当。面积过大管理不便,面积过小不利于机械化作业,土地利用率低。

(二)道路系统的规划

合理的道路系统、方便生产资料和产品的运输是现代果园的标志之一。大、中型果园的道路系统由主路、支路、小路组成。

1. 主路

要求位置居中,贯穿全园,且与园外公路相通。平地果园的主路要直,山地果园的主路可以环山而上或呈"之"字形,路宽 5～6 m,能通过大型汽车,便于肥料和果品运输。主路两边应有排水沟。

2. 支路

支路常设置在小区之间,并与主路垂直,形成"井"字形,路宽 3～4 m,能行走小型拖拉机。

3. 小路

小区内或环绕果园可根据需要设置小路,路面宽 1～2 m,以人行为主或能通过大型喷雾机械。

(三)排灌系统规划

1. 排水系统

排水系统主要是通过明沟或暗沟排水。山地与丘陵果园多用明沟排水;平地果园可用明沟或暗沟排水。

2. 灌溉系统

目前,果园灌溉方法有沟灌、滴灌、喷灌三大类。

(1)沟灌　沟灌系统由水源和各级灌溉渠道组成。水源选择主要有两种形式:一是修建小型水库蓄水，其位置应高于果园，对果园进行自流灌溉；二是利用江河或地下水的水源，通过扬水式取水或自流式取水两种方法来实现果园灌溉。

沟灌简便易行，成本低，是我国果园特别是农村小型果园主要的灌溉方式。但沟灌存在水的损耗大、灌溉不均匀、容易形成地表径流、传播土壤病菌等弊端。

(2)喷灌　喷灌是通过高压设施把水喷洒到果园的一种灌溉方法(图 2-14)。它比沟灌节约 30%以上的水，不会产生地表径流和深层渗漏，减少土壤表面板结；调节果园小气候，减少高低温、干风对果树的危害；可以结合施肥、喷药进行，节省劳力。传统的喷灌是把水喷洒到树冠上，容易造成果园内湿度过大，加重某些真菌性病害的发生。近年出现的微喷灌技术很好地解决了这一问题，微喷灌是把喷头的高度降低(一般离地 30～50 cm)，通过低压管道系统，以较小的流量将水喷洒到树冠下的土壤表面，需要的水压较小。目前，已在南方果园广泛使用。但微喷灌需要的管道、喷头等材料比传统喷灌较多，建设成本稍高。

果园喷灌

果园微喷灌

图 2-14　果园喷灌

图 2-15　果园滴灌

(3)滴灌　滴灌是通过专用管道的小孔或滴头，在低压下以水滴或小水流的形式向土壤缓慢供水的方法(图 2-15)。它可以把水直接输送到根系集中的土壤区域，能为果树创造最适宜的土壤水分、养分和通气条件，是一种先进的灌溉方法。滴灌比喷灌节约 50%左右的用水量，同时，滴灌系统全部自动化，可以水肥共施，可大大减少劳动力的投入。但是滴灌需要的管材多，投资较大；管道和滴头容易堵塞，对水质和过滤设备要求高；滴灌还不能调节田间小气候，不适宜结冻期灌溉。

三、果树栽植技术

(一)合理密植

合理密植是根据栽植果树特性及栽培条件而确定适宜的株行距，能有效提高单位面积的产量。一般来说,树势旺、树体高大的密度小,反之,则密度大;土壤瘠薄、肥力较低的果园,密度可大一些。

1.计划密植

指在合理密植的基础上,在固定植株(永久性植株)间增种临时性植株,增加种植株数,从而提高果园早期的产量。待树冠扩大封行后,修剪或间伐影响固定植株生长和结果的临时性植株,保证永久性植株的生产和结果正常。计划密植具有早期丰产、经济利用土地、早收益等优点。

2.栽植方式

目前,生产上多采用长方形栽植。这种方式的特点是行距大于株距,通风透气良好,便于机械化管理。山地果园宜采用等高梯田栽植。

(二)栽植时期与方法

1.栽植时期

果树主要栽植时期有春植与秋植,以春季栽植为主。落叶果树在秋季落叶后至春季萌芽前定植为宜。

2.栽植方法

(1)种植前准备

①挖坑(沟),施基肥。根据栽植密度测定定植坑(沟)。定植穴长、宽、深各 0.8 m,定植沟宽、深各 0.8 m。无论挖穴或挖沟,表土与心土应分开堆放。回填时先填表土,后填心土。每株需各种有机肥 50～75 kg、磷肥 2 kg(磷肥最好与腐熟的农家肥混合)、石灰 1.5～2 kg。定植坑上方常整成高出地面约 20 cm 的土盘。

②苗木准备。栽植的苗木要品种优良,纯正;根系发达,生长健壮;无检疫性病虫害。外地调入的裸根苗木如失水过多可用清水浸根一昼夜后再栽植。

(2)栽植技术　先在土盘内挖种植小穴,将苗木放入栽植穴内,展开根系,根系不能与肥料直接接触,同时校对栽植的位置,然后用细土回填。如果是裸根苗,需将苗木轻轻上下提动并压实,使根系与土壤密接。最后整成直径约 1 m,高出地面约 20 cm 左右的树盘,树盘四周略高。种植前后剪去部分枝叶,以减少苗木水分散失,提高栽植成活率。种植后及时淋足定根水。为了保持土壤湿润,可在树盘覆盖干草或地膜。

【技能训练】2-5　果树栽植

一、实训目的

通过实地操作,掌握果树栽植的基本技术。

二、材料与工具

材料:柑橘、龙眼、荔枝等嫁接苗,农家肥、垃圾肥、磷肥、石灰、杂草、塑料薄膜等。

用具:锄头、铁铲、定点线、水桶。

三、实训提示

提前挖好种植坑,施足基肥并回坑。老师先操作示范并讲解,然后以班或分小组组织实施。

四、实训内容

(1)首先用定植绳定好定植点,用石灰或竹签做出记号。

(2)在定植点处挖一小坑,放少量沤好的精肥,并充分和泥土搅拌,上盖一层薄土,避免根系直接接触肥料。

(3)如果是裸根苗的,要重新浆根后再种植。种植时先把苗放在定植点处,株行向要对整齐。把碎泥填入后,将植株轻轻向上提动,使土粒往下填满根部的空隙。待根部完全盖土后,用脚轻轻踩紧。种植的深度以根颈刚好露出地面为宜;种植带土苗时,注意保持原土团不松,用脚踩实原土团四周的松土即可。

(4)种植后整一碟形树盘,然后立支柱,固定植株,防止植株摇动。

(5)淋足定根水,最后用干草或塑料薄膜覆盖树盘。

五、实训报告

试述提高果树种植成活率的主要措施。

六、考核评价

考核目标	考核要点	等级分值				考核说明
		A	B	C	D	
态度	时间观念,吃苦耐劳精神,团结协作能力,安全意识,材料用具准备。	20	16	12	8	1. 操作技能考核:根据实地操作表现进行综合评定。 2. 实训态度:根据学生现场实际表现确定等级。
操作技能	1. 根系不能直接接触肥料;种植苗木直立,前后对齐,深度合适。 2. 种后建立树盘,淋足定根水。	50	40	30	20	
实训报告	能总结出提高果树苗木种植成活率的关键技术措施。	30	25	20	15	

四、山地果园水土保持

山地及丘陵果园,由于原有植被受到破坏,土壤松散,极易造成水土流失,尤其在雨季。水土流失会使果园土壤变薄,肥力下降,根系裸露,树势衰弱,产量下降,寿命缩短。因此,做好水土保持是山地及丘陵建园成败的关键。

1. 梯田

梯田是将坡地改成台阶式平地,使种植面的坡度消失,有效地降低了地表径流,起到保水、保土、保肥作用。

梯田由梯面、梯壁、边埂和背沟组成(图 2-16、图 2-17)。修筑梯田应注意:①梯田沿等高线开垦;②梯面宽度要根据坡度和栽植株行距设计。坡度小,梯面应宽些,相反,梯面应窄些;③梯面向内斜,便于贮水;④梯壁的斜度取决于土壤质地,通常黏性土斜度可小,沙性土的宜大;⑤梯壁高度不超过 2 m。

2. 鱼鳞坑

鱼鳞坑是一圆形小台面,适于坡度较陡,地形复杂,不易修梯田的山地果园。鱼鳞坑的形

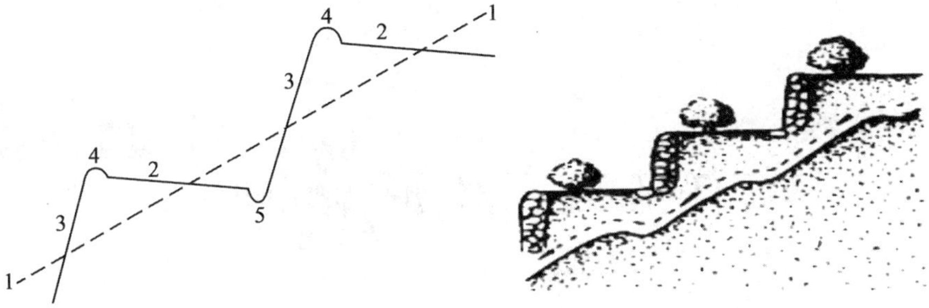

图 2-16 梯田的结构

1.原坡 2.梯面 3.梯壁 4.边埂 5.背沟

图 2-17 梯田建设的山地果园

状为半月形或月牙形。布置的方向与山坡水流方向垂直,交错排列,坑与坑的距离根据果树品种的株行距来确定。鱼鳞坑要修在同一水平线上,同时上下坑应交叉排列,以便排水均匀,上坑内溢下的水能由下 坑承受。鱼鳞坑挖出的表土和心土分开放置,心土堆在下缘筑成月牙形的土埂。山地上中部要挖蓄水池,以利水土保持、蓄水防旱和生产用水(图 2-18)。

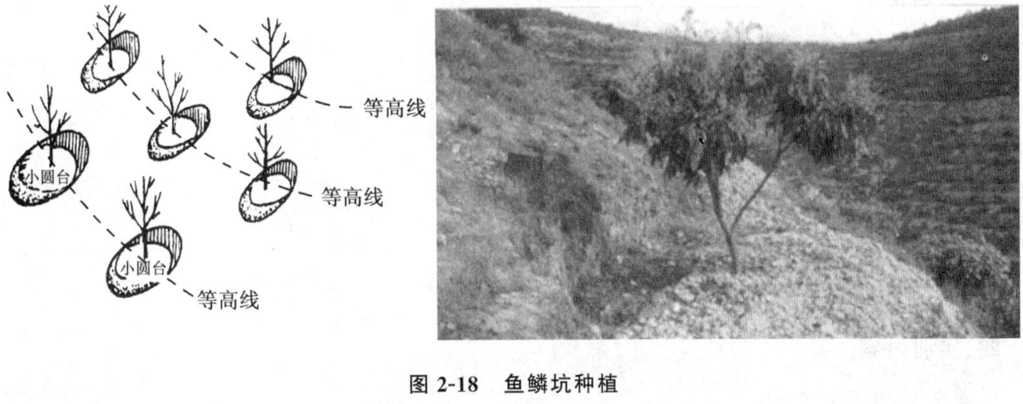

图 2-18 鱼鳞坑种植

3.植被覆盖

植被覆盖是水土保持的生物措施。梯面上果树株间可间种作物或覆盖杂草或自然生草,在雨季忌进行清耕;梯壁必须配置植被,最好让其自然长草,草只割不铲。

任务三　整形修剪

自然生长的果树，大多树体高大，枝条密生而杂乱，通风透光不良，大小年结果严重，果实品质低劣，不便管理。整形修剪是根据果树的生长结果习性和栽培目的，结合自然条件和管理技术水平，通过修剪手段，将果树调整成具有相对稳定树形和生长发育空间的一项技术措施。整形是指将树体构建成合理的结构和树形的过程；修剪是通过一些外科手术或化学药剂对果树的各个器官进行调节，以维持合理的树形和树体结构，调节果树生长与结果平衡的技术措施。

虽然整形和修剪是两个不同的概念，但二者是相互依存，不可分割的。整形是通过修剪来完成的，而修剪只有在合理整形的基础上，才能充分发挥作用。

一、幼树整形

目前，南方果树在生产上常用的树形主要有圆头形、开心形、棚架和篱架形等。

【技能训练】2-6　果树幼树整形

一、实训目的

通过实训，初步掌握常见树形的整形方法。

二、材料与用具

材料：柑橘、李等幼龄树。

用具：枝剪、绳子、木桩、铁锤、刀。

三、实训提示

老师先操作示范，学生再按要求进行操作。

四、实训内容

1. 圆头形树冠的整形

要求矮干，2～3 条主枝，枝梢密集，树形紧凑。现以柑橘为例阐述圆头形树形的整形方法。

(1)定干　当苗木高 50～60 cm 时通过短截进行定干，一般定干高度为 30～40 cm，定干时剪口以下 10 cm 左右为整形带。

(2)培养主枝　主干抽梢后，从萌发的侧枝中选留方向分布均匀且长势相当的2～3个枝条培养作主枝。主枝与树干的夹角以45°左右为宜，如果主枝分生角度太小、过于直立的，用拉枝方法拉开分生角度。

(3)培养副主枝　当主枝生长至30～40 cm时，在20～30 cm处短截，促进主枝抽生分枝，每条主枝选留2～3条长势相当的分枝，培养成副主枝。

(4)辅养枝及其处理　辅养枝是指中心干或主枝上长出的临时性枝条。整形初期要尽量保留辅养枝，以增加树体叶面积，增加光合产物，对促进幼树生长有益处。待树体枝叶量增多，过于荫蔽或影响到骨干枝生长时，才从基部将其剪除。

一般经过2～3年的整形修剪，可培养成主枝2～3条、副主枝4～9条、枝条从属关系明显、枝叶繁多的自然圆头形树冠。

2. 开心形树冠的整形

以李为例阐述开心形树形的整形方法。

幼年李树的枝条较直立，至盛果期因果实重力下压，就会自然开张，所以，整形之初，枝梢不宜过分开张，否则至盛果期枝梢开张后就会下垂触地，对结果不利。

(1)定干　定植后，苗木留主干高30～40 cm进行短截定干。

(2)培养主枝、副主枝和各级侧枝　定干后，在长出的新梢中选留2～3个生长良好、分布均匀的新梢培养成主枝；在主枝生长超过30 cm后，留长25～30 cm短截，在长出的新梢中选留2～3个新梢培养成为副主枝；副主枝生长超过30 cm后，留长20～25 cm短截促分枝，培养侧枝。

在整形过程中如抽徒长枝或过强枝条，应及时剪去，以免扰乱树冠，对一些小枝条，则可适当保留，以充实树冠内膛。

五、实训报告

分析实训操作过程中出现的问题，并提出解决的措施。

六、考核评价

考核目标	考核要点	等级分值				考核说明
		A	B	C	D	
态度	时间观念，吃苦耐劳精神，团结协作能力，安全意识，材料用具准备。	20	16	12	8	1. 操作技能考核：根据实地操作表现进行综合评定。 2. 实训态度：根据学生现场实际表现确定等级。
操作技能	定干高度适中；主枝分布均匀，与主干的夹角合适；对辅养枝的处理得当。	50	40	30	20	
实训报告	能如实分析整形操作过程中出现的问题，并提出解决的措施。	30	25	20	15	

二、结果树修剪

(一)修剪方法及作用

果树常见的修剪方法有短截、疏剪、回缩、摘心、抹芽、长放、拉枝、环剥、环割等(图2-19至图2-24)。各种修剪方法及其作用见表2-3。

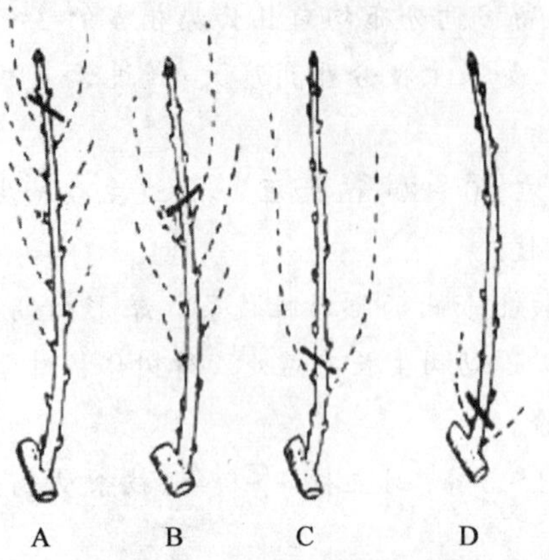

图 2-19 短截及其效应示意图

A. 轻短截 B. 中短截 C. 重短截 D. 极重短截

图 2-20 荔枝采后短截状

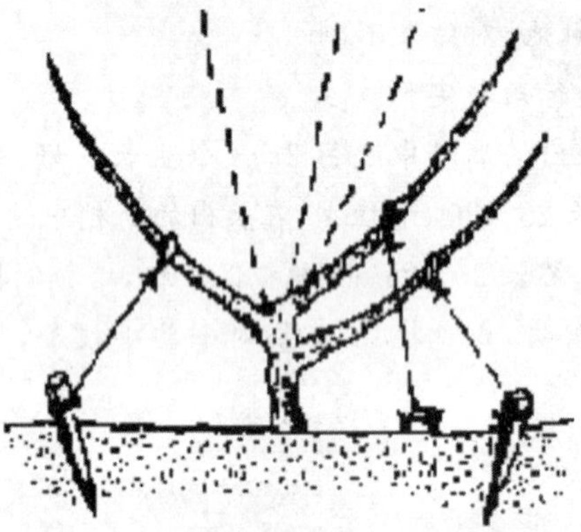

图 2-21 拉枝

图 2-22 荔枝回缩修剪后抽生新梢

图 2-23 龙眼树主枝环割

图 2-24 龙眼树主干环剥

表 2-3 果树常用修剪方法及其作用

修剪方法	概　　念	修剪对象	作　　用
短截	剪去1～2年生枝条的一部分。根据剪去枝条的程度不同,短截分轻短截、中短截、重短截和极重短截。	1～2年生老熟枝条。	缩短枝条长度,促进分枝,增加枝条数量。
疏剪	从基部把枝条剪除。	过密枝、病虫枝、枯枝、弱枝、重叠枝。	去劣留优,除密留稀,减少枝条数量,减少养分消耗,提高留用枝的质量;使树冠通风透光、减少病虫为害,提高果实品质。
回缩	对多年生枝条或大枝进行短剪。	多年生枝条或大枝。	促进多年生枝条或大枝潜伏芽的萌发,抽生新的枝梢,复壮树势。
摘心	用手摘除嫩梢的顶芽。	未木质化的嫩梢。	控制嫩梢生长,促进嫩梢老熟、充实,增加养分积累。
抹芽	用手将幼嫩枝条从基部抹除。	未木质化的嫩梢。	减少枝条数量,节约养分,提高留用枝的质量。
长放(缓放)	对一年生长枝不剪。	生长旺盛枝条。	使长枝养分散,生长减弱,促进中、短果枝的抽生。
拉枝	加大枝条的着生角度或改变枝条的方向。	直立或分生角度小的枝条。	抑制枝条营养生长,促进生殖生长。
环割	在枝干上用刀环割一圈,割到木质部,割断韧皮部。	长势旺、花量少的植株;落花落果严重的植株。	提高养分积累,有利于花芽分化,提高坐果率。
环剥	将枝干的皮层剥去一圈。	长势旺、花量少的植株;落花落果严重的植株。	提高养分积累,有利于花芽分化,提高坐果率。

(二)修剪时期

1.冬季修剪

落叶果树从秋冬落叶至春季萌芽前、常绿果树从晚秋梢停长至春季萌芽前进行的修剪,称冬季修剪。这个阶段树体贮藏养分较充足,修剪后树体枝芽量减少,有利于集中利用树体养分,供给花芽分化或春芽的萌发。

2.生长期修剪

指落叶果树春季萌芽后至落叶果树秋冬落叶前,或常绿果树晚秋梢停长前进行的修剪,称生长期修剪。根据修剪季节不同,分为春季修剪、夏季修剪和秋季修剪。生产上根据果树的品种特性、树势及结果情况等灵活运用。南方常绿果树常在采果后进行修剪,促进夏梢或秋梢的抽生,培养翌年结果母枝。

任务四　果园土壤管理

土壤是果树生长与结果的基础，是养分和水分供给的源泉。因此，必须创造有利于根系生长的土壤环境，不断提高土壤肥力，及时供应果树生长发育需要的养分、水分，达到果树早结、丰产、稳产、优质的目的。

一、深翻改土

果园通过深翻，结合深施有机肥，可以加速深层土壤的熟化，改善土壤肥、水、气、热状况，营造适于果树根系生长的土壤环境。

一般是沿原种植坑向外挖宽、深各 30～50 cm 的环状沟或对面沟，有条件的可以在行间或株间挖通沟。然后在沟内施入有机肥，覆土至稍高于地面(图 2-25)。

挖通沟深翻改土

挖环状沟深翻改土

图 2-25　果园深翻改土

要求定植后第二年开始，每年或隔年从种植坑向外逐年深翻，直到全园翻完为止。

【技能训练】2-7　果园深耕改土

一、实训目的

通过实训，要求学生掌握深耕改土的方法。

二、材料与用具

材料：果园、农家肥、石灰、磷肥、土杂肥、杂草或树叶或绿肥。

用具：锄头、铁铲、水桶。

三、实训提示

事先准备好绿色、有机肥、石灰等肥料。老师先操作示范，说明注意事项，最后学生进行实地操作。

四、实训内容

1. 挖沟

于种植坑边缘（幼树）或树冠滴水线处挖深、宽各 30～50 cm，长视树冠大小而定的两条对面沟或环状沟。

2. 施肥

沟底层放绿肥或树叶或杂草，然后将有机肥、石灰、磷肥、土杂肥与土壤拌匀施在中层，上层放底土至高出地面约 10 cm。

五、实训报告

总结果园深耕改土的关键技术及注意事项。

六、考核评价

考核目标	考核要点	等级分值				考核说明
		A	B	C	D	
态度	时间观念，吃苦耐劳精神，团结协作能力，安全意识，材料用具准备。	20	16	12	8	1. 操作技能考核：根据实地操作表现进行综合评定。 2. 实训态度：根据学生现场实际表现确定等级。
操作技能	1. 深耕的位置正确，深浅合适。 2. 各种肥料施放顺序正确，与土壤拌匀，覆土至高出地面约 10 cm。	50	40	30	20	
实训报告	总结出果园深耕改土的关键技术及注意事项。	30	25	20	15	

二、中耕熟化

除树盘范围以外，全面深翻（图 2-26）。这种方法一次翻完，便于机械化施工和平整土地，但容易伤根过多。多用于幼龄果园。

全园中耕松土　　行间中耕松土

图 2-26　果园中耕松土

三、果园间种

(一)间种的作用

幼树定植后,树体小,行株间空地较多,在行株间合理间作,不仅可以增加收入,以短养长,还可以抑制杂草,改善果树群体环境,增强对不良环境的抵抗能力,提高土壤肥力,有利于果树生长。

(二)间作要求

(1)间作物不能与果树争夺营养和光照。宜种植叶菜类蔬菜、绿肥等作物(图 2-27),不宜种植玉米、木薯、黄麻等高秆作物。

(2)间作物最好有改良土壤结构,增加土壤养分的作用。如花生、大豆、印度豇豆、绿豆、蚕豆等豆科作物。

图 2-27 果园行间间种绿肥

四、果园土壤耕作制度

1.清耕法

即周年不间种作物,随时中耕除草,使土壤长期保持疏松无杂草状态,称为清耕法(图 2-28)。清耕法的优点:土壤疏松,地面清洁,土壤养分转化较好。缺点:长期清耕,土壤受冲刷,特别是丘陵山地果园冲刷更为严重,养分水分流失,有机质缺乏,影响果树生长发育。

图 2-28 平地果园全园清耕

2.生草法

在果树行间播种豆科、禾本科等草种的土壤管理方法叫生草栽培法,也有自然生草的(图 2-29)。行间不翻耕,定期割草,割下的草就地腐烂或覆盖树盘。实施果园生草法是果园土壤管理的一种高效的管理方法,但果园生草后要加强管理,管理技术到位,才能发挥果园生草的综合效益,达到果园生草的目的。采用生草法的果园，要根据草的生长情况，及时割除。割除的时间由草的高度来定，一般草长到 30 cm 以上就割除。草生长快的割除的次数就多，反之则少。秋季长起来的草，不再割除，冬季留茬覆盖。草的割除可采用专用割草机或人工割除，割下的草覆盖树盘。在缺乏有机质，土层较深、水土易流失的果园，生草法是较好的土壤管理方法。

图 2-29 果园地面生草

生草法的优点：①防止土壤冲刷和风害；②增加土壤有机质，改善土壤理化性状，使土壤保持良好的团粒结构；③土温变化较小，可以减轻果树近地表面根系受害；④省工，节约劳力，降低成本。

生草法的缺点：①长期生草的果园使表层土板结，影响通气；②草与果树争肥争水，影响果树生长发育；③杂草是病虫害寄生的场所，草多病虫多，某些病虫防治较困难。

3. 免耕法

免耕法是利用除草剂除草，土壤不进行耕作（图 2-30）。这种方法具有保持土壤自然结构、节省劳力、降低成本等优点。

4. 树盘覆草法

在果园树盘地表上，覆盖杂草、秸秆、厩肥等，这种土壤管理方法叫覆草法（图 2-31）。树盘覆草可防止水土流失，抑制杂草生长，减少蒸发，积水保墒，缓和地温剧变，增加有机质及有效养分，促进土壤团粒结构的形成，有利于果树生长发育。具体做法：在夏季或者干旱季节，覆草前先在地表土壤浅锄一遍，将杂草、绿肥或玉米秸秆沿树盘由里向外覆盖，厚度为 10～15 cm，覆盖范围到树冠滴水线下，覆盖后在上面撒少量土。覆草腐烂减少时，应不断补充新草。但长期覆盖，会造成根系上浮。

5. 地膜覆盖法

果树树盘或行间，用地膜覆盖的方法叫地膜覆盖法（图 2-32、图 2-33）。地膜覆盖是近年来果树土壤管理中的一项新技术，经济效益明显。选择地膜品种：黑色膜和银色反光膜均可，厚度为 0.02～0.03 mm，每公顷用量 120～150 kg。地膜覆盖栽培可保水、防旱、防涝、抑草、提高土温。由于地膜覆盖畦面，可阻止或避免土壤水分大量蒸发，有抗旱作用；雨季能阻挡大量雨水透入土壤，使果树根系保持良好通气，土壤不板结，肥料流失减少。覆盖的面积因树龄大小而异，最小不能小于树盘的面积，覆盖时四周用土压实，以防地膜被风刮走。

图 2-30 果园地面免耕法

图 2-31 果园树盘覆盖干草

葡萄园地面覆盖地膜

香蕉园地面覆盖地膜

图 2-32 果园地面全园覆盖地膜

图 2-33 树盘覆薄膜、行间生草

任务五　果园施肥

施肥就是供给果树生长发育所需的营养元素，并不断改善土壤理化性状，为果树生长发育创造良好的条件。果树在一年中对肥料的吸收是不间断的，而且在一年中会出现几次需肥高峰期。需肥高峰一般与果树的物候期相平行，所以，生产上常以物候期为参照进行施肥。一般果树在新梢生长期需氮量最高，需磷的高峰在花芽形成、开花期及根系生长第一、二次高峰期，需钾高峰则在果实成熟期。

一、基肥的施用

1. 常用的肥料种类

基肥是较长时期供给果树多种养分的基础肥料。通常以迟效性的有机肥料为主，如农家肥、堆肥、麸肥、绿肥等。肥料施入后逐渐分解，不断供给果树所需的大量元素和微量元素。过磷酸钙、骨粉宜与农家肥、堆肥等有机肥堆积腐熟，然后作基肥施用。

2. 施用时期

常绿果树施基肥时期宜在秋季果实采收后，落叶果树宜在落叶后和春季发芽前施用。

3. 施用方法

可结合果园深翻改土进行。对未封行的果园，在树冠滴水线处挖环状沟或对面沟（图 2-34），沟宽 30～40 cm、深约 40 cm，长度依树冠大小而定；对已封行的果园，可在株间挖一条通沟（图 2-35），沟宽 30～40 cm、深约 40 cm。然后，把肥料施入沟内，并与土壤拌匀，覆土至稍高于地面。

图 2-34　龙眼园挖对面施肥沟

图 2-35　柑橘园挖通沟施肥沟

二、根际追肥

根际追肥也叫土壤施肥，是在施基肥的基础上，根据果树各物候期需肥特点，在生长季分期施肥的方法。

1. 追肥时期

根际追肥是果树生产中最常用的施肥方法。根际追肥时期主要有：

(1)萌芽肥　在早春萌芽前1～2周追施速效性氮肥，促进萌发。

(2)花前肥　在花蕾期追施速效性肥，促进开花整齐，提高坐果率，促进营养生长。

(3)稳果肥　在谢花后坐果期施肥。这时正值幼果、新梢迅速生长期，是果树需肥较多的时期。这时追肥，可提高坐果率，促进幼果发育，减少生理落果。但这次追肥必须根据树种、品种特性，看树施肥。若施用氮肥过多，往往会导致新梢生长过旺，造成养分分配中心转移到以营养生长为中心，加剧幼果因营养不足而脱落。

(4)壮果肥　一般是在生理落果后至果实迅速膨大期追肥。以速效氮、钾为主，适量配合磷肥，以提高光合效能，促进养分积累，加速幼果膨大，提高产量和品质。

(5)采果前肥　在果实开始着色至果实采收前施。及时追施氮磷钾比例适宜的肥料，可增大果实，提高产量和品质，促进花芽分化，还可延迟落叶果树落叶，提高树体营养水平。

(6)采果后肥　对荔枝、龙眼等常绿果树，一般在采果后施肥，恢复树势，促进秋梢抽生，培养健壮结果母枝，为第二年丰产打下基础。

2. 施肥技术

【技能训练】2-8　果树根际施肥

一、实训目的

通过实训，要求学生掌握果树根际施肥的方法。

二、材料与用具

材料：需施肥的果园、化肥、沤制腐熟的有机肥。

用具：锄头、铁铲、水桶。

三、实训提示

如施用有机肥和磷肥需提前堆沤腐熟。实训前老师先操作示范，说明注意事项，最后学生进行实地操作。

四、实训内容

生产上常用的施肥沟种类有环状施肥沟、对面施肥沟两种。环状施肥沟是沿树冠滴水线内侧挖施肥沟(图2-36)，对面施肥沟是在树冠两侧的滴水线内侧挖两条长度与树冠直径相当的对面沟，施肥沟深10 cm、宽20 cm。把肥料施入沟中，与部分泥土拌匀，然后盖土。如遇干旱天气，施肥后要淋水保湿，以利于根系对肥料的吸收。

也可以把肥料溶于水中，淋施于树盘滴水线处或施肥沟内，再盖土。

五、实训报告

试分析施肥部位与肥料利用率的关系。

图 2-36 环状沟施肥

六、考核评价

考核目标	考核要点	等级分值				考核说明
		A	B	C	D	
态度	时间观念,吃苦耐劳精神,团结协作能力,安全意识,材料用具准备。	20	16	12	8	1.操作技能考核:根据实地操作表现进行综合评定。 2.实训态度:根据学生现场实际表现确定等级。
操作技能	1.施肥位置正确,施肥沟深浅合适。 2.肥料施入后与土壤拌匀,覆土至略高出地面。	50	40	30	20	
实训报告	能清楚分析施肥部位与肥料利用率的关系。	30	25	20	15	

3.施肥量的确定

果树施肥量的确定是一个复杂的问题,应综合考虑树种、品种、树龄、树势、结果量、肥料性质和土壤肥力等情况,并参考历年的施肥量来确定。一般幼树、旺树、结果少的树少施,成年大树、衰弱树、结果多的树多施;山地、沙地果园,土壤贫瘠,保肥力弱需多施。确定果树施肥量的常见方法有经验施肥法、叶片分析法、田间肥料试验法。

三、根外追肥

根外追肥包括强力树干注射和叶面喷施两种。以叶面喷施最为常用,即把一定浓度的肥料溶液直接喷洒于树冠上,肥料通过叶片等器官吸收,直接供给果树生长发育所需的一种施肥方法。

叶面喷施方法简单易行,用肥量小,肥料利用率高,肥效发挥快;可结合喷药防治病虫害一同施肥,节约劳力,降低成本。但由于叶面施肥肥效短,不能代替土壤施肥,只作土壤追肥的补充(表 2-4)。

叶面喷施肥料要严格控制使用浓度,应根据肥料种类、气候条件、树种、物候期及使用目的等因素而定,高温干旱天气、萌芽期和开花期所用的浓度应较低,以免发生肥害;高温季节以阴天喷施最好,晴天宜在上午 10 时前和下午 4 时后喷施,雨天不喷施;喷雾应以叶背为主,做到均匀、细致、全面,以叶片完全湿润为宜;与农药混合施用时,应先做试验,以防降低肥效、药效或引起肥害、药害。

表 2-4 常用叶面肥施用浓度及其作用

肥料名称	施用浓度/%	施用效果
尿素	0.3～0.5	花蕾、开花期、幼果期各喷1次，对保花保果和加速幼果膨大有良好作用。
复合肥	0.5～0.8	花蕾、开花期、幼果期各喷1次，对保花保果和加速幼果膨大有良好作用。
腐熟人粪尿	5～10	在幼果期喷2～3次，加速果实的膨大。
硫酸铵	0.2～0.3	抽梢期喷用有促梢生长作用。
过磷酸钙(浸出液)	1～5	幼果期喷1～2次能提高坐果率。
草木灰(浸出液)	5～10	谢花期喷能保果，幼果期喷能加速果实的膨大，果实膨大期喷能提高果实品质。
硫酸钾	0.3～0.5	谢花期喷能保果，幼果期喷能加速果实的膨大，果实膨大期喷能提高果实品质。
氯化钾	0.4～0.5	谢花期喷能保果，幼果期喷能加速果实的膨大，果实膨大期喷能提高果实品质。
磷酸二氢钾	0.3～0.5	谢花期、幼果期各喷一次对保果有良好的作用。
硼砂、硼酸	0.1～0.3	蕾期、开花期各喷一次对保花保果有良好的作用。
硫酸铜	0.01～0.02	纠正缺铜症状。
硫酸镁	0.1～0.2	纠正缺镁症状，增加叶绿素含量。

【技能训练】2-9 果树叶面施肥

一、实训目的

通过实训，使学生学会按一定浓度配制叶面肥，掌握叶面施肥的方法。

二、材料与用具

材料：果树植株，叶面肥(如尿素、磷酸二氢钾、硼砂等)、洁净的水。

用具：喷雾器、水桶、称或天平。

三、实训提示

1. 应先对果园的树种、物候期、肥料种类、气候条件等进行分析，确定施肥种类及浓度。有必要时可与农药混合使用。

2. 实训前老师先讲解根外追肥的操作方法及注意事项，并做示范。然后由学生分组进行操作。

四、实训内容

(1)根据生产需要确定施用肥料的种类和浓度，并准确计算肥料的用量。一些市售商品叶面肥的施用浓度按其说明书配制使用。

(2)根据计算所得的数据称取肥料，并量取所需的水量。先将肥料溶解于少量水中，再冲入余下的水，并搅拌均匀。

(3)喷雾。将配好的肥料溶液用喷雾器喷洒于树冠上，要求喷洒均匀，以叶面完全湿润为宜，喷洒部位以叶背为主。

五、实训报告

通过实训，总结果树叶面施肥的注意事项。

六、考核评价

考核目标	考核要点	等级分值				考核说明
		A	B	C	D	
态度	时间观念，吃苦耐劳精神，团结协作能力，安全意识，材料用具准备。	20	16	12	8	1.操作技能考核：根据实地操作表现进行综合评定。 2.实训态度：根据学生现场实际表现确定等级。
操作技能	根据天气状况和树体生长情况准确计算用药量；喷洒方法正确；与农药混用时不发生药害，不降低肥效和药效。	50	40	30	20	
实训报告	总结出果树叶面施肥的注意事项。	30	25	20	15	

四、配方施肥

配方施肥是综合运用现代农业科技成果，根据果树的需肥规律，土壤的供肥特性与肥料的效应，在施用有机肥为基础的条件下，通过分析测定树体和土壤的营养状况，提出氮、磷、钾以及微肥等元素适宜的比例和用量，以及相应的施肥技术。配方施肥包括营养状况诊断、配方的提出、肥料配制或生产、施肥等过程。

(一)配方施肥的作用

1.增产效果明显

调肥增产，即不增加肥料投资，把各种肥料的施用比例调整合理而增产；减肥增产，即适当减少肥料施用量或取消土壤中含量丰富的某种养分的施用，以取得增产或平产；当土壤中某种养分含量(或为提高产量的最大限制因子)相对缺乏，加大此种养分肥料施用比例，可大幅度增加产量。

2.有利于保护生态环境

配方施肥养分全面且比例合理，施用的化肥在土壤中的残留既不会太多，又能与有机肥结合成有机态，避免了土壤板结和污染环境的现象。

3.提高果实品质

配方施肥养分协调供给，可全方位满足果实生长的需要，既增加了产量，又提高了果实的质量。

4.可减少病虫害的发生

配方施肥养分齐全，比例适中，果树生长健壮，既可防止出现生理病害，又能减少病虫害的发生。

(二)配方施肥的方法

1.地力差减法

即用目标产量减去空白产量(不施肥获得的产量)，其差额就是要通过施肥来获得的产量。

计算公式如下：

$$需肥量=\frac{作物单位产量养分吸收量\times(目标产量-空白产量)}{肥料中养分含量\times肥料当季利用率}$$

此方法的优点是不用测试土壤，不考虑土壤养分状况，计算方便，误差小，但是空白产量需通过实验确定，不能即时得到。

2. 氮、磷、钾比例法

即通过田间试验得出氮、磷、钾的最适用量，然后计算出三者的比例关系，只要确定其中一种肥料的用量，就可以按比例换算出其他肥料的用量。此法的优点是减少了工作量，容易掌握，方法简捷；缺点是受地区和时间、季节的局限。所以，应灵活掌握应用。

此外，还有养分平衡法、肥料效用函数法、养分丰缺指标法等。因这些方法需要一定的设备，计算方案繁杂，在生产中比较少用。

任务六　果园水分管理

适时适量供给水分是确保果树正常生长结果的前提。水分的多少不仅影响果树当年的生长结果，而且对来年也有影响，严重时还会影响到果树的寿命，所以，水分是影响果树生长、高产、稳产、优质的重要因素。树体中的水分几乎都是通过根系从土壤中吸收的，土壤状况将直接影响果树对水分的吸收。生产中通常是通过灌水与排水的方式来调节果园土壤含水状况的。

一、果树的需水和控水时期

1. 需水时期

果树不同物候期需水量不同。生产上结合土壤施肥，根据果树不同物候期进行灌水与控水。果树需水的关键时期有：萌芽期、新梢生长期、果实膨大期。柑橘等常绿果树，采收后结合施肥进行灌水，有利于恢复树势，积累营养物质。

2. 控水时期

果树需要控水的时期有：在果实成熟采收前，不宜灌水，以免降低品质或引起裂果；常绿果树在秋梢老熟后和花芽分化前适当控水，有利于促进花芽分化。

二、果园覆盖保水

对于干旱地区，果园覆盖是有效的保水措施。果园覆盖常采用生草法、树盘覆草法和地膜覆盖法等（详见土壤耕作技术）。

三、果园排水

土壤水分过多的果园必须进行排水。果园排水系统有明沟排水和暗沟排水。地下水位高的平地果园要降低地下水位；在雨季果园要防止积水，否则影响果树生长和结果，甚至使其烂根死亡。丘陵果园、山地果园则应在做好水土保持工程的基础上，采用迂回排水，降低流速，防止土壤冲刷。

任务七　果树花果管理

一、保花保果

1. 加强土肥水管理

加强土肥水管理，提高果树营养水平，增强树势，是提高花芽质量，促进花器正常发育，减少落花落果的重要措施。实践证明，深翻改土，增施基肥，合理追肥等措施，对提高坐果率，增加产量有显著效果。

2. 合理整形修剪

合理整形修剪，可改善通风透光条件，调整果树生长和结果关系，提高树体营养水平，促进花芽分化，提高坐果率。通过修剪，控制营养生长，如葡萄的夏季摘心，柑橘抹夏芽，壮旺树在花期进行环割或环剥等，均能起到保果作用。

3. 花期果园放蜂

大多数果树为虫媒花，因此，花期果园放蜂可明显地提高授粉率和坐果率。在花期切忌喷药，以防蜂群中毒。花期遇大风、低温或降雨，蜜蜂不能活动，则要进行人工辅助授粉。

4. 应用生长调节剂和微量元素

落花落果的直接原因是果柄离层的形成，而离层的形成与内源激素有关。生产上常用外加植物生长调节剂补充树体的激素水平，以达到减少落果的目的。常用的植物生长调节剂有赤霉素、细胞分裂素等。此外，开花期和幼果期喷施微量元素可以提高坐果率，常用微量元素有硼酸、硫酸镁、硫酸锌、硫酸亚铁等，使用浓度一般为0.1%～0.2%。

【技能训练】2-10　植物生长调节剂配制与使用

一、实训目的

通过实训，掌握果树生产常用植物生长调节剂的配制方法和应用技术。

二、材料与用具

材料：植物生长调节剂（如GA_3、6-BA、PP_{333}、B_9、乙烯利等）、95%酒精、蒸馏水等。

用具：天平、大小烧杯、100 mL定量瓶、温度计、酒精灯或电磁炉、玻璃棒、有色广口瓶、标签、胶水、喷雾器等。

三、实训提示

本实训宜分室内药剂配制与室外田间使用两次进行；田间使用时，同一药剂可以设计几种浓度或设计不同药剂对比试验，并布置学生进行观察比较使用效果。

四、实训内容

1. 药剂配制

植物生长调节剂的稀释方法主要有水剂、粉剂和油剂，以水剂的应用最为广泛。

对纯度高、不能直接溶于水的药剂，可以先配制成母液，使用时再稀释成所需浓度。母液的配制方法：

(1)计算用药量　根据需用的药液总量计算出所需的药剂量。

(2)取药品　用分析天平准确称取药品量。

(3)药品溶解　将药品放入小烧杯中，加入适量的95%酒精至药品完全溶解为止。

(4)稀释　立即用60℃热水稀释，并用容量瓶定容。

(5)装瓶备用　植物生长调节剂最好是随配随用，不能及时使用时，要装入有色玻璃瓶中，盖好瓶塞，并贴上标签，写明药剂名称、浓度、配制日期和配制人等，放置在阴凉处备用。

对可直接溶于水的药剂(如40%赤霉酸水溶性粒剂)或水剂药剂(如40%乙烯利)，可以根据所需用药量直接稀释成所需浓度使用。

2. 田间使用

在田间喷施时要注意以下几点：①大部分植物生长调节剂加水稀释后容易失效，应随配随用；②喷洒时间最好在阴天或晴天傍晚前进行，不要在下雨前或强日照时进行，以免改变药液浓度，降低药效或引起药害；③喷洒一定要均匀，可根据施用目的着重喷洒果树的某个部位。不要重复喷洒，以免浓度过高引起药害。

植物生长调节剂用量少，作用显著，生产中要严格控制使用浓度，在大量使用前应先做小面积试验。

五、实训报告

某荔枝园需用450 mg/L乙烯利+0.3%磷酸二氢钾进行控制冬梢促进花芽分化。全园需用药液600 kg，请计算需要40%的乙烯利(市售商品，水剂)和磷酸二氢钾各多少量。

六、考核评价

考核目标	考核要点	等级分值				考核说明
		A	B	C	D	
态度	时间观念，吃苦耐劳精神，团结协作能力，安全意识，材料用具准备。	20	16	12	8	1. 操作技能考核：根据实地操作表现进行综合评定。 2. 实训态度：根据学生现场实际表现确定等级。
操作技能	1. 根据所用药液量，准确计算配制母液的用药量和母液的浓度。 2. 配制操作方法正确。	50	40	30	20	
实训报告	根据所给的条件，正确计算用药量。	30	25	20	15	

5. 防治病虫害

病虫害直接或间接危害叶片、花朵、果实，造成落花落果。因此，及时防治病虫害也是一项保花保果的重要措施。

二、疏花疏果

疏花疏果是疏去过多的花果，维持生长与结果的平衡，保证树体健壮，防止大小年，达到优质、高产、稳产的目的。适当疏花疏果，可以提高产量，使果实大小均匀，提高果实的内在品质和外观品质(图 2-37)。

疏果后的葡萄果穗　　不疏果的葡萄果穗

疏果后的龙眼果穗　　未疏果的龙眼果穗

图 2-37　疏果与不疏果的效果对比

(一)疏花疏果时期

为了节省营养，疏花疏果越早越好。冬剪时，可剪除过多的花芽，使留下的花芽营养状况得到改善，发育良好；疏花宜在盛花期进行；疏果一般在生理落果停止后分批完成。疏果过晚，由于消耗树体内养分过多，影响果实发育。

(二)疏花疏果的方法

1.人工疏花疏果

人工疏花疏果具有高度的灵活性和准确性。生产中要根据果树的树龄、树势及当年的花果量来确定单株的适当负荷量。一般强树多留，弱树少留。疏花，对花序较多的果枝可隔一去一，或隔几去一，疏去花序上迟开的花，留下优质早开的花。疏果，先疏除弱枝上的果、病虫果、畸形果，然后按预定的负荷量疏去过密过多的果。

2.化学疏花疏果

人工疏花疏果效果较好，但需要劳力较多，成本高，工效低。因此，目前国内外均在试用或应用化学药剂疏花疏果。常用的化学药剂主要有石硫合剂、萘乙酸、疏桃剂等。但要严格控制使用浓度，否则容易造成效果差或疏除过度。

三、果实套袋

果实套袋是生产无公害果品的主要措施之一。一般在果实稳定着果后进行。目前，在南方果树中推广果实套袋的树种有：香蕉、火龙果、枇杷、杨桃、番石榴、大青枣、杧果、柑橘、梨、桃、葡萄等。

1.果实套袋的作用

(1)防止病虫危害果实。如防止炭疽病菌、害虫、鸟类、果蝠等危害果实。

(2)减少果面污染。如减少农药污染；减少空气中有害物质及酸雨等污染。

(3)防止强光灼伤果面，减少裂果。

(4)减少果实之间或果实与枝叶之间摩擦损伤果面，保持果面光滑。

虽然果实套袋有诸多益处，但也存在果实含糖量降低、风味变淡等缺点。

2.果袋的选择

目前，生产中使用的果袋有专用(纸)果袋、塑料袋、网袋、自制纸袋等。其中，专用果袋防水、防晒、防病虫效果最好。专用果袋有单层袋、双层袋和三层袋之分，单层袋和多层袋的外层多以白色和黄色为主，多层袋内层有黑色或红色等；使用塑料果袋时，要选用具有一定透气性的塑料袋，而且只能在树冠中、下部使用，树冠上部光照强，容易灼伤果面。也可以先套泡沫网袋，外面再套塑料果袋或纸袋；对于以防果蝠、鸟类、害虫为主的果树种类，可以选用网袋。

3.果实套袋前的准备工作

套袋前要先疏果定果，喷施长效杀虫、杀菌剂，药液干后及时套袋，喷药后下大雨或时间太长(3 d以上)没有套袋的，需要补喷。

【技能训练】2-11 果实套袋

一、实训目的

掌握果实套袋的基本技术。

二、材料与工具

材料：生理落果结束后的结果树；长效杀虫剂、杀菌剂。

用具：果袋、喷雾器等。

三、实训提示

老师先讲述操作的技术要点，并做操作示范。最后由学生分组进行操作。

四、实训内容

套袋前先喷洒高效低毒防病防虫药剂。套袋时先用手撑开袋口，将袋口对准幼果扣入袋中，并让果在袋内悬空，不可让果实接触袋子，在果柄上呈折扇状收紧袋口，反转袋边用预埋扎丝扎紧袋口,再拉伸袋角,确保幼果在袋内悬空。果柄易脱或太短的,袋口应呈骑马状骑过母枝,在母枝上扎口。对大果型果树一般采用一袋套一果,如杧果、大青枣、杨桃、番石榴等;小果型的穗状果树采用一袋套一果穗,如葡萄、香蕉、荔枝、龙眼等。

五、实训报告

通过实地操作,总结出果树套袋关键技术要点。

六、考核评价

考核目标	考核要点	等级分值				考核说明
		A	B	C	D	
态度	时间观念,吃苦耐劳精神,团结协作能力,安全意识,材料用具准备。	20	16	12	8	1. 操作技能考核:根据实地操作表现进行综合评定。 2. 实训态度:根据学生现场实际表现确定等级。
操作技能	套袋方法正确,袋口紧密,果实悬空于袋子的中央位置,袋子的漏水口向下。	50	40	30	20	
实训报告	总结出果实套袋的关键技术要点。	30	25	20	15	

四、果实采收

果实采收,是果园管理中最后一个环节。如果采收不当,不仅造成减产而且影响果实的品质,甚至影响下年的产量,因此,对采收工作必须十分重视。

(一)确定采收期的依据

果实采收时期与产量和品质有密切的关系,对果实的贮藏性有很大的影响。采收期是否适宜,对果实的产量、品质、贮藏性都有很大影响。采收过早,不仅果实的大小重量达不到最大程度,产量低,而且果实内部营养成分达不到要求,品质差,色香味均达不到本品种固有的优良性状和品质。采收过晚,果肉松软,降低果实贮运力,果实已经完全成熟,品质下降,失去其商品价值,同时影响树体养分积累。

1. 果实成熟度

根据果品用途、市场需要及贮运等情况,果实成熟度一般可分为3种:

(1)可采成熟度　果实已达到应有大小与重量。但香气、风味、色泽尚未充分表现品种特点,肉质还不够松脆。用于贮藏、加工蜜饯或因市场急需,或因长途运输,可于此时采收。

(2)食用成熟度　果实的风味品质都已表现出品种应有特点,在营养价值上也达到最高点,为食用最好时期。适于供应当地销售,不适于长途运输和长期贮藏。作果酒、果酱、果汁加工用也可在此期采收。

(3)生理成熟度　果实在生理上已达到充分成熟,果肉松软,种子充分成熟。水解作用增强,品质变差,果味转淡,营养价值下降,已失去鲜食价值。一般供采种用或食用种子的,应在此时采收。

2. 判断成熟度的方法

(1)果实色泽　虽然不同树种、品种的果实颜色有差异,但同一品种成熟时均有其固有的色泽,可根据果实着色的变化判断成熟度。生产上常采用此方法判断果实的成熟度。

(2)果肉硬度　果实在成熟过程中,原来不溶解的果胶变成可溶,硬度降低。果肉硬度对判断成熟度有一定参考价值,但准确度不高,不同年份,同一成熟度果肉硬度有一定变化,但在预先掌握其变化规律的基础上,根据果肉硬度确定采收期也是可行的。

(3)含糖量　随着果实成熟度增加,果实内可溶性固形物含量逐渐增加,含酸量相对减少,糖酸比值增大。

(4)根据果实生长日数　各品种从开花到果实成熟所需的时间在同一环境条件下是相对稳定的,生产上可根据各品种从开花到果实成熟所需天数推算果实成熟期。

(二)采收

1.采收前的准备

采收前的准备工作包括:采收计划、安排劳力、联系销售、转运装卸、采收工具、包装用品、存放摊晾和分级包装场所、贮藏库清理消毒、采收人员的培训等。

2.采收

采收宜在晴天或阴天进行。雨天、雾天和露水未干不宜采收,因果实表面附水点容易腐烂。采果时要轻拿轻放,避免机械损伤,保护果实自身的保护组织,如茸毛、蜡粉等,增加果实耐贮性。采果时还要防止过度折断果枝,以免影响次年产量。采果顺序,应先下后上,先外后内,由近及远。

任务八　果树矮化密植

一、果树矮化密植的意义

1.早结果,产量高,品质好

由于矮化栽培的果树早结果,因而缩短了投资时间,收益获利较早。如矮化的柑橘进入结果期时间要比乔化树提早 3～4 年;桃李在第二年结果,比稀植栽培提早结果两年以上。此外密植园进入丰产期早,一般树种在第三年进入丰产期,比稀植园进入丰产期提早了 3 年左右。

矮化果树的树冠矮小,可以密植,充分利用空间,提高光能利用率;生长缓和,枝条不易徒长,连续结果能力较强,可提高单位面积产量,果实大、着色早、色泽鲜艳、含糖量高、品质好。

2.树体矮化,便于管理

矮化密植的果树大多是采用无性繁殖苗木,通过控根、修剪等方法,树体一般都矮小。果树结构矮化,便于喷药、施肥、修剪和采摘,同时肥料流失少、利用率高。此外,树体矮化后,利于采用机械采收,可以大大节省劳动力和成本。

3.节约土地,减少投资

密植果园可大大节约土地,改变了粗放管理、广种薄收的情况,有利于缓和果粮争地的矛盾,大幅度提高土地利用率,使整个果园的投资大幅度下降。

4.收回成本早,品种更新快

由于密植果园一般前期产量较高,果农很快就可收回投资成本。在生产过程中,一旦发生该品种不适应市场需要,马上就可淘汰,有利于品种的更新,降低果农的投资风险。

二、果树矮化的途径

1.品种矮化

选择短枝型矮化品种,是矮化密植栽培的主要途径。这类品种表现树体矮小,树冠丰满紧凑,枝条短粗,叶片大,萌芽率高,成枝力弱,通风透光良好,结果多。

2.砧木矮化

即利用砧木的影响使树冠矮化。利用矮化砧木是当前矮化密植栽培的又一主要途径。我国果树资源丰富,适应各种果树的矮化砧资源极为丰富。据已知具有矮化性能的砧木,柑橘有枳壳、宜昌橙、金豆等,梨有榅桲,桃有寿星桃,李有珠李等。因地制宜地选择适应当地品种的矮化砧是目前推行矮化栽培的关键。

3.主干环剥和倒贴皮矮化

对主干、主枝进行环剥或环状倒贴皮,以影响营养物质的输导,促其矮化。另外,主干环剥和倒贴皮均有控制树体生长、增加营养积累、促进花芽形成的功效。同时,还削弱了根系的生长,从而达到树体矮化和提早结果的目的。

4. 修剪矮化

如用短枝型修剪、重短截修剪等法,可刺激枝条基部潜伏芽的萌发、开花、结果。由于潜伏芽萌发晚,枝条着生角度大,因此,起到缓和树势的作用,从而有利形成矮化树冠和促进花芽形成。但要避免刺激过重,造成枝条徒长。

5. 控根矮化

控制垂直树根的生长,培养水平根,以达到控制树冠,促进提早结果。

6. 植物生长调节剂矮化

使用植物生长调节剂生长调节剂能抑制树体生长,有明显的矮化效果,是矮化密植栽培的一个新途径。目前应用的调节剂 PP_{333}、B_9、乙烯、矮壮素、整形素等。通过使用生长调节剂,能明显地控制树体生长,促发短枝,干矮而粗壮、树体矮化,又促进了花芽的分化,提高坐果率。

7. 繁殖矮化

采用压条或扦插法以促进苗木矮化。如在压条或扦插繁殖的矮化砧木上,再嫁接矮化品种,使植株矮化,影响更为直接显著。

三、果树矮化密植生产技术要点

(一)园地的选择

矮化砧木一般根系较浅,尤其是矮化自根砧木嫁接的果树,固地性差,而且单位面积株数多,建园时要选择土壤肥沃,理化性状好,有灌溉条件的地块;地下水位不能过高,以 1～1.5 m 为宜。栽植前要进行深翻改土,创造有利于根系生长的环境条件。

(二)栽植方式和密度

矮化密植栽植方式和密度的确定,既要考虑到充分利用地力和光能,形成一个合理的群体结构,又要方便管理。目前,矮化密植方式多为长方形栽植,即宽行密植。栽植密度因品种、砧木、土壤条件及整形修剪方式等不同而定。提倡矮化密植与计划密植相结合,提高早期产量,更经济地利用土地。

(三)矮化密植果园的管理

1. 土壤管理

矮化密植果园单位面积株数多,产量高,对土壤的要求也较高。应通过深翻改土,增施有机肥,创造根系生长的有利环境。同时进行树盘盖草,稳定地温,或培土覆盖,不断提高土壤肥力。

2. 施肥

矮化密植果园根系密度大,单位面积内枝叶量多,产量高,需肥量也多。幼树结合抽梢期施肥,每次抽梢施 2 次;结果树在萌芽开花前,果实发育和抽秋梢期进行施肥。

3. 树冠管理

(1)矮化密植栽培的树形,应是矮干,小树冠,减少骨干枝的数目和长度,树冠趋于扁平形。

(2)幼树整形修剪以轻剪为主。先促后缓放。注意开张主枝的角度,以缓和树势。每年留多次梢,通过抹芽控梢,使抽梢整齐而多,均匀。

(3)密植果园,定植两年后,树冠尚未充分展开时,应让其适量结果,以果压枝。控制幼树过旺的营养生长。

(4)密植的树冠已充分扩展,逐渐互相遮蔽,开始出现衰退,这时需要轮换更新枝组。疏剪内部枯枝、重叠枝、过密的弱枝。冬季修剪时,对树冠已经密接的加密树进行回缩修剪,剪去荫蔽的大枝,以改善树的光照条件。

实践证明,果树矮化密植栽培不仅提高了果实品质,还具有早结果、早丰产,栽培管理简便等优点,因此是今后果树发展方向,但目前应用的矮化砧木和矮化品种较少,因此,选育和开发利用抗性强、繁殖容易、矮化性好的砧木和优良矮化品种是目前亟待解决的问题。

任务九　果树的产期调控

果品生产具有明显的季节性和地域性，果实成熟期集中，有明显的旺季和淡季。果树产期调控是指通过采取一定的技术手段使果实成熟期提早或延后的技术措施。

一、果树产期调控的意义

(1)使果实成熟期提早或延后，延长果品供应期。满足人们对果品的需求，提高果树生产经济效益。

(2)避开不良气候，提高果品产量。如香蕉可以通过调节种植时间期，使果实生长关键时期避开台风天气或霜冻天气；荔枝、杧果可以通过摘除春季萌发过早的花穗来推迟花期，使开花期避开早春的阴雨天气，从而提高坐果率。

(3)提高果实品质及商品率。一些果树成熟期在高温多雨季节，果实品质较差，容易产生裂果，病虫害严重，不耐贮藏等(如葡萄、番石榴等)，通过产期调控技术生产冬春季成熟的果，可以提高果实品质及商品率。

二、果树产期调控的主要技术措施

(一)利用地域性差异

同一品种果树平地种植与高海拔种植的成熟期不同，纬度不同其成熟期也有差异。可以通过在不同地势条件种植同一果树品种，达到延长该果品供应期的目的。

(二)合理搭配品种

果树品种依果实成熟期可大致分为早熟、中熟、晚熟等类型，通过品种合理搭配种植，可延长鲜果供应期。如柑橘类鲜果供应期可长达 4 个月，杧果、荔枝、龙眼等约 2 个月。若能引进热带地区一年两花的果树品种则效果更好。

(三)调节种植时期

多适用于短期果树如香蕉、百香果等。这类果树多为不定期花芽分化型的果树，可以通过调节种植时期来调控果实成熟期。

(四)设施栽培

在南方地区，冬季采用设施保温促成栽培技术，可以使葡萄提早萌芽开花，生产 5 月份左右成熟的葡萄。

(五)药剂促花

葡萄 8 月份采用单氰胺、石灰氮等药剂处理冬芽，可以促进冬芽的萌动，生产 12 月份成熟的葡萄;龙眼可以通过施用氯酸钾来延迟开花期或反季节开花。

(六)控梢促花

1. 控氮增钾

催花前1～2个月,采取不施氮肥或有机肥,仅施钾、磷肥及叶面喷施微量元素。可以控制枝梢的营养生长,促进花芽分化。

2. 断根控水

对于生长旺盛的植株,在催花前15～20 d于树冠滴水线内侧挖宽40～60 cm,深20～30 cm的沟切断部分根系,或将树干附近表层土壤扒开,使生长在表面的根系暂时裸露在空气中,以减少树体对水分的吸收量,可以促进树体提早花芽分化。待催花后再将土壤及腐熟有机肥覆盖回填。

3. 环割、环剥

催花前30～50 d对主干或主枝进行环割、环剥,可以提高树冠碳水化合物的积累,促进树体花芽分化。

4. 适当修剪

采用疏剪和摘心等修剪方法,增加树体通风透光能力,提高催花效果。番石榴在新梢萌发时,花蕾随即抽出,在新梢旺长期间随时将6节叶以上的梢端摘心,抑制新梢增长,促进营养积累,有利于开花和果实发育。诱导开花:在果实上方8～10片叶或老熟处摘心,30～40 d后腋芽即萌发带花蕾的新梢。

(七)改变光照条件

1. 夜间补光

多用于青枣、草莓生产。在青枣形成一定树冠后的5～6月份,在树冠上方1.5 m左右处,每公顷架设40 W的日光灯120～150盏,每晚照射6～8 h,持续20～40 d能刺激植株提早开花,增加花朵数量,提高坐果率;在草莓设施栽培中,为防止植株生长衰弱,从11月份至次年2月份进行夜间补光,可以促进植株健壮,增加花果量。

2. 遮光处理

如枇杷在适当遮光的条件下,其花芽形成较早,并有增加早花数的效果。在新梢生长期以遮光覆盖来促进花芽分化,提高早花率。可以在催花前30～45 d遮盖黑色网,遮光的方式可分为单株抱覆、覆盖树顶、全面覆盖等,遮光的方式取决于株行距的大小、冠幅的大小、树冠茂密程度、树势强弱、遮光期的长短及催花日期早晚等。

在生产中,可根据实际情况选择上述某种方法或几种方法搭配使用。

任务十 观光果园规划与管理

一、观光果园概述

观光果园是观光农业的主要形式和重要组成部分。我国大陆观光果园的发展起步于20世纪80年代，深圳市通过举办荔枝节(最初目的是为了招商引资)，首开中国观光果园发展之先河，其可观的经济、社会效益引发了全国性的建设热潮。30多年以来，全国各地的观光果园发展迅速，并取得了良好的经济效益、社会效益和生态效益。

(一)观光果园的概念

观光果园是将果园作为观光旅游资源开发的一种绿色产业。它是以现有或新建的果园为对象，按照现代旅游业的发展规律和构成要素，对其进行改造、配套、组装和深度开发，在保证基本生产功能和有利于生态环境优化的基础上，因地制宜，赋予其观赏、品尝、购买、娱乐、劳动、学习和居住等不同的旅游功能，创造出可经营的、具有果园特色和旅游价值的观光园区。从果树学、园林设计学的角度看，观光果园是集旅游观光和果品生产的园林艺术形式，它具有可经营性(市场性)。

观光果园的显著特点是集果品生产与观光、休闲、旅游于一体，使果树生产者既有果品的经济收入，又可从旅游产业中获得丰厚的经济回报。而游客则可以通过在果园观光旅游，使其向往宁静温馨田园生活的精神需求得以满足。观光果园成了当今充分利用果树资源、改变单一种植结构、发展高效农业的崭新模式。同时，也进一步丰富了我国的旅游资源。

(二)观光果园的功能

观光果园是果品生产与生态旅游相结合的新兴产业，兼有果品生产观光旅游的功能。作为果品基地必须遵循科学性，具有果品生产功能；而作为观光对象又必须具有艺术性和观赏性，满足人们视觉、亲历和心灵感受。

1. 生产功能

观光果园的一个重要功能就是生产果品。在为游客提供新奇的、高品质的果品供观赏、品尝、采摘体验和选购之外，也可以向社会销售，满足人们对果品的消费需求。这是观光果园主要的经济收益来源。

一般到观光果园旅游的人群大多都具有较高的消费水平，对经自己亲手采摘所得的果品有特殊的感受，较高的销售价格也可以接受。多数观光果园果品销售价格要比市场价格高出50%～100%，体现出良好的产品经济效益。

2. 观赏功能

观赏功能是观光果园的主要功能之一。观光果园具有较强园艺观赏性，可以形成连片果园景观效果，形成单株或几株果树景点效果，也可以形成果树局部景致效果。如荔枝、龙眼、黄皮、杨桃、香蕉、草莓、菠萝、葡萄、椰子等各种果树有其不同观赏效果，其树形、花、果实、枝叶等色彩、形态丰富多彩，具有醒目、增色作用。经合理布局和搭配，可以满足游客对观光果园观景、观树、观叶、观花、观果的多样性需求。

3. 体验功能

亲身参与体验、自娱自乐已成为当前的旅游时尚。游客到观光果园不仅能观赏果园美景、品尝果品美味、放飞心情，而且还可以通过参与农艺活动、采摘果实和果品简单加工等活动体验到果园农艺操作的过程，了解其原理及技术要领，享受到自己的劳动成果，愉悦心情，达到调理身心的效果。

果品因色、香、味俱佳深受消费者欢迎，特别是一些不耐贮藏的果品，只有到果园才能品尝到新鲜的、能反映本品种特色质量的果品。观光果园能够提供在水果市场上买不到的高质量的果品，这也是游客选择到观光果园游玩的重要原因之一。

4. 科普功能

通过观光果园向游客普及果树与环境的关系、果品营养与保健作用、果树的生长发育和先进的栽培管理技术等自然科学和技术知识。果树植株形态、叶、花、枝条和果实的多样性，是很好的科普教育的素材。观光果园可以通过设立标牌、编排宣传资料、现场展示或现场解说等方式，让游客了解各种果树的种类、生物学特征、开花结果习性、果品的营养价值、果品的加工技术、种苗的组织培养技术和先进的栽培技术等知识。还可以让游客特别是城镇的中学生游客领略到大自然的博大和奥妙，通过对果树生长的观察和生长原理的了解，一些诸如“世界上没有两片相同的叶子”、“种瓜得瓜、种豆得豆”、“一母生九子九子各不同”、“一分劳动一分收获”、“橘生淮南则为橘，生于淮北则为枳”和“早熟的果子先烂”等深奥的植物学、遗传学、哲学和社会学理论在这里变得直观和通俗易懂，寓教于乐。

5. 生态功能

生态功能是观光果园的基本功能之一。当今社会，随着人口增长，交通、工业和生活消费的剧增，不仅消耗大量的自然资源，也破坏了自然环境，近年来出现的日益严重的雾霾天气、一些地方水源枯竭、环境恶化等现象，在很大程度上是自然资源开发利用过度、植被遭受破坏的后果，直接威胁人类的生存与发展。观光果园的果树林木，根深叶茂，光合作用强，能吸收二氧化碳，制造大量氧气，能吸附尘烟废气，净化空气和水质，还能消除噪声，调节小气候。果园在绿化、美化环境的同时，有利于保持水土，减少污染，改善生态环境，具有良好的生态功能。观光果园是都市人们亲近大自然的首选场所。

(三)观光果园的类型

根据不同的分类依据，观光果园可以分为多种类型：

(1)按照果园的分布情况，可以把观光果园划分为：独立观光果园和观光果园群。

(2)按照所在的地形地貌状况，可以把观光果园划分为：山地观光果园和平原观光果园。

(3)按照果树品种数量多少，可以把观光果园划分为：专类观光果园和多品种观光果园。

(4)按照果园经营主体不同,可以把观光果园划分为:农民个体果园、私人承包果园、集体经营果园和股份制果园。

(5)按照观光果园的特色不同,可以把观光果园划分为:景区关联型、休闲度假型、科普科研示范型、采摘体验型和综合观光型。

二、观光果园规划设计

观光果园是以休闲观光为目的的果树生产经营方式,要达到良好的观赏效果,实现良好的经济效益,就要做好果园的规划设计。

(一)观光果园规划设计的基本原则

1. 适地适树原则

适地适树是指选择果树的生态特性与种植地条件相适应,也就是把果树栽植在其最适宜生长的地方。果树生产具有很强的地域性和季节性,发展观光果园必须根据各地的果树资源、生产条件、季节特征,因地制宜地选用合适的果树品种和观光项目。只有这样,才能充分发挥观光果园的经济效益。对于一些不太适应当地生长,而又确实需要的新奇树种,可以通过设施栽培来创造其适合的生长环境,供游客赏奇。

2. 市场导向和经济效益原则

在观光果园规划设计中,要充分考虑客源市场。要对果园所在地的社会和经济条件、人们的消费水平和消费习惯、旅游环境和经营环境等进行全面的分析,合理选址。在考虑具有一定的社会效益和生态效益的前提下,要以取得更大的经济效益为目标,把经济生产融合到园区建设中。对绝大多数观光果园而言,果实采摘销售是最主要的经济收入来源,在规划设计中既要考虑尽量延长果实采摘期,同时又要注重在非采摘季节通过其他项目来吸引游客,以提高经济效益。

3. 保护生态原则

观光果园离不开果品开发,但只有果园而无优美的自然环境和观光景点也就无法成为观光果园。因此,保护自然环境,保持园地的生物多样性,建立良性循环的生态系统是观光果园规划的重要原则。要以生态学原理指导观光果园的规划和设计,正确处理果园开发、景点建设与生态环境可持续发展的关系,切忌乱砍滥伐、大兴土木,要把对植被的破坏和对环境的污染减少到最低程度。实践证明,良好的生态环境,既是生产优质无污染绿色果品的前提和基础,又是吸引游客获得观光收入的重要条件。

4. 突出特色和多样化原则

观光果园建设要根据果业区域特点,充分利用各地的果树品种资源,传统名牌产品等推出系列特色经营项目,满足游客求"特"寻"奇"的需求。在规划设计中,要从果树开发历史渊源、传统文化及自然人文景观出发,把特色果树品种、特色果园环境、特色人文景观全方位凸显出来,打造具有地方特色的观光项目。另一方面,不论是观光旅游还是专题旅游,不论是团队旅游还是散客旅游,都要为游客提供多种选择的机会。观光果园规划设计的多样化原则既要求在旅游产品开发、旅游线路、游览方式、时间选取、消费水平的确定上有多种方案以供选择,又要求园区品种选择、景观资源配置方面突出丰富性、多样性的特点。

5. 文化性与科学性相结合，艺术性与趣味性相结合的原则

作为观光果园还有一个营造文化科技信息环境，给游客进行科普教育的功能。充分挖掘果树文化内涵以及由此而产生的一些诗词歌赋，在规划设计中要尽可能地把果园的一草一木都变成知识的载体，并将其系统化，人性化，使游客能得到全方位的果树知识及果品文化的熏陶。提高园地规划设计的科技含量，在管理中体现传统农艺精华和现代高新技术。在遵循果树科学管理的同时兼顾其艺术欣赏性，使果园实现其整体美感，将其形态美、色彩美以及群体美、个体美有机结合，把果品当作工艺品来生产，使其科学性和艺术性充分得到体现，在时间和空间上实现完美统一。最好是能融入浓厚的乡土文化内涵，创造格调古朴，情趣独特，绿意盎然，花果飘香的氛围。并要采取多种方式，开展趣味性、科普性活动和参与劳作体验，使城市游客广泛参与到园区的生产、生活中，更多地体验到果品采摘及农村生活的情趣，使游客享受到原汁原味的乡土文化氛围，寓教于乐。

(二)观光果园的规划设计

1. 园地规划

(1)生产用地规划　观光果园是以果树资源为基础的产业，规划重点内容就是种植果树的园地规划。把园地划分为若干个小区，小区大小和形状根据地形地势和功能需要而定。按照果树种类、生长特性、观赏性、果实成熟期等来合理布局树种品种。同时，要考虑到苗圃、生产园的合理配置。既能体现果树品种的多样性，又能满足生产、休闲观光和科普教育的需要。

(2)观光休闲景点和绿地规划　观光果园除了一般的果园生产规划之外，规划休闲观光景点和绿地也是其主要内容。要因地制宜地规划一些亭台楼阁、小桥流水、荷池鱼塘、休闲绿地、农家小院等景点和休闲娱乐场所，满足游客观景、品果、谈心、垂钓、烧烤等需求。观光果园一般可在最高的山顶上规划观景亭，用以眺望园区的田园风光，给人以登高望远的感受；在地势较低处规划建设荷池鱼塘和水榭，游客可以在周围挂满葡萄、猕猴桃的棚架下池塘观鱼和垂钓，还可以在池塘边的果树下进行野外烧烤和尝果品茶，尽情品味大自然带给人们的珍果佳肴。

(3)非生产用地规划

①道路系统规划。道路系统是景区旅游规划设计的核心内容之一。观光果园的道路规划应根据规模大小、地形地势和整个园地布局以及旅游观光线路设置主干道、机耕道、作业道和观光步行道。主干道贯穿全园，与接待中心、办公楼、果园、观光景点连接；在各小区中规划作业道和游览道，供游客漫步、游玩。

②排灌系统规划。从实际出发，充分利用水源引水灌溉。观光果园的灌溉应注重以蓄水为主，以引水为辅，蓄引结合。通过多种渠道拦截地表径流，引水入地，做到水少能灌，水多能排，水旱无忧，旱涝保收。对于现代观光果园应规划喷灌、滴灌等节水灌溉设施，同时适当规划一些明渠灌溉方式，营造“小桥流水人家”、“泉水叮咚响”的意境。

③防护林的规划。果树的生长需要一个良好的生态环境，观光游客更渴望能在风景如画、绿树成荫的景观中休闲。因此，在果园中规划防护林是很有必要的，特别是在沿海地区或有寒害发生的地区，它可以起到防风、防旱、防冻的作用，同时还有利于园地的绿化和美化。

④其他辅助设施的规划。园区大门、办公室、接待中心、服务楼、食堂、商务中心等生产、生

活、服务设施都要列入规划之中。这些设施应尽量选择在位置适中、交通方便、风景优美的地方，但均要尽量不占用好地为原则。

2. 树种、品种规划

在树种品种选择和安排上，尽可能选择和汇集本地的各类品种，以本地乡土品种为主，突出地方特色。还应引进国内外适合本地栽培的名、优、奇、特、新品种。合理搭配乔木果树、灌木果树、草本果树和藤本果树，做到一年四季有花、有果、有景。

在不同小区规划中，还应考虑一年四季果树景色的变化和观赏特点，根据不同果树的花期、花色、花形来规划，如将不同花期的果树分片布局，延长赏花时间；或将同一花期的果树连片相邻布局，形成花海景观；还可以将不同花色的果树混栽，形成不同的观赏效果。

3. 栽培方式设计

观光果园应采用生态果园管理模式，尽量使用农家有机肥和生物性农药，生产出安全、营养、无污染的绿色果品和有机果品，满足人们渴望食物安全的心理需求。在栽培管理过程中，树体修剪、花果管理等都要尽量突出园林艺术效果，增强观赏性、趣味性，达到新、奇、特、美的效果。此外，还要尽量采用最新技术向游客展示现代高新果树园艺科学的魅力，如展示组织培养育苗、无病毒育苗、自动化节水灌溉和水肥一体化系统、异果同树（部分树冠高接换种）等先进技术。提高果园的观赏效果。

三、观光果园管理特点

1. 矮化树体，便于采摘

观赏果园最主要的活动就是游客自采自乐，树体过高，不便采摘。因此，要通过压顶修剪、控制根系、适当控水、药物控梢等各种栽培措施控制树体高度，以便采果。

2. 延长果实收获期

从整个果园来讲，要合理安排不同成熟期的树种；同一树种要有早、中、晚熟品种搭配。此外，还可以通过产期调节技术、设施栽培技术等提早或延迟果实的成熟期。努力实现果园鲜果的周年供应。

3. 卫生安全

首先，果园环境要整洁卫生，没有异味；有机肥料的施用要在园区外经过堆沤腐熟，无臭味后再施用；排灌渠道尽量采用暗沟的方式，果园内不要有落差太大的阶梯果园，避免在游览中出现安全隐患。另一方面，游客最希望在果园内能够即采即食，体验最新鲜果实的味道，因此，要确保果品的卫生安全。生产中要采用生态果园管理模式，利用物理方法和生物方法防治病虫害，尽量减少农药的使用；采取果实套袋技术，尽可能减少果实污染。

4. 生产标准化

整个生产过程严格按照无公害果品或绿色果品生产技术规程操作，生产过程透明化，在果园中立牌标明所采用的标准，随时接受游客和社会的监督。采用和展示当前最新管理技术，充分发挥观光果园的科普教育功能。

5. 精细化管理，投入人力多

观光果园要有观赏性，在果园土壤管理、清除杂草、植株修剪等方面要进行精细化管理，才能展现果园的整体美，吸引更多的游客。由于观光果园果树种类、品种多，生长期不一致，会造成病虫害防治、施肥等工作的不统一，需要投入更多的人力进行分区分期管理；在开园期间，特别是果实采摘期间，需要大量人力来引导和监督游客，避免出现损伤果树、浪费果品和意外事故的发生。

讨论与思考

1. 什么叫实生苗和嫁接苗？分别简述实生苗和嫁接苗的特点。
2. 影响果树嫁接成活的因素有哪些？如何提高嫁接成活率？
3. 果树自根苗繁殖的方法有哪些？
4. 果园规划设计包括哪些内容？
5. 怎样提高果树种植成活率？
6. 如何确定果园施肥的时期和施用方法？
7. 果树保花保果有哪些技术措施？
8. 疏花疏果有何重要意义？怎样疏花疏果？
9. 实现果树矮化密植的途径有哪些？
10. 简述果树产期调控的主要技术措施。
11. 什么叫观光果园？观光果园有何特点？
12. 观光果园有什么功能？
13. 观光果园分为哪几种类型？
14. 观光果园规划设计的基本原则有哪些？
15. 观光果园在管理上有什么特点？

学习情景三　主要亚热带果树生产技术

知识目标

- 了解柑橘、荔枝、龙眼、杧果、香蕉、葡萄等主要亚热带果树生产管理技术。

技能目标

- 掌握柑橘、荔枝、龙眼、杧果、香蕉、葡萄等主要亚热带果树生产管理操作技能。
- 能独立完成果园基本管理工作。
- 能制订果园周年管理工作计划。

项目一 柑橘生产

任务一 春季萌芽期至坐果期的管理

一、施用萌芽肥

春季萌芽至开花坐果时期是柑橘树从生理休眠转入生理活动时期，是树体从基本停止养分消耗进入养分消耗旺盛时期。加强这个时期的肥水与土壤管理是柑橘春季生产的重要作业。这个时期的施肥主要是依据不同品种的物候期、树势及花量施好速效水肥。物候期早、树势弱、花量多的树，宜适当早施多施速效水肥；物候期晚、树势旺、花量偏少的树，则应适当迟施少施速效水肥。以腐熟的人畜粪水为主，也可施优质的氮、磷、钾多元素复合肥或氮肥（尿素）与钾肥（最好是硫酸钾镁肥）按 6∶4 的比例混合施用，施用量可视果树花量及树势确定，中等树势的多花树盛产期果园（单产 75 t/hm^2 左右），每公顷施用优质速效复合肥 40～70 kg，于春芽萌发前，在雨后土壤湿润的情况下，在树冠滴水线处开宽 20 cm、深 10 cm 的环形沟，把肥料均匀撒入沟后覆土。

二、春季修剪

春季修剪的目的是保留适量的花朵数和春梢数量，缓解梢果矛盾，确保高产优质。春季修剪按品种不同其修剪要求有所不同：①温州蜜柑类，以短截结果母枝为主。疏除多叶（6 叶以上）的有叶花枝，保留 3～4 叶的有叶花；对开花过多的结果母枝进行短截，每条结果母枝保留 7～9 朵健壮的花即可；对开花少、春梢量多的植株，在开花前剪（抹）除大部分春梢（盛产期植株保留偏弱的春梢 100 条左右）；开花多、春梢少的植株（特别是树势偏弱的植株），则尽可能多留健壮的春梢。②橙类、椪柑及小果型柑橘品种，主要是以疏剪结果母枝和春梢基枝为主，对过密的结果母枝群或春梢基枝群进行疏剪，同时疏剪过多春梢枝和过多的有叶花枝（留 3～6 叶的有叶花 7～9 朵健壮花即可），对树势弱、无叶花多的植株则要通过适当疏花或短截结果母枝的方法促发春梢，恢复树势。

三、喷施叶面肥

在初花期至盛花期，喷施 0.05%～0.1%硼酸或硼砂，加入 0.2%～0.3%尿素或其他速效叶面肥，促进授粉受精，为春梢、花果的生长提供充足的养分，提高坐果率。

四、病虫害防治

柑橘春季常见的病虫害主要有：柑橘溃疡病、柑橘疮痂病、柑橘炭疽病、柑橘树脂病、柑橘花蕾蛆、柑橘象鼻虫、柑橘木虱、柑橘红蜘蛛等。防治方法见附录 3-1。

任务二　夏季果实生长期的管理

夏季高温多雨，是果实迅速膨大期，也是夏梢萌发旺盛期。

一、施肥

1. 巧施稳果肥

根据植株坐果情况及树势确定是否需要施稳果肥：挂果偏少、树势健壮的果树则少施或不施稳果肥；而挂果较多、树势偏弱的植株可适当增施稳果肥。在谢花到第一次生理落果后期（5 月中下旬）施下，以速效氮肥为主。在谢花后至第二次生理落果前，喷洒 2～3 次 20～50 mg/L 的赤霉素，加 0.3%～0.5%尿素和 0.1%～0.2%磷酸二氢钾，对减少生理落果，提高坐果率有明显效果。也可喷施氨基酸类、芸薹素类、胺鲜酯（植物龙等）等植物生长调节剂。

2. 施用壮果肥

在放秋梢前 10～15 d（7 月中旬至 8 月上旬）施一次速效水肥，氮、磷、钾配合施用。可以促进果实膨大，促发整齐健壮的秋梢，培养优良的结果母枝。

二、夏梢管理

夏季是果实迅速膨大期，也是夏梢生长旺盛时期，梢果矛盾突出。对挂果偏少、树势旺盛的植株，在幼果期所抽发的夏梢要及时除掉（可采取人工或化学办法），以防夏梢的大量抽发消耗养分，导致大量落果；对挂果过多、树势偏弱的果树则应适当保留部分夏梢，适度以梢疏果，恢复树势。

三、夏剪促梢

夏末初秋（8 月上中旬），可根据不同品种和各地的气候特点择期修剪，结合施用速效肥和灌水，促发健壮的秋梢。

【技能训练】3-1　柑橘夏季修剪

一、实训目的

通过实训，要求学生掌握柑橘夏季修剪的关键技术。

二、材料与用具

材料：柑橘结果树。

用具：修枝剪、人字梯。

三、实训提示

每人独立完成一株结果树的修剪任务。修剪前先分析该树的具体情况，修剪后观察其修剪反应。

四、实训内容

夏季修剪的主要对象及方法：

(1)剪除病枝、病叶、病果。

(2)疏剪过密的无果枝组及交叉重叠枝。

(3)适度短截，促发秋梢。

(4)以果换梢。剪除日灼果、粗皮果、畸形果、单顶果，疏剪丰产树的小果，使树体的更多的养分供给秋梢生长。

修剪后把剪下但还挂在树上的枝条取下，连同地上的枝条全部拿到园外，集中烧毁。

五、实训报告

简述柑橘夏季修剪的关键技术和注意事项。

六、考核评价

考核目标	考核要点	等级分值				考核说明
		A	B	C	D	
态度	时间观念，吃苦耐劳精神，团结协作能力，安全意识，材料用具准备。	20	16	12	8	1. 操作技能考核：根据实地操作表现进行综合评定。 2. 实训态度：根据学生现场实际表现确定等级。
操作技能	正确使用修枝剪；修剪的对象和方法正确；修剪后树冠枝叶分布合理、预计萌发的秋梢适中。	50	40	30	20	
实训报告	能根据实训操作，总结出柑橘夏季修剪的关键技术和注意事项。	30	25	20	15	

四、果园水分和土壤管理

做好果园排涝或抗旱工作，为果实生长和培养次年量多质优的结果母枝提供良好的土壤环境。此期间果园杂草生长迅速，要视情况进行1～2次除草作业，可采用人工除草或化学除草，避免果园草荒。

五、防治病虫害

夏秋季节是病虫害发生为害最为活跃的一个时期，做好这个时期的病虫害防治工作是确保当年柑橘生产丰产的关键。这个阶段经常发生为害的病虫害主要有：柑橘溃疡病、柑橘疮痂病、柑橘树脂病、柑橘脚腐病、柑橘木虱、柑橘粉虱等。防治方法见附录3-1。

任务三 秋冬季果实成熟期管理

进入果实成熟期，一般不再通过土壤施肥和灌水，如遇干旱可适度树冠喷水，保持植株水分平衡。在土壤管理上主要是利用果园间种作物秸秆和干草覆盖树盘，以起到抗旱保湿作用。

一、果实管理

(1)进入果实成熟期，树冠顶部的果实容易受高温影响而形成日灼果，因此，对树冠中上部外围的果实可在其向阳面粘贴白纸护果，减少日灼影响。

(2)随着果实的膨大加重，树冠下部果枝下垂触地，容易受病菌感染，影响果实着色。可以采用绳子牵拉或树杈支撑的办法托护果实。

(3)在果实成熟期喷施 2～3 次高钙高钾的叶面肥，可以减少裂果现象，同时有增进果实着色的作用。

(4)果实成熟时，根据市场需求分批分级采收，以确保果品质量，满足果商和水果消费者需求。避免因一次性采收导致树体水分、养分失衡，造成植株萎蔫，甚至落叶。采果时实行一果两剪，避免装筐后果实之间的机械损伤。

二、防治病虫害

秋梢转绿后，果实逐渐膨大成熟，这个时期抽发的新梢一般数量较少，但对零星抽发的新梢也要做好柑橘木虱等害虫的防治工作。果实成熟期常发生的病虫害主要有：柑橘炭疽病、柑橘木虱、柑橘实蝇、柑橘椿象、柑橘红蜘蛛等。防治方法见附录 3-1。

任务四 采果后至次年春季萌芽前的管理

一、土肥水管理

1. 肥水管理

由于采果带走了大量的养分和水分，树势相对较弱。需尽快淋施一次腐熟的速效粪水肥，同时结合喷药防治病虫害，喷施 2～3 次优质叶面肥，尽快恢复树势，顺利进入花芽分化期。

采果后，施用一次以有机肥为主的重肥。在树冠滴水线处挖深、宽各 50 cm、长 120～150 cm 的施肥坑，将腐熟的有机肥 40～50 kg/株与土壤充分拌匀后施入盖土。

果实采收后如遇冬旱，在出现叶片轻度萎缩前，及时喷水抗旱，防止叶片萎蔫脱落。如果果实采收后，雨水过多，则要做好排涝工作，防止水分过多影响花芽分化。

2.土壤管理

冬季全园中耕松土。采果后，进行一次全园中耕松土，深度10～20 cm，破坏在土壤中越冬病虫的生存环境，减少次年病虫害的发生。松土还可以加速土壤中养分转化，提高土壤保水保肥能力，减轻次年草害。

二、冬季修剪

冬季修剪是柑橘冬季管理的重要工作。冬季修剪可有效调节树冠结构，改善树体通风透光条件；清除过密枝、病虫枝和无效枝，降低病虫越冬基数，提高有效枝群比例，提高次年的产量。

冬季修剪主要对象和方法：

(1)回缩严重交叉重叠枝；剪除过密枝、病虫枝、衰退枝。

(2)压顶、“开天窗”。对生长过高、树冠内部过于郁蔽的植株，可对树冠上部的部分直立枝条从基部疏剪掉，以改善树冠内膛的光照条件。

(3)对当年结果枝的修剪要根据采果时间而定：在当年10月中旬前采收的早熟品种，由于其结果枝采果后有足够的时间积累养分和花芽分化，因此，在采收果实时可适当保留部分健壮的结果枝，以作为次年的结果母枝或春梢基枝。10月下旬后采收的中晚熟品种，由于采收后结果枝没有足够的积累养分，能成为次年结果母枝的很少，次年绝大多数都是抽发春梢。因此，原则上在果实采收时要全部剪除结果枝，避免次年抽发过多的春梢，影响开花坐果。

三、树体保护

多数柑橘品种在果实采收后便逐渐进入冬季的生长缓慢期。一些偏北地区常常出现霜冻或冰雪等低温天气，为了防止或减轻冬季低温对果树的伤害，必须采取积极的树体保护措施。采用的方法有：

(1)对植株主干及主枝进行涂白保护。

(2)严寒来临前，采取搭棚或树冠盖膜等措施避寒。

(3)久旱果园遇到霜冻天气，及时全园喷水抗旱，可有效提高树体抗霜冻能力。

(4)采果后及时喷施高钙高钾型叶面肥，提高树体的抗寒能力。

四、防治病虫害

(1)采果后，及时喷药捕杀柑橘木虱和红蜘蛛。农药可选用：20%甲氰菊酯乳油或4.5%高效氯氰菊酯乳油1 000倍液+75%克螨特乳油2 000倍液，或绿颖150～200倍液+22%虫螨杀特乳油或26%虫螨毙乳油1 000倍液等。

(2)进行一次全园的柑橘黄龙病树普查，并及时挖除黄龙病树，控制病害传播，降低次年发病率。

(3)全面清园。结合冬季修剪，清除园内的病虫枝、病果，并集中烧毁或深埋，降低越冬的病虫基数。然后喷洒清园农药1～2次，农药可选用：0.8～1.2°Bé石硫合剂、10～12倍液松碱合剂、150～200倍的优质矿物油(如绿颖、敌死虫等)、75%克螨特乳油1 500～2 000倍液等。

附录 3-1　常见柑橘病虫害及其防治

1. 柑橘黄龙病

柑橘黄龙病是由韧皮部杆菌属细菌(又名类立克次氏体或称类立克次氏体细菌)引起的病害。该病害远距离通过苗木和接穗人为转运传播,近距离主要是由柑橘木虱侵染传播。是一种毁灭性传染性病害,目前,生产中只能预防,尚未有有效的治疗办法。

防控措施:

(1)培育和种植无病苗木,严禁病苗病穗传入无病区。

(2)加强传播媒介柑橘木虱的监控,发现虫情及时喷药防治。

(3)及时清除病树。在果实成熟期和冬季柑橘黄龙病症状易表现时期,分别进行全园普查,对确诊的黄龙病树定期喷药捕杀柑橘木虱后,整株挖掉。

2. 柑橘溃疡病

柑橘溃疡病是一种细菌病害,国内外都将其列为植物检疫对象。橙类受害较严重,主要为害柑橘的叶片、枝梢和果实,受害植株轻则影响果实品质和果实的商品价值,重则引起落叶、落果,树势衰退,是柑橘生产中防治难度较大的一种常见病害。

防治措施:

(1)加强检疫,严禁带病苗木、接穗及果实进入无病区。

(2)清洁果园。对发病树的病叶、病枝、病果要及时进行清洁处理(烧毁或深埋)。

(3)科学作业。在嫩梢幼果生长期(特别是嫩叶幼果有雨水未干时),进入果园作业要避免人为因素对嫩梢幼果造成机械伤害,防止病菌从伤口侵入。

(4)喷药保护。在春梢转绿期、夏秋梢展叶期、幼果气孔形成期、夏秋季节暴风雨过后等重要的关键时期要及时喷药保护。药剂可选用:0.5%石灰倍量式波尔多液;77%可杀得可湿性粉剂 600～800 倍;农用链霉素 800～1 000 单位/mL;农用金核霉素 250 单位/mL;5%加收米酮 2 000 倍。

3. 柑橘疮痂病

柑橘疮痂病是一种真菌病害,主要为害温州蜜柑等宽皮柑橘幼嫩的叶片、枝梢和果实,受害树轻则影响果实商品价值,重则引起严重落叶落果,树势衰退,是宽皮柑橘生产中常见的病害。

防治措施:

(1)清洁果园。对发病树的病叶、病枝、病果,要及时清除并烧毁或深埋,以降低病源基数,控制或减少其传播。

(2)及时喷药保护嫩叶、幼果等幼嫩器官,防止病菌侵染。从春梢萌动到嫩梢转绿以及谢花后的幼果生长期,都要及时喷药保护。药剂可选用有:80%代森锰锌可湿性粉剂 600 倍,70%丙森锌(安泰生)可湿性粉剂 600 倍,80%大生 M-45 可湿性粉剂 600 倍,50%康痂可湿性粉剂 600 倍,80%新万生可湿性粉剂 600～800 倍。

4. 柑橘炭疽病

柑橘炭疽病是一种弱寄生性真菌病害,只有在寄主生长衰弱时,才侵入为害。因此,加强栽培管理,增强树势,减轻或避免冻、涝、旱等自然灾害对树势造成的伤害是防止该病为害的重要措施。

防治措施：

(1)加强栽培管理，增施有机肥。施好多元复合肥，避免偏施氮肥；做好抗旱、排涝和防冻工作，增强树势，提高抗病能力。

(2)加强修剪，清除病源。减少病枝、弱枝、衰退枝，改善果树通风透光条件，提高树体健壮枝群比例。

(3)及时喷药保护。在谢花后，特别是在冻、涝、旱等自然灾害后，要及时喷药保护。常用药剂有：80%大生M-45可湿性粉剂600倍；25%火把可湿性粉剂1 000～1 500倍；15%菌立灭水乳剂1 000倍；80%必得利可湿性粉剂600倍；0.5∶1∶100波尔多液。

5. 柑橘树脂病(沙皮病)

柑橘树脂病也是一种弱寄生性真菌病害，易在养分供给不足或受冻、水浸等自然灾害造成树势衰退的情况下，遇上高温高湿条件时易暴发为害。因此，加强栽培管理，增强树势，做好防冻、涝、旱等自然灾害工作是避免或减轻该病害发生为害的有效措施。

防治措施：

(1)加强栽培管理，增施有机肥和多元复合肥，避免偏施氮肥，以增强树势，提高抗病能力。

(2)加强修剪，清除病源。减少衰退枝、病虫枝、弱枝，改善树体通风透光条件。

(3)做好抗旱、排涝和抗冻工作，避免或减轻自然灾害对树体的伤害。

(4)及时喷药保护。常用药剂有0.5∶1∶100波尔多液；80%大生M-45可湿性粉剂600倍；80%新万生可湿性粉剂600～800倍。

(5)及时用药处理病部：该病害发生在枝干上时，可先刮除病部腐烂部分，然后涂上稀释的冰醋酸或25%甲霜灵200倍或1∶2∶100的波尔多浆或石硫合剂渣液。

6. 柑橘脚腐病

柑橘脚腐病是一种由真菌引起、为害果树根茎部造成根茎部皮层腐烂坏死的病害(又名裙腐病或褐腐病)，在高温高湿季节，果园排水不良时(特别是果树根茎部有伤口时)暴发为害。

防治措施：

(1)利用抗病砧木(如枳、酸橙等)，适度提高苗木嫁接部位，可减少发病率。

(2)对已发病树利用抗病砧木进行靠接换砧，对新植果园适度提高种植高度，减少易发病部位的感病机会。

(3)及时防治为害根茎部的害虫(如天牛等)，在果园作业时避免人为对根茎部造成机械损伤，同时保持果园排水良好，降低果园湿度。

(4)对发病果园的健康树，在夏季高温高湿天气到来前(5～6月份)，利用1∶2∶10波尔多浆或石硫合剂渣液对根茎部进行全封闭涂药保护。

(5)发病树要及时刮除腐烂的病部皮层，然后涂药(药剂选用同“柑橘树脂病防治”)。

7. 柑橘红蜘蛛

柑橘红蜘蛛易在春暖、秋凉、干旱时节暴发为害，在天敌多、气温过高或过低及暴雨季节不易暴发为害。防治工作：在加强栽培管理、科学施肥、增强树势和保护利用好果园的生态环境前提下，根据不同物候季节特点，在关键时期及时喷药防治。可选用以下农药：

(1)休眠期：0.8～1.2°Bé石硫合剂，150～200倍的优质矿物油(如绿颖、敌死虫等)，75%的克螨特乳油1 500～2 000倍。

(2)幼果、嫩梢生长期：2%阿维菌素乳油2 000倍，螨危5 000倍+2%阿维菌素乳油3 000倍，10%四螨嗪可湿性粉剂5 000倍，15%哒螨灵乳油1 500倍。

(3)果实成熟期：有机锡类杀螨剂3 000倍，77%克螨特乳油3 000倍，绿颖或敌死虫200倍，螨危5 000倍，10%四螨嗪可湿性粉剂5 000倍，15%哒螨灵乳油1 500倍。

8. 柑橘木虱

柑橘木虱是目前已明确的柑橘黄龙病田间传播的唯一媒介，做好柑橘木虱的防治工作对防控柑橘黄龙病有着决定性作用。柑橘木虱的防治主要是在做好监测预报的情况下，及时喷药防治，常用药剂有：22%虫螨杀特(奥杀螨)1 000倍，25%吡虫啉可湿性粉剂2 000倍，2.5%三氟氯氰菊酯乳油2 500倍，2.5%高效氟氯氰菊酯乳油1 500倍，4.5%高效氯氰菊酯乳油1 000倍，20%甲氰菊酯乳油1 000倍，20%哒虱威乳油1 000倍，26%虫螨毙乳油1 000倍，3%捕木灵乳油1 500倍，3%刁木乳油1 500倍。

9. 柑橘实蝇

柑橘实蝇(橘小实蝇)的寄主植物较多、分布很广，我国南方全年都有发生，且世代重叠。在其大暴发年份如果不采取有效措施加强防治，将会造成大范围大量的烂果落果，造成丰产不丰收，甚至失收的严重后果。因此，做好柑橘实蝇的综合防治工作是实现柑橘丰产丰收的重要保障。

防治措施：

(1)农业防治措施：①同一区域连片种植同一种水果，禁止在果园内及四周种植瓜果类蔬菜(如西瓜、黄瓜等)，杜绝中间寄主；②冬季全园中耕松土；③清洁果园，受害果及时清除或深埋处理。

(2)物理防治措施：采用黄色粘板诱杀、引诱剂诱杀、食物诱杀等方式捕杀成虫；可单种方法诱杀，也可几种方法混合诱杀。

诱杀柑橘实蝇的商品用剂有：果瑞特、蝇必粘、神捕、全年、猎蝇、好农家、稳粘等。

(3)化学防治措施：①树冠喷药。当前对柑橘实蝇成虫较为有效的药剂主要是拟除虫菊酯类农药和有机磷农药。可选择在成虫发生高峰期结合其他病虫害防治用药捕杀成虫。②地面施药。在为害严重的果园，于9～11月份对果园实施清洁后，和春季虫体出土时，用5%辛硫磷乳油800～1 000倍液喷施果园地面，每周喷1次，连喷3～4次；或用15%毒辛颗粒剂以30～45 kg/hm^2 拌细土300～450 kg撒施果园(特别是果盘)1次，杀死入土化蛹的幼虫和刚羽化出土的成虫。

10. 柑橘介壳虫

柑橘介壳虫的种类较多，如吹绵介、褐圆介、红圆介、矢尖介、糠片介、黑点介等，是柑橘成龄果园经常发生的害虫。

防治措施：

(1)加强检疫工作，控制因人为调运苗木、果实传播。介壳虫活动能力弱，自身传播能力差，所以控制人为传播是行之有效的办法。

(2)加强修剪，清除带虫枝叶，改善树体通风透光条件。

(3)加强栽培管理，增强树势，提高树体的抗虫能力。

(4)做好预测预报工作，抓住害虫1～2龄若虫的薄弱时期用药防治，提高用药效果。常用药剂有：40.7%毒死蜱乳油1 000～2 000倍，40%速扑杀乳油800倍，40%杀扑磷乳油800～

1 000倍，绿颖、敌死虫等优质矿物乳油150～200倍，25%扑虱灵可湿性粉剂600～800倍等。

(5)保护和利用介壳虫天敌，以生物防治办法控制介壳虫暴发为害。

(6)注重冬季清园，控制虫口密度。主要是通过修剪清除虫源，然后喷1～2次1～1.2°Bé石硫合剂或150倍矿物油(如绿颖、敌死虫等)。

11.柑橘象鼻虫

柑橘象鼻虫是春季为害嫩梢、幼果的常见害虫，根据它的生活特性，在做好人工捕捉、胶环粘捕等工作的基础上，及时喷药防治。农药可选用2.5%高效氟氯氰菊酯乳油1 500倍等。

12.柑橘潜叶蛾

柑橘潜叶蛾主要是潜食嫩叶的叶肉，造成叶片畸形，光合效能下降。

防治措施：加强修剪及水肥等栽培管理工作，促使其新梢抽发整齐，同时做好测报工作，在潜叶蛾发生低峰期放梢，新梢长1 cm时喷药保护，农药可选用：2%的阿维菌素2 500～3 500倍，22%吡虫啉可湿性粉剂2 500倍，拟除虫菊酯类农药3 000～4 000倍。

13.柑橘粉虱

柑橘粉虱主要是通过刺吸式口器吸食幼嫩组织的液汁。

防治措施：

(1)加强修剪，改善树冠通风透光条件。

(2)做好测报工作，在成虫盛发期前喷药防治。药剂可选用：25%扑虱灵可湿性粉剂800～1 000倍，18%粉虱特可湿性粉剂1 000倍，40%杀扑磷乳油800～1 000倍，22%吡虫啉可湿性粉剂2 000倍，盖虫狼可湿性粉剂2 000倍，20%好年冬乳油1 500倍。

14.柑橘椿象

柑橘椿象又名角肩蝽、柑橘大绿蝽、长吻蝽。成虫和若虫用刺吸式口器插入果皮内吸食汁液。

防治措施：

(1)人工捕捉成虫，摘除卵块和初孵若虫。

(2)保护天敌(如橘棘蝽、平腹小蜂、螳螂等)，利用天敌寄生或捕食控制其为害。

(3)药物防治：选用22%吡虫啉可湿性粉剂2 000～3 000倍，拟除虫菊酯类农药3 000～4 000倍等药喷洒。

讨论与思考

1.简述柑橘树不同季节修剪的内容。

2.柑橘的芽有何特点？生产上怎样利用？

3.试述柑橘成年结果树的施肥时期及其作用。

4.柑橘黄龙病主要传播方式是什么？如何进行柑橘黄龙病的综合防控？

5.根据当地主要病虫发生情况，制定病虫害综合防治措施。

项目二　荔枝生产

任务一　春季花期管理

一、施壮花肥

1. 土壤施肥

在1月上旬(惊蛰至春分期间)凡是抽花穗的树,及时施1次壮花肥。穗多可多施,穗少可少施;叶色淡黄多施,叶色浓绿少施。一般挂果50 kg的植株,每株施复合肥0.75 kg,或尿素0.5 kg+氯化钾0.5 kg,沿树冠滴水线处开挖环状沟施下,施后覆土。对树势较旺盛的树,壮花肥应以磷钾肥为主,不能施过多的氮肥,否则会形成带叶花穗和花穗过长,对坐果不利。

2. 根外追肥

在开花前20~25 d,树冠进行根外追肥,可迅速补充树体养分和预防缺素症。喷施时间以早晨或傍晚为佳,喷施部位以叶背为主。常用的肥料种类和浓度:尿素0.3%~0.5%、磷酸二氢钾0.2%~0.3%、硼砂(或硼酸)、钼酸铵0.05%~0.10%、硫酸锌0.1%~0.2%等。每隔7~10 d喷1次,连喷2次,可以促进花粉发育和萌发,有利于授粉受精。

二、灌水促花

花穗抽生期若遇干旱天气,要适当灌水,以促进萌芽和花器官发育,提高花穗质量。

三、调节花量

荔枝为顶生复总花序,花小量极多,每个花穗,多者可达数千朵,少者也有几百朵。荔枝的总花量与雌雄花比例、雌花开放期密切相关,一般来说,总花量大,则雌花比例少,雌花开放期短,不利于授粉受精。同时,总花量大,由于开花和泌蜜而消耗的营养增加,对坐果不利。为此,必须通过人工或化学方法,使长花穗变短花穗,疏去弱小花枝,减少花量,相对提高雌花比例,延长雌花开放期,减少开花期的营养消耗,有利于提高坐果率。

1. 摘除早花穗

一般在"立春"前后,即开花前40~50 d进行。对早花穗应全部摘除,但要保留"葫芦节"上2 cm处的"隐芽",有利于重抽第2次花穗,变早花穗为迟花穗。

2. 短截花穗

荔枝长花穗品种，一般在主轴长 15 cm 时打顶，保留 10～12 cm；短花穗品种，则在主轴长 10 cm 时打顶，保留 7～8 cm。待侧穗抽出长 10 cm 时，再对侧穗进行打顶。花穗通过处理后，把长花穗变为短花穗，改善花穗结构，减少花量，调节雌雄花比例，可以推迟雌花期，使雌花盛开期避过低温阴雨的不良气候，增加授粉受精的机会，提高产量。

四、人工摘除小叶防"冲梢"

荔枝花蕾抽生时，如遇上持续高温天气，花穗的小叶不能及时脱落，往往出现花叶共存的现象（即花穗"冲梢"），小叶与花蕾竞争养分，严重影响成花。需要人工摘除花穗上的嫩叶，以减少养分消耗，提高坐果率。此项工作可以结合短截花穗进行。

五、创造有利于授粉受精的条件

荔枝雌雄花同株、异花，且有雌雄花异熟现象，是异花授粉树种，故创造利于授粉受精的环境尤为重要。

1. 花期放蜂

蜜蜂是荔枝的主要传粉媒介，在盛花期放蜂传粉是提高荔枝坐果率最经济、最有效的办法。荔枝园放蜂以半径 50 m 范围的效果最理想，一般每公顷放蜂 7～15 箱。放蜂期间，果园应停止喷药，以防蜜蜂中毒与蜂蜜受污染。

2. 人工辅助授粉

在缺乏昆虫授粉的条件下，可采取人工辅助授粉。

【技能训练】3-2　荔枝人工辅助授粉

一、实训目的

通过实训，使学生掌握荔枝人工辅助授粉的基本技能。

二、材料与用具

材料：盛花期的荔枝树。

用具：毛巾、水桶、轻便人字梯、高压喷雾器、2～4 m 长的竹竿、白糖、硼砂等。

三、实训提示

(1)授粉的植株大小适中，注意安全操作。

(2)每小组 3～4 人，共同完成 1～2 株树的授粉任务。

四、实训内容

1. 花粉采集方法

(1)雄花洗粉法　用干净的白色薄膜袋，将盛开雄花的花穗套入袋内，把袋口收拢用手紧握，用力抖动花穗，使散落的花粉和雄花落入袋内，达到预定数量后，取出并薄摊在清洁的白纸上，在弱光下晒 30～60 min，使花粉囊裂开，花粉散发，然后放入 1%白糖+0.05%硼砂混合液中，搅拌 3～5 min(不宜过长)，用筛网过滤，去除残花、枝梗等杂物，即配制成花粉混合液。

用此法采集得到的花粉，如果不是马上使用，可以用网筛筛除残花、枝梗等，把花粉放入冰箱的速冻箱内，在−18℃下保存一段时间，需用时取出，恢复至常温后使用。据报道，在1个月内对花粉发芽率影响不大。

(2)直接从树冠上采集花粉法 用白色洁净湿毛巾缚扎在竹竿上，在盛开雄花的花穗上来回触拖，使花粉黏附在毛巾上。当毛巾变为黄色时，把湿毛巾黏附的花粉洗入含有1%白糖+0.05%硼砂的混合液中，直至混合液变为淡黄色，过滤即可使用。但此法适用于采粉树与授粉树距离较近时使用，即采即用。

花粉放入水中只能搅匀，切忌搓洗，以免雄花和花粉囊的单宁过多溶入水中，抑制花粉的发芽。

2.人工授粉

配制好的花粉混合液要随配随用，不宜久置。要求从放入花粉至喷洒完毕最好不超过20 min，否则会造成花粉发芽率低，降低受精率。

当雌花柱头裂开弯向两边、裂片乳白色时，为授粉最佳时机，此时柱头上分泌的黏液未干，有一定湿度，有利于花粉萌芽。雌花盛开多在晴天上午9～12时，是授粉的最佳时期。

五、实训报告

归纳总结荔枝人工辅助授粉的关键技术。

六、考核评价

考核目标	考核要点	等级分值				考核说明
		A	B	C	D	
态度	时间观念，吃苦耐劳精神，团结协作能力，安全意识，材料用具准备。	20	16	12	8	1.考核方法：采取现场小组考核形式。 2.实训态度：根据学生现场实际表现确定等级。
操作技能	1.正确采集花粉并与白糖、硼砂配制成混合液。 2.正确使用喷雾器，喷洒均匀。 3.在规定时间内完成授粉任务。	50	40	30	20	
实训报告	结合实际操作情况，总结人工辅助授粉关键技术及实际操作体会。	30	25	20	15	

3.防止沤花或烂花

花期遇到连绵阴雨天气，雨后要及时摇花，摇落凋谢的花朵和积水，加速花朵风干和散粉，可减少或防止花穗积水而造成的花穗霉烂，减少霜霉病侵染，同时促使花药开裂、散粉，改善授粉受精条件，提高坐果率。

4.喷水防烧花

雌花盛开时遇高温(日均温≥24℃，最高温≥30℃)，受干热风影响时，其雌花柱头上的黏液蒸发干枯，泌蜜过浓，不能完成授粉受精过程的称为“烧花”。在高温期间每天上午8～10时和下午2～4时，应向树冠和花穗喷清水，同时地面淋水以增加空气湿度，有降温和提高湿度的作用，使授粉受精过程能顺利进行。

六、保果

(一)造成荔枝果实脱落的主要原因

1. 授粉受精不良

荔枝为圆锥花序,雌雄同株异花,一花序中雌雄花混生、异熟、间歇开放,相遇期短,不利于受精;平均总花量每穗 800～1 200 朵,但雌花约占 10%,雌花比例低,开放期短;如遇低温阴雨,常发生沤花或烂花,或遇高温"烧花",加上雌雄花互争养分,弱雌花偏多,导致"花而少实",甚至"花而不实"。

2. 养分不足

开花后消耗大量养分,如没有及时足量补充,树体难于支撑大量小果生长发育。

3. 气候异常

荔枝雌雄花形成期,要求总日照达 150 h 以上,雨量 50 mm 以下最理想。反之,总日照在 100 h 以下,雨量超过 100 mm 时,则落花落果严重。

4. 病虫为害

花穗期最主要的病害是荔枝霜霉病,常造成花穗大量霉烂。高湿是该病入侵为害的首要条件,25℃是入侵后扩展最适宜的温度,只要 5 min 便可以完成入侵过程。入侵后潜伏期 20 h,便可使花穗发病。荔枝椿象、蒂蛀虫、尺蠖等害虫为害也会造成大量落花落果。

(二)保果措施

1. 环割

环割保果是一项较有效的保果措施,适用于生长偏旺的结果树,特别是幼龄结果树,但不适用于老树、弱树。环割能暂时切断韧皮部的输送渠道,使光合产物暂时停止向根部输送而在环割上部积累,向果实输送,有利于坐果。环割保果一般进行 2 次,在雌花谢花后 7～10 d 进行第 1 次,隔 30 d 后再环割 1 次。方法是用环割刀等在直径 6～10 cm 粗的主枝或侧枝上闭口环割一圈,深达木质部。

2. 喷施叶面肥

开花前 20～25 d 进行叶面追肥,可用尿素 0.3%～0.5%、磷酸二氢钾 0.2%～0.3%,硼砂、钼酸铵 0.05%～0.10%,硫酸锌 0.1%～0.2%等。每隔 7～10 d 喷 1 次,连喷 2 次。

3. 喷施植物生长调节剂

谢花后(果绿豆大时),可用 40～50 mg/L 防落素或 20～50 mg/L 赤霉素+0.3%～0.5%尿素+0.2%～0.3%磷酸二氢钾进行保果,每隔 10 d 喷洒 1 次。幼果期长期阴雨天时,喷洒三十烷醇 20 mL 兑水 50 kg,可提高叶片光合作用效率。

4. 施壮果肥

开花后荔枝树体养分降到最低点,若不及时补充营养,则引起落果。故在谢花后应及时施用壮果肥,株产 50 kg 的荔枝树,株施复合肥 0.4 kg、氯化钾 0.35 kg、尿素 0.2 kg、钙镁磷肥 0.5 kg,在滴水线挖沟深 5～10 cm 撒施,施后覆土。

七、病虫害防治

1. 荔枝椿象

荔枝椿象若虫和成虫喜欢栖息于枝条的顶端,在花果枝上刺吸为害,吸取嫩枝、嫩芽、花穗、幼果的汁液，导致落花落果。防治方法：每年3月上中旬，在荔枝椿象抗药性最低时用药喷杀，可用90%敌百虫晶体600～800倍液；2.5%功夫2 500倍液；20%速灭杀丁3 000倍液。杀虫药剂交替喷杀；采用生物防治，以虫治虫效果十分显著，即在每年3月中下旬荔枝椿象产卵期，每株树上挂4～6片平腹小蜂卵块，待平腹小蜂孵化后寄生到荔枝椿象卵块内，使荔枝椿象卵不能孵化，从而达到消灭荔枝椿象的目的。

2. 蒂蛀虫

主要为害嫩梢和果实。根据虫情预测预报，掌握在成虫羽化始盛期适时喷药，重点抓好4月上旬幼果膨大期及4月下旬至5月初果实着色期第二代、第三代虫的防治，谢花后每半个月喷药1次。可选用90%敌百虫800倍液或25%杀虫双600倍液或高效灭百可3 000～5 000倍液或乐斯本1 000倍液喷杀。

3. 尺蠖

在荔枝抽穗后未开花前和谢花后，用90%敌百虫800倍液或40%乐斯本1 000倍液喷杀幼虫；每一次新梢萌发后，如发现此虫为害，可用40%水胺硫磷1 000倍液或10%灭百可2 000倍液或24%万灵水剂800倍液喷杀。

4. 霜霉病

荔枝花穗期至采果前10 d左右均可感病，为害严重的花穗，花朵全部脱落。果实受害从果蒂开始，最后全果变黑色，并有黄褐色汁液流出。防治方法：春季回暖后，现花蕾前，用30%氧氯化铜600倍液或0.3%硫酸铜+0.1%洗衣粉混合液喷洒树冠及地面；花蕾期、幼果期、采果前20 d各喷杀菌剂一次。常用农药有：64%杀毒矾可湿性粉剂500～600倍液、58%瑞毒霉锰锌可湿性粉剂800倍液、25%瑞毒霉500倍液、20%甲霜灵500倍液、90%乙膦铝500倍液、90%疫霜灵500倍液。

任务二　夏季果实生长期管理

一、果实套袋

有条件的荔枝园，应在果实约五成熟即果基部开始转红时进行套袋。套袋可防病防虫防蝙蝠，又可防晒防机械伤，减少农药污染，提早成熟，增进果皮着色，提高品质。套袋前喷一次72%瑞毒霉锰锌可湿性粉剂600倍液或58%雷多米尔可湿性粉剂600～800倍液，药液干后即可套袋。套袋可用专用纸袋和无纺布袋，套袋后要将袋口扎紧。

二、防治蝙蝠

蝙蝠主要为害成熟的果实，应在果实成熟前半个月开始防治。具体做法：用尼龙丝网将整株荔枝树罩起来或在株、行间及果园周围挂3 m高的尼龙丝网；夜间在荔枝园中设置水银灯或日光灯照亮树顶，可驱逐蝙蝠。

三、施采前肥

中晚熟品种或培养二次秋梢作结果母枝的植株，采果前10～15 d施肥，按株产50 kg计，每株施氮、钾肥各 1 kg,开沟施或兑水淋施。其目的是采后尽快恢复树势,促发秋梢,尤其是对结果多、树势弱的植株尤为重要。

四、采收及采后处理

(一)采收期确定

应在果实表现出该品种固有的品质特性(色泽、香味、风味和口感等)时采收,采收过早,肉薄味淡,品质差;采收过迟,果肉变软,糖分降低,落果和鸟害增多。为了保证商品质量并获得较长保鲜期,应当在果皮八成至全部呈红色时采收。

(二)采收方法

采果人员应在地上或采果梯上作业,尽量避免爬在树上作业,以确保采果人员安全和防止伤折树枝。采果时自下而上,由外到内分层采摘。在果穗基部 3～4 cm 处带叶 2～3 张剪断果穗,切勿用手直接折断。荔枝采收要在阴天或晴天上午 10 时前为宜。晴天中午以后,日晒剧烈,温度过高,果实失水过多,极易使果实变色变味。雨天采果会影响质量,也不宜采收。采收后在果园阴凉处就地分级,剔除烂果、病虫果,迅速装运。如在常温条件下运输,果实需先预冷后包装,因此,大型果园最好在产地配有冷库。采收搬运时要轻采轻放轻运,整个采收过程须避免机械损伤。

(三)防腐保鲜处理

荔枝采收当天选果分级后即用特克多 1 000 mg/L 或乙膦铝 1 000 mg/L 或其他荔枝防腐保鲜剂浸果 1 min 进行杀菌处理。

(四)预冷贮运

1. 预冷

荔枝采收正值盛夏,温度高,果实呼吸强度大,水分蒸发快,果实采收后褐变快,因此,果实采后应尽快预冷,以消除果实的田间热。预冷方法可根据各地实际情况,因地制宜。预冷方法有强制通风预冷、冰水预冷和真空预冷。

2. 贮运

一般采用常温贮运和低温贮运两种。常温贮运只适用于短途短时间运输,如从果园或收购点运到加工厂,或者是运到临近市场,时间不超过 1 d;低温贮运即利用有制冷能力的冷藏车(机械列车、冷藏汽车)、船、冷藏集装箱等运输。荔枝的低温贮运适温为 3～5℃,温度太低易遭受冷害,影响贮藏效果。

五、销售

荔枝的销售季节温度高,常温下货架寿命很短,一般不超过 2 d。冷藏的荔枝转移到常温后打开包装,果皮在 1 d 内会全部褐变。因此,荔枝的包装袋在销售时不宜打开,在常温下,包装袋内的果实果皮可保持 12～36 h 不褐变。如能设置销售冷柜,对货架寿命的延长更有保证。

任务三　秋季采后管理与结果母枝培养

荔枝采果后必须使树体早日恢复树势，培养适时、健壮的秋梢作为结果母枝，为次年丰产稳产打下良好基础。

秋梢是荔枝的主要结果母枝，但不是所有秋梢都能够成为优良的结果母枝。只有在冬季来临前能充分转绿成熟，叶片多、枝长、粗壮，没有病虫危害的秋梢，第二年才能成花坐果。因此，在荔枝采果后，需及时采取有效措施，培养优良结果母枝。

一、施促梢肥

早熟品种或只培养一次秋梢作为次年结果母枝的植株，在采果后 15～30 d，结合灌水施速效肥，以氮肥为主，配合磷、钾肥，主要是恢复树势，促进采后秋梢及时抽发。每株施复合肥 1～1.5 kg＋尿素 1 kg，或施腐熟优质有机水肥 75～100 kg＋尿素 0.5 kg，在树冠滴水线处挖对面沟或环状沟施下，施后盖土。

中晚熟品种或培养二次秋梢作为次年结果母枝的植株，在施用采前肥的基础上，于 9 月中下旬再次施肥，促进第二次秋梢在 10 中旬抽发并在 12 月上中旬老熟。这次施肥仍以速效氮肥为主，配合磷、钾肥。肥料种类、施用方法参考采后肥。末次秋梢老熟后不再施肥，以防抽发冬梢。

二、采后修剪

荔枝采果后修剪要求在采果后的 1 个月内完成，结合松土、施肥、灌水等其他栽培措施，促进抽发秋梢。采后修剪主要剪除过密枝、荫枝、弱枝、重叠枝、下垂枝、严重病虫枝、落花落果枝及枯枝等，短截结果母枝。剪后以枝条分布均匀、树冠下现出“金钱眼”为度。

三、抹芽定梢

基枝抽发的新梢如过密，在新梢长度为 5～10 cm 时适当疏除一部分过密新梢，遵循去弱留强的原则，一般基枝粗度超过 1 cm 的，可留 3 条新梢；粗度 1 cm 以下的，留 2 条，其余全部疏除，保证结果母枝壮实。

四、培育适时的末次秋梢

末次秋梢是翌年的结果母枝。只有末次秋梢在入冬前充分老熟，有足够的养分积累，才有利于花芽分化。

末次秋梢的培育要视树龄、树势、品种而定。老树或当年挂果量大的树可考虑只培养一次秋梢作次年的结果母枝。采果后施少量速效肥，恢复树势；8 月下旬再施一次肥，每株施复合肥 1～1.5 kg＋尿素 1 kg，结合灌水进行，促进新梢在 9 月上中旬萌芽，由于此类树新梢生长缓慢，一般到 12 月秋梢才老熟。

壮旺树可考虑培养两次秋梢，以第二次秋梢作次年主要的结果母枝。采果前 15 d 和采果后 15 d 各施一次肥，以氮肥为主，氮、磷、钾配合施用，同时施少量腐熟的有机肥，施肥后淋水，促进第一次秋梢在 8 月底老熟；在第一次秋梢老熟后再施一次肥，促使第二次秋梢在 9 月中下旬萌芽、11 月下旬到 12 月上旬老熟，顺利进入花芽分化。

早熟品种如三月红，树势强旺的结果树，抽梢快，采果后要放 3 次梢，以第三次梢作结果母枝。采果后要及时修剪，剪除荫枝、重叠枝、交叉枝、病虫害枝、细弱枝，对当年的结果枝及过长的枝条留 25 cm 短截，配合施肥促使第一次梢在 6 月中旬抽生，第二次新梢在 7 月下旬抽生，第三次新梢在 9 月上旬抽生。

五、及时防治害虫

荔枝秋梢抽发后应及时喷药防治害虫，在每次新梢开始展叶时和叶片转绿期各喷一次杀虫剂和杀螨剂护梢。为害荔枝嫩梢的害虫有：拟小黄卷叶蛾、油桐尺蠖、双线盗毒蛾、扁刺蛾、青刺蛾、大蓑蛾、蓟马、介壳虫类等。药剂可选用 25%增效杀虫双 600 倍液或 10%氯氰菊酯乳油 2 000 倍液或 5%高效灭百可乳油 2 500 倍液等。介壳虫类应选用 40%速扑杀乳油 600～700 倍液或 25%喹硫磷乳油 800 倍液或 40%杀扑磷 1 000～1 200 倍液等。

任务四　冬季控梢促花

冬梢是指 11～12 月份抽出的、在低温来临前不能充分老熟的枝梢。冬梢营养积累少，一般不能成花。同时冬梢抽发消耗大量的树体营养，造成第二年少花或无花。冬暖湿润的年份容易抽发冬梢，生产中要注意控制冬梢的萌发。

一、促梢老熟

在秋末，对已开始转绿、枝条柔软未老熟但估计能在花芽分化前能老熟的末次梢，应用叶面肥促其尽快转绿，进入花芽分化。每 10 d 喷 1 次叶面肥，连喷 2～3 次。可选用以下任一组叶面肥喷施：①尿素 30 g＋磷酸二氢钾 30 g＋硫酸镁 15 g，兑水 15 kg；②特丁基核苷酸 1 包＋蔗糖 100 g，兑水 50 kg；③复合型磷酸二氢钾 30 g＋蔗糖 30 g，兑水 15 kg。

二、控梢促花

冬季控梢促花措施主要有断根、环割、环扎、化学药剂控杀等。

(一)断根

断根控梢促花于末次秋梢转绿后的 11 月底进行。秋梢老熟后至冬梢萌发前，全园进行一次性翻犁，深度以 20～30 cm 为宜，把部分须根切断；或在树冠滴水线下松土 10～15 cm，铲断部分须根；或在树冠滴水线处挖宽、深各 30～40 cm 的环状施肥沟或长 100～150 cm 两条对面沟露根，20～30 d 后施入有机肥、土杂肥等，然后覆土。

(二)环割环剥

在末次秋梢老熟后，对生长过旺的幼年结果树或多年不结果或少结果的壮旺成年树可采取环割环剥促花。环割方法:在主枝或副主枝上,用刀环割1～3圈深达木质部。环剥方法:在主枝或副主枝上用刀或专用环剥刀环剥螺旋1～1.5圈,环剥宽度0.2～0.4 cm。

(三)化学药剂控梢

末次枝梢老熟后,叶色浓绿且未萌发冬梢的植株,可喷施植物生长调节剂,抑制冬梢萌发,同时可增加结果母枝内促花激素的含量,促进成花,提高雌花比例。可选用以下任一组:①15% 多效唑可湿性粉剂165 g+50 kg水;②40%乙烯利11～15 mL+比久15 g,兑水15 kg;③40%乙烯利11～15 mL+15%的多效唑30 g,兑水15 kg;④花果灵2包+蔗糖100 g+特丁基核苷酸1包,兑水50 kg;⑤荔枝控梢促花素100 mL+蔗糖100 g,兑水50 kg。使用时,要根据气候条件以及品种、树势选择适宜的药品和浓度,一般气温高,树势稍弱,浓度要低一些;气温低,树势旺盛的,则浓度可高一些。

(四)冬梢处理

对控制不住的冬梢,在刚抽出时,应及时摘除或喷药杀梢,抑制其生长,强迫其进入休眠状态。

1.人工摘除冬梢

当冬梢抽出3～5 cm时,人工摘除,或留1.5～3 cm短截,可以重新萌发花芽。

2.化学药剂喷杀冬梢

当冬梢抽出后,如人工摘除来不及或树冠过高不便摘除,可选用以下任一组药剂喷施:①40%乙烯利60～75 mL+比久15 g,兑水50 kg;②40%乙烯利80～100 mL+35%青鲜素100 g,兑水50 kg;③五氯酚钠300～500 g,兑水50 kg;④杀梢保花素1瓶+蔗糖100 g,兑水50 kg。

讨论与思考

1.叙述荔枝采果后修剪的关键技术。
2.如何培养荔枝适时、健壮的结果母枝?
3.控制荔枝冬梢抽生,促进花芽分化的技术措施有哪些?
4.生产中,如何创造良好的授粉受精条件?
5.简述荔枝人工辅助授粉的技术措施。
6.分析荔枝落花落果的原因,提出保花保果的技术措施。

项目三 龙眼生产

任务一 春季花期管理

一、适当修剪

在1月中下旬，对树体进行适当修剪。剪除弱枝、过密枝、病虫枝和枯枝。特别是末级梢已形成扫帚枝的枝条，根据枝条的粗壮程度，一般留1～2条壮枝，其余枝条疏去。这次修剪，只能疏剪，不能短截。

二、促进春芽萌动

在广西，龙眼的春芽如果能在1月中下旬至2月上旬萌动，可使花芽分化时期处于相对比较低温的条件下，有利于花穗的发育。如果春芽萌动过迟，遇到高温天气，容易造成花穗冲梢，甚至不能成花。所以，如果春芽不能按时萌动，则需要进行“催醒”处理，促其萌动，以顺利通过花芽分化期。遇到下列情况，可采取“催醒”措施：一是冬春久旱，影响秋梢结果母枝顶芽萌动；二是控梢过度，春芽无法按时萌动。如果遇到这两种情形，可在1月下旬或2月上旬适当灌水，使顶芽萌动，同时用0.2%磷酸二氢钾+0.5%细胞分裂素+0.2%葡萄糖进行叶面喷施。

三、催花

当龙眼春芽萌动伸长到4～6 cm时，即可判断是否成花。如果新梢芽点呈现红色，俗称“红点”，而且新梢节间呈现“密集状”，则说明花芽分化好。否则，说明成花不好，需要进行催花处理，即用250 mg/L乙烯利+ 300 mg/L多效唑混合液喷洒新梢，促进花芽形成。

四、培养短壮花穗

龙眼常因冬春偏暖而形成大而长的花穗，雌花比例低，坐果率低。培养短壮的花穗，可以减少养分消耗，提高雌花比例和坐果率。生产中主要通过以下两个措施来培养短壮花穗。

(1)在现蕾期，用40%乙烯利10～15 mL+多效唑50 g+磷酸二氢钾100 g，兑水50 kg喷洒树冠。

(2)当花序主轴长 10 cm 左右时摘顶,控制花序主轴的伸长,促使抽发短壮花穗。当花穗发育完成至开花前,再次短截花穗中过长的侧穗,保留穗长 20～25 cm。

五、龙眼"冲梢"的处理

(一)造成龙眼"冲梢"的原因

"冲梢"就是花穗主轴上的苞片原基发育成叶片,基部叶腋间正在发育的花蕾逐步缩小脱落,严重时完全发育成营养枝。

龙眼树体内通过生理分化,就有了开花的基本条件,但温度决定龙眼花穗发育的方向,若抽穗过程中气温在 12℃以下,花穗上的小叶就可自行脱落,花蕾得到适宜的发育条件,顺利地完成形态分化,最后形成良好的花穗;若气温在 18℃以上,连续 3 d,花穗中的小叶展叶转绿,出现"冲梢"。龙眼"冲梢"的形式有两种:一是 2 月中下旬至 3 月上旬遇到高温,形成"叶包花";二是 3 月下旬至 4 月上旬遇到高温,形成"花包叶"。

(二)防止龙眼"冲梢"的技术措施

(1)促进龙眼春芽适时萌动,使龙眼的花穗在 2 月份稍冷的气温条件下缓慢地发育成纯花穗,是防止花穗"冲梢"最有效的措施。

(2)当花穗主轴抽 5～6 cm 时,喷洒 300～400 倍细胞分裂素,促进花穗迅速发育,可以防止"冲梢"的出现。

(3)花穗摘心

当花穗主轴抽生至 10 cm 时,将花穗主轴摘去 1～2 cm,促进侧穗抽生,可防止后期"花包叶"的"冲梢"出现,促使花穗正常发育。

(三)出现"冲梢"后的处理措施

1.人工摘除嫩叶

发生"冲梢"时,人工摘除花穗上的嫩叶,只留下叶柄,每隔 2～3 d 摘一次,防止叶片长大,减少养分消耗,直至形成纯花穗为止。

2.喷洒植物生产调节剂

花穗发生"冲梢"初期,每隔 7 d 喷洒一次 150～250 mg/L 乙烯利溶液,可以使花穗上的嫩叶停止生长,并逐渐萎蔫脱落。

六、施壮花肥

在 3 月下旬至 4 月中旬,当纯花穗已分化完成,大部分花蕾已饱满但尚未开花前施用,肥料用量占全年 40%～50%,有机肥和专用肥各占一半。以株产鲜果 50 kg 计算,株施有机肥 25 kg+尿素 0.25 kg+氯化钾 0.75 kg+钙镁磷肥 1 kg。在树冠滴水线向内开环状沟,均匀施入,施后盖土。壮花肥不宜过早施和偏施氮肥,以免引起花穗徒长。施好壮花肥,能及时补充树体的营养亏缺,对壮大花序,提高花穗质量,减轻第二次生理落果,提高坐果率,保证幼果生长发育所需的养分有显著作用。

七、花期放蜂

龙眼雌花经过授粉受精后才能发育成正常的果实。龙眼是雌雄异花的虫媒花。花粉传播除风力外，主要以昆虫传粉为主。果园放蜂或引苍蝇传粉是最简便而有效的方法，一般每公顷果园配置 7～15 箱蜂，可以提高坐果率。

八、适时适量疏花

当龙眼开花过多时，会消耗大量营养，降低坐果率。合理疏花，可有效提高坐果率。另外，龙眼枝梢顶端优势较强，结果期间，果穗下部侧芽不易萌发抽生枝梢，结果越多，夏秋梢抽生越少，采果后的秋梢也常因树体营养不足和气候等原因而较难成为良好的结果母枝。因此，生产上可进行适时、适量的疏花，减少养分消耗，提高坐果率，同时，促发晚春梢或早夏梢作为夏延秋梢结果母枝的基枝。

在龙眼开花前，将弱穗、病虫穗、过密穗疏除。长势中庸的树每平方米树冠选留 8～10 个粗短的花穗即可。生产中可以根据不同的树势区别对待：树势强壮的，疏去总花量 30% 的花穗；树势中等的，疏去总花量 40%～50% 的花穗；树势弱的，疏去总花量 60%～70% 的花穗。疏花的原则是：疏去弱花穗、病花穗、顶部花穗和局部过密的花穗。

九、保果

在雌花谢后 10 d 内，采取保果措施，树冠喷施叶面肥和微量元素，如采用 25 mg/L 农用核苷酸＋0.1%硼砂，或 5 mg/L 三十烷醇＋3 mg/L 2,4-D ＋0.2%葡萄糖喷洒树冠 1～2 次，可以提高坐果率，改善果实外观，提高品质。

十、防治病虫害

龙眼春季病虫害主要有荔枝椿象、蒂蛀虫、尺蠖幼虫、霜霉病等。应注意防治，防治方法参见荔枝病虫害防治。

任务二 夏季果实生长期管理

龙眼坐果后至果实成熟期管理的好坏，肥水的丰缺，既关系到当年的产量，又关系到来年结果母枝的形成。这一时期的管理主要做好以下几个方面的工作。

一、疏果

植株结果过多，往往造成长势衰弱，夏梢抽生少而弱，果实小、品质差，大小年明显。因此，要根据树势、树冠大小来控制单株产量，调节生长与结果的矛盾，提高果实品质，克服大小年结果。一般是在第二次生理落果结束，幼果有黄豆大时进行疏果。疏果时，先把果穗基部、中轴附近过密和横生的小穗剪去，再疏去小果、过密果，使果实分布均匀。

疏果时，留果量的确定可根据品种、长势、结果母枝质量来定。在结果母枝生长中庸的情况下，一般大果型品种如大乌圆，每穗留果 30～35 粒；中果型品种如储良，每穗留果 40～45 粒；小果型品种如石硖，每穗留果 50～55 粒。在实际操作中，常常根据结果母枝的粗度和预计的单果重来决定单穗留果量，如石硖品种可参考表 3-1 确定留果量。

表 3-1 石硖龙眼结果母枝质量与适宜留果量

结果母枝粗度/cm	留果量/(粒/穗)	预计单果重/g
1.0～1.5	80～60	8.5～10.0
0.7～0.9	60～40	6.8～8.0
0.4～0.6	40～20	5.5～6.2

二、施肥

果实膨大期植株负载重，营养消耗大。从开花坐果开始，果实发育经历种胚的发育、子叶的发育、果肉发育三个需肥量较大的阶段。根据果实发育三个阶段的不同需要，施肥也分三次完成。

1. 稳果肥

在 5 月中下旬，此时是根系生长旺盛和胚的发育时期，同时也是第一次夏梢充实生长期，如肥水不足则生理落果严重，所以必须进行施肥灌水。稳果肥占全年施肥量的 30%，按株产 50 kg 计算，株施复合肥 1 kg＋尿素 0.5 kg＋氯化钾 0.5 kg。作用：一是补充果实增大对营养的需要，促进幼果发育，减少落果；二是减少果实发育和夏梢发育的养分矛盾，促进夏梢粗壮。

2. 壮果肥

壮果肥在 6 月下旬施用，此时正值种子子叶发育时期，果实迅速膨大、果肉增厚，施肥对增加产量、提高果实品质有显著作用。壮果肥占全年施肥量的 20%，以钾肥为主，以每 50 kg 结果量施复合肥 0.5 kg、钾肥 1 kg，尿素 0.25 kg。

3. 采前肥

7 月下旬龙眼种子已转色，果肉迅速增厚，营养物质迅速积累。此次施肥占全年施肥量的 10%，目的是促进果实后期生长和采后树体的迅速恢复及秋梢萌发。按株产鲜果 50 kg 计，每株施尿素 2 kg＋过磷酸钙 2 kg＋氯化钾 1 kg 或施粪水 100 kg＋复合肥 1 kg＋尿素 1 kg，开环状沟施下，然后盖土。

三、病虫害防治

果实膨大期间危害果实的病虫有龙眼鬼帚病、爻纹细蛾、角颊木虱等，这时期如果不注意防治，往往引起大量落果或果实发育不良。

1. 龙眼鬼帚病

又叫丛枝病、扫帚病，属于病毒性病害，受害幼叶狭小、叶缘卷曲不能展开，弯曲畸形，呈黄褐色，整个枝梢呈扫帚状，故有丛枝病、鬼帚病之称。防治方法：①发生丛枝病穗和丛梢要及时剪除，并集中烧毁，减少病源；②在生长期加强栽培管理，提高树体抗病能力；③防治荔枝椿象和角颊木虱等媒介昆虫，控制病害蔓延。

2. 爻蚊细蛾

又名爻蚊蛾。主要为害龙眼的嫩叶、嫩梢及花果穗，造成严重落花落果。防治方法：①用杀虫脒水剂 200 倍液，或乐果 1 000 倍＋敌百虫 1 000 倍混合液防治。②剪除或喷施药剂抑杀冬梢，减少爻纹细蛾冬季食物来源，减少越冬虫口。

3.龙眼角颊木虱

可用80%敌敌畏800～1 000倍液或20%吡虫啉3 000～5 000倍液或2.5%三氟氯氰菊酯3 000～5 000倍液喷雾防治。

四、果实采收

果实进入成熟期，必须及时采收，延误采摘，糖分下降，果实变轻，也易遭受虫、鼠、鸟为害和自然过熟落果，造成损失。

龙眼果实成熟的标准：一是果皮由青色转为该品种特有的褐色，由厚而粗糙转为薄而平滑；二是果肉由坚硬变为柔软而富有弹性，固形物达到该品种特有指标；三是种子由紫红变黑褐色。用于制干的宜充分成熟时采收，用于制罐头或远程运销的则在9成熟时采收。如果果皮出现紫褐色斑点、果实脱落、褪色、褪糖现象，则已经过度成熟。采果应在晴天上午、下午低温时进行，雨天、中午阳光强烈时采收，果实容易腐烂或脱水。龙眼采果的位置一般在果穗基部与结果母枝交界处，即带1～2张复叶的部位剪断，果枝要剪平，保留果梗有利于给果实提供水分养分，以增加贮运性能。装箱装箩时要穗梗向内，分层装垫整齐，不能加压碰伤。采果时要尽量做到轻采、轻放，尽量避免机械损伤，更不可丢摔果穗或在阳光下暴晒，要及时运至阴凉处，并进行分级、包装、贮运保鲜和销售。

任务三 秋季结果母枝的培养

在秋季8～10月份的3个月管理中，是次年龙眼丰产关键时期。要及时增施采后肥，加强水肥管理，恢复树势，促进秋梢的萌发，把秋梢培养成强壮的结果母枝，为次年高产稳产打下基础。

龙眼的结果母枝有3种类型：夏延秋梢、采果枝秋梢和老枝秋梢。其中，夏延秋梢的成花和结果能力最强。因此，培养数量多、质量高的夏延秋梢是龙眼稳产的基础。

石硖龙眼最理想的结果母枝标准：梢中部粗度0.6～0.9 cm、长度20 cm以上，复叶数6张以上，叶片没有受到病虫的严重危害，叶片厚绿。

一、夏延秋梢的培养

在5月前结合疏花疏果，对过多的果穗进行短截或回缩（结果枝与营养枝的比例1∶0.5左右），回缩的剪口粗度以2 cm左右为宜，使剪口下尽早萌发1～2次夏梢，在其上再适时萌发1～2次秋梢，然后在第一次秋梢萌发后及时进行疏芽，每枝基枝只保留1条健壮的秋梢。二次秋梢萌发之后进行疏芽，每枝基枝只留1条健壮秋梢。回缩后枝条当年能抽出4次以上新梢，枝条充实，是次年良好的结果母枝。

二、采果枝秋梢的培养

1.采果后及时修剪

采果后及时修剪，对当年的结果枝进行短截，疏剪病虫枝、纤弱枝、过密枝等，可减少养分消耗，增强树冠通风透光，促发整齐而健壮的秋梢。

2.施采果前后肥

对于结果多、树势弱的植株，采果前半个月和采果后施两次肥，促使树势尽快恢复，促发适时健壮的秋梢。每株施用复合肥 2 kg。

3.灌水促梢

施肥后，若久旱无雨，需及时灌水，用干草或垃圾进行树盘覆盖保湿，促使秋梢抽出，并在花芽分化前充分老熟。

4.疏芽定梢

秋梢萌发生长 3～5 cm 时，每条基枝留 1～2 条秋梢作为结果母枝，多余的秋梢全部抹除。一般株产 50 kg 的树冠，只需留 80～100 条梢作结果母枝即可。

5.喷施叶面肥促梢

喷施叶面肥对调节龙眼树势、促发抽梢和催梢老熟有着重要的作用。对结果多、树势较弱的植株，修剪后或秋梢抽生期喷施 0.2%～0.4%的尿素溶液或市面上购买的各种叶面肥，10 d 喷一次，连喷 3～5 次，可尽快使树势恢复，促进秋梢生长。

三、防虫护梢

在新梢刚展叶和转绿前各喷一次农药，做到"一梢两药"。根据角颊木虱、亥麦蛾、蒂蛀虫的危害特点，在每次新梢幼叶刚展开时和转绿前各喷一次 90%敌百虫 800 倍液或 44%速凯乳油 1 000 倍液。

任务四 冬季控梢促花

冬季控梢促花是指控梢冬梢的抽生，促进花芽分化。龙眼花芽分化期分两个阶段，即生理分化期和形态分化期。一般生理分化期在 1 月中旬至 2 月初。龙眼花芽分化必须具备三个条件：即积累足够的营养物质、适度的低温和适度的干旱。

抽生冬梢消耗树体大量营养物质，减少花芽量，甚至不能成花。因此，必须控制冬梢抽生，使秋梢在 12 月至翌年 1 月下旬充分老熟，积累足够的养分，促进花芽分化。

一、冬梢抽生的主要原因

一是施肥不当。末次秋梢老熟后施肥，特别是施用含氮肥料，容易引发冬梢。二是修剪不当。在末次秋梢老熟后修剪，特别是短截修剪，会引发冬梢的抽生。三是冬暖多湿。冬季一旦出现小阳春气候，气温高，降雨增多，极易诱发冬梢。

二、控梢促花措施

1.培养适时的末次秋梢

在广西，龙眼在 9 月上中旬抽梢，11 月上中旬成熟的秋梢作为结果母枝较为适宜。但较壮旺的植株遇冬暖、雨水多时易抽生冬梢。为此，对树体壮旺、有灌溉条件的果园，在采果前

15～20 d重施一次肥，促使抽生早秋梢，早秋梢老熟时再施一次肥，并灌水，促使抽生二次晚秋梢。当晚秋梢小叶充分展开转绿时，叶面喷施0.1%磷酸二氢钾+0.1%硼砂1～2次，或喷0.05%绿旺2～3次，提高晚秋梢的质量，以晚秋梢作为结果母枝，达到控冬梢促进花芽分化的目的。

2.松土断根

对树势较旺，有可能抽冬梢的，于11月中下旬对果园树盘表土松土一次，松土深度15～20 cm；或在树冠滴水线外侧挖深30～40 cm、宽20 cm的环状沟，切断部分须根，以防止冬梢抽发，促进秋梢花芽分化，到2月上旬再在沟内施有机肥，覆土。

3.环割环剥

对长势过旺的植株，可采取枝干环割环剥的方法，削弱生长势，控制冬梢的抽生，促进花芽分化。环割：在秋梢老熟后，用电工刀或缺损锯片对树干进行闭合式环割一圈，深达木质部；螺旋环剥：在一、二级分枝处10～15 cm以上、树皮较光滑的部位用刀进行螺旋环割2条间距0.2～0.3 cm的双割线，深达木质部，将双割线间的皮层剥除，环剥线间的间距为3～4 cm，上剥口与下剥口之间互相交叉半圈。一般每株树要留下部1～2条分枝不环割，让其养根。环割环剥的时间在11月底至12月中旬，环割的伤口一般一个半月左右能愈合，割得过早影响晚秋梢的老熟，割得过迟影响春梢的抽发。

螺旋环剥控冬梢，促进花芽分化，是近年比较普遍使用的技术手段。必须强调的是螺旋环剥后，禁止同时采用伤根措施，其他控梢促花措施也不宜混用，否则造成伤势过重，致使树势衰退。

4.化学药剂控梢促花

10月中旬至11月上旬已充分老熟的秋梢，遇冬季温暖多雨，易抽生冬梢，应及时喷洒化学药剂抑制。当秋梢小叶全部展平时，喷一次300～500 mg/L多效唑+0.1%～0.2%绿芬威1号，或500 mg/L多效唑+0.2%～0.3%磷酸二氢钾，可壮秋梢，缓和秋梢的营养生长，避免抽生冬梢。

如出现抽发冬梢现象，树冠喷洒300 mg/L乙烯利一次，可抑制冬梢20～30 d不抽发。

对12月上旬才转色的晚秋梢或早冬梢，可用160～240 mg/L乙烯利+500～600 mg/L多效唑+0.3%葡萄糖混合液喷施，可促进花芽分化。

5.喷施叶面肥

入冬后，通过多次喷施以磷、钾为主的叶面肥，对促进秋梢老熟和花芽分化有显著作用。

三、冬梢抽生后的处理

1.喷洒乙烯利

在冬梢萌发3～5 cm时喷洒300 mg/L乙烯利或荔枝杀梢促花素20 mL兑水20 kg杀梢，能有效控制冬梢生长。

2.人工摘除冬梢

对已抽发的少量冬梢，可采用人工摘除或用竹竿打断冬梢。

任务五 冬季土壤管理

一、深耕改土，增施有机肥料

冬季对果园进行深耕改土，增施有机肥料，可改善果园土壤结构，增加土壤的通气、保水和保肥能力，增强土壤肥力，使根系有良好的生长环境。同时，更新龙眼根群，提高根系活力，为次年的开花结果打下良好基础。

以11月中旬至12月下旬进行为好，这时期龙眼秋梢已开始老熟，深耕断根既不影响秋梢的抽生，还能抑制冬梢的抽发。在树冠滴水线处挖深约40 cm的环状沟，沟的大小和长度根据肥源多少而定，用绿肥、间作物秸秆、杂草及土杂肥、有机肥回填，盖土。

二、冬翻培土

冬翻时间在12月份至次年1月份进行，可以用拖拉机犁或耙，也可以人工翻锄。通过全园翻犁，适当切断部分老根，抑制根群生长，减少养分、水分向上输送，达到控制冬梢生长的作用。龙眼根为菌根，是好气性根。通过中耕除草可以疏松根际的土壤，增加土壤透气性，防止土壤龟裂和板结，促进土壤微生物的活动。冬季中耕，还可消灭地下越冬的虫卵，减少来年病虫害的发生。

对树盘进行培土可增厚土层，防止根系裸露。南方地区龙眼园大多属于山地红壤，土地瘠薄，因此，每年冬翻后，有条件的在树盘上铺上肥泥或垃圾，可增厚土层，增加土壤肥力。

三、树盘覆盖黑色薄膜

有条件的果园，在树盘下覆盖黑色薄膜，可以提高土壤温度，保持根系活动，促进花芽分化，并可减少春夏季杂草的生长。

讨论与思考

1. 如何培养良好的龙眼结果母枝？
2. 怎样预防龙眼出现冲梢现象？出现冲梢后如何处理？
3. 简述龙眼疏花疏果的意义。如何进行龙眼疏花疏果？
4. 如何控制龙眼冬梢抽生，促进花芽分化？
5. 如何克服龙眼大小年结果现象？

项目四　杧果生产

任务一　春季花期管理

杧果的花期是指从花芽萌发至花序上最后一朵小花凋谢所经历的时间段。整个花期可分为两个阶段:花序伸长期和小花开放期。不同地区的杧果花期因气候条件和种植品种不同而有所差异。

一、土肥水管理

1. 土壤施肥

花芽萌发时即施用壮花肥。施肥种类和施肥量依树势强弱而定:树势较好的,每株施等量式复合肥 0.2～0.3 kg、钾肥 0.2～0.3 kg;树势中等的,每株施复合肥 0.3～0.5 kg、尿素 0.2～0.3 kg;树势较弱的,每株施复合肥 0.5～0.7 kg、尿素 0.3～0.4 kg。在树冠滴水线内侧 20～30 cm 处挖深约 15 cm 的环状沟,把肥料均匀撒入沟内,覆土。施肥最好在降雨前或雨后土壤湿润时进行,否则施后需淋透水,以提高肥效。

2. 根外追肥

花芽萌发后,每隔 10 d 树冠喷施 1 次 0.3%尿素+0.3%磷酸二氢钾或其他多元素叶面肥;花序伸长中期至谢花期,树冠喷施 2～3 次 0.1%～0.3%硼酸+350 倍氨基酸钙或 800 倍氨基酸钙宝,促进花器发育。根外追肥可与病虫害防治结合喷施,以提高工效,降低成本。

3. 水分管理

花期至坐果期间,如果遇干旱天气,需及时淋水。盛花期若遇持续高温干旱天气,隔天于上午 10～11 时和下午 3～5 时树冠雾状喷水 1 次,增加果园空气湿度,以利于授粉受精。

二、促进授粉受精

1. 饲养丽蝇

在花序伸长期,将 9 份黄豆粉、1 份鱼粉配成混合饲料装入塑料盆中,放在丽蝇聚集的地方,让其产卵,然后搬回果园,隔行隔株放置 1 个饲养盆于阴凉树杈处。至盛花期即可繁殖出丽蝇,上树传粉。

2. 引诱苍蝇

在开花期，如果园周围已有较多苍蝇，可直接将饲养盆放置于果园中引诱苍蝇。也可用死鱼、猪肺等动物内脏、鸡粪、猪粪、牛粪、鱼粉、蔗渣等物撒放在果园行间，或装袋淋湿后，开口吊挂在树枝上，引诱苍蝇上树传粉。

三、喷施植物生长调节剂保花

开花期喷施 50～70 mg/L 防落素 2～3 次，保花效果良好。

四、疏花、疏梢、摘幼叶

(1)花序长 5 cm 至开花前，末级梢抽花率大于 70%的植株，适当疏除部分弱小、过密、内膛和下垂的花序；末级梢抽花率不足 50%的植株，及时抹芽疏梢(图 3-1)。

(2)有花序"冲梢"现象(穗中带叶)的，在花序伸长初期、幼叶尚未完全展开时摘除幼叶，减少营养消耗。摘叶时只摘去叶身部分，留下叶柄，以减少对花序的影响(图 3-2)。

图 3-1 杧果的纯花序

图 3-2 杧果的花序"冲梢"

五、防治病虫草害

花期的主要病害有炭疽病、白粉病、细菌性叶斑病等；主要虫害有茶黄蓟马、扁喙叶蝉和叶瘿蚊等。

1. 病害防治

(1)炭疽病 花期温暖多雨年份容易发生。主要为害嫩梢、叶片、花序和果实，从花芽萌发时即可为害，在开花期为害加重。可在花期选用可杀得、阿米西达、凯润、施保功、世高等药剂＋大生 M-45 混合液喷洒 2～3 次，每次间隔 7～10 d。

(2)白粉病 花期温暖干旱年份容易发生。主要发生在开花期，为害花序和幼果。可在开花期选用硫黄悬浮剂、世高、粉锈宁乳油、腈菌唑乳油、翠贝(醚菌脂)、三唑酮等药剂防治，喷洒 1～2 次，每次间隔 5～7 d。

(3)细菌性角斑病 主要为害枝梢、叶片和果实。可在花期结合防治上述两种病害，选用可杀得或凯润或绿乳或噻唑锌＋大生 M-45＋农用链霉素或春雷霉素喷洒 1～2 次，每次间隔 7～10 d。

2. 虫害防治

在虫害为害初期及时喷药防治。

(1)茶黄蓟马 主要为害嫩梢、叶片、花序和幼果。花序长 3～5 cm 时，选用水胺硫磷、万灵水剂、鱼藤精、氯氰菊酯等药剂喷洒 2～3 次，每次间隔 7～10 d。

(2)扁喙叶蝉 主要为害嫩梢、叶片、花序和幼果。发生初期，选用敌敌畏＋敌百虫混合液、速灭杀丁、功夫、叶蝉散等药剂喷洒 2～3 次，每次间隔 7～10 d。

(3)叶瘿蚊 主要为害嫩叶。在嫩梢 3～5 cm 时，选用速灭杀丁、氯氰菊酯、敌杀死等药剂喷洒 2～3 次，每次间隔 7～10 d。因叶瘿蚊幼虫老熟后于果园土表下 3～5 cm 处化蛹，喷药应注意树冠和果园地面一起喷，才能起到良好的防治效果。

3. 除草

在果园杂草开花结籽前或杂草生长到一定高度时，喷洒草甘膦或百草枯杀灭杂草。喷施草甘膦时加入 0.2%～0.3%的洗衣粉、硫酸铵等表面活性剂可以增强除草效果。

防治病虫草害用药应注意：①各类药剂轮换使用，避免产生抗药性；②使用浓度按厂商使用说明书；③不同药剂混用时应即配即用；④喷药后 4 h 内如遇中到大雨，雨后要及时补喷。

任务二 果实生长期管理

一、土肥水管理

1. 及时灌水

谢花后至果实迅速膨大期，如遇连续干旱天气，需进行树盘灌水，促进坐果和幼果正常生长发育。

2. 追施壮果肥

对结果多的植株要适当追施壮果肥。每株施等量式复合肥 0.3～0.5 kg＋钾肥 0.5 kg。结合病虫害防治，每个月喷施 0.2%～0.3%磷酸二氢钾或其他高钾高钙多元素叶面肥 2～3 次。

二、保果护果

1. 喷施植物生长调节剂

谢花后 1 周，喷施 1 次 30～50 mg/L 防落素＋0.2%磷酸二氢钾；谢花后 2～3 周，喷施 1～2 次 30～50 mg/L 赤霉素＋ 0.3%尿素。以减少落果，促进幼果生长。

2. 剪除空穗和尾穗

坐果稳定后，及时剪除树冠上无果的空花序和有果花序的尾穗花梗，以免擦伤幼果。

3. 疏果定果

为提高果实外观品质和增进内质，对结果多的花序要进行适当疏果。一般在谢花后 30～45 d 进行，疏去果穗上发育不正常、病虫为害、有机械伤和过多过密的幼果。小、中果型品种每穗留果 2～4 个，大果型品种每穗留果 1～2 个，留下的果实之间要有一定间距，以免果皮互相擦伤结疤或引发病害。

4.控梢保果

挂果量较少的植株，往往会抽发大量春梢，需及时抹除过多的春梢，减少养分消耗，使养分集中给幼果生长。

5.果实套袋

在第二次生理落果后或采果前45～50 d进行果实套袋。套袋前7～10 d，对果园全面喷洒1次杀虫、杀菌药剂，套袋当天再喷药1次，待药液干后套袋(要求当天喷药的果实当天套袋)。

套袋材料的选择依果皮颜色而定。青果绿皮、熟果黄皮的品种，宜选用灰黄单层、白色单层或外黄内黑复合专用纸袋；红皮或紫红果皮的品种，可选用白色单层纸袋或外灰内红复合专用纸袋。

6.拉枝、吊果、撑果

随着果实重量的不断增加，果枝因重力而下垂，会造成枝条断裂、枝果摩擦损伤果皮，下垂到地面的果实遭地下害虫危害和泥土污染。因此，在果枝开始下垂时，需在树冠四周围立支架或在植株中央立支柱进行拉枝、吊果、撑果，使果枝分布均匀，抬高树冠下部的果枝。

三、夏季修剪

疏果定果后即可进行必要的修剪。疏除无果的内膛枝、过密枝、病虫枝、弱枝以及株间交叉枝，特别要疏除遮挡在果实上部的无果枝叶，使果实暴露，充分受光，减少病虫害及改善果实外观品质。对挂果量较少的植株，需及时抹除过多的春梢，使养分集中给幼果生长。

四、病虫害防治

挂果期的主要病害有炭疽病、细菌性角斑病、大茎点霉叶斑病、小点霉褐星病、枝干流胶病等；主要虫害有茶黄蓟马、叶瘿蚊、横线尾夜蛾、扁喙叶蝉、毒蛾、杧果实蝇、果肉象甲等。

1.病害防治

(1)炭疽病　幼果期喷洒2～3次凯润＋可杀得、阿米西达、施保功或大生M-45，每7～10 d喷洒1次。之后可每个月喷施1～3次大生M-45或代森锰锌等保护剂或阿米西达、百泰等治疗剂进行防治。

(2)细菌性角斑病、大茎点霉叶斑病、小点霉褐星病　在发病初期，选用噻唑锌＋凯润、噻唑锌＋春雷霉素或农用链霉素、可杀得＋春雷霉素或农用链霉素等药剂喷洒2～3次，每次间隔7～10 d。

(3)枝干流胶病　刮除病部后，用80～100倍多菌灵泥浆或铜素杀菌剂泥浆涂抹病部。

2.虫害防治

(1)杧果实蝇和果肉象甲　主要为害果实。防治方法：①及时果实套袋；②利用杧果橘小实蝇成虫喜欢在即将成熟的黄色果实上产卵的习性，采用黄色黏板诱捕成虫；③用性引诱剂与敌敌畏按10∶2的比例混匀，用普通注射针筒吸取药液后注入棉花团，或将软化的番石榴、杧果等果实捣烂后混入95％敌百虫500倍液，＋3％的糖醋液，进行诱杀。

(2)横线尾夜蛾(钻心虫)　主要为害嫩梢和花序。在花序或新梢长3 cm左右时，选用敌百虫或敌敌畏＋乐果、速灭杀丁、敌杀死、稻丰散等药剂连续喷洒2～3次，每次间隔7～10 d。

(3)毒蛾　为害新梢、嫩叶、花序和幼果。在为害初期，选用杀虫灵1号、速灭杀丁、敌杀死、安绿宝、水胺硫磷等药剂连续喷施2～3次，每次间隔7～10 d。

其他虫害的防治用药参考任务一的“虫害防治”，每个月喷药防治1～2次，每次间隔7～10 d，采收前20 d停止用药。

五、除草、排积水

及时清除果园杂草，收集落果并集中填埋。大雨过后及时排出果园内积水。

任务三　果实采收及采果后管理

杧果从开花到果实成熟一般需要110～130 d。不同栽培区域和不同品种成熟期不同，我国杧果主产区一般在5～10月份果实成熟。

一、果实采收

判断果实成熟的方法：果实表面显现本品种的固有特征，果面由青绿转为灰绿，果粉明显，或将果实摘下浸入水中，果实浮于水中，表明果实成熟，可以采收。

(1)采前2～3周树冠喷施1～2次劲大多或氨基酸钙进行补钙，可以提高果实品质和耐贮性。

(2)果实成熟后应及时采收上市。果实采收最好选择在晴天进行，雨天不宜采收。

(3)采收时应做到“一果两剪”：第一剪留果柄长5 cm左右，第二剪在离果蒂1～2 cm处剪去果柄，避免果蒂流胶污染果面，影响外观质量。采收过程应尽量做到无伤化。

(4)采收下树的果实不宜放在太阳下暴晒，应及时放置于阴凉处，并进行包装处理。

二、土肥水管理

1. 施攻梢肥

采收后至修剪前，应及时施攻梢肥。施肥量依树冠大小、树势强弱和当年结果多少而定，一般成年大树每株施1～1.5 kg等量式复合肥+0.25～0.5 kg尿素，当年结果少、树势旺的树施肥量可适当减少，以施复合肥为主。

施肥方法是在植株两侧、树冠滴水线内挖深20～30 cm、长约1 m的施肥沟，把肥料均匀撒入沟内，覆土并淋透水。

2. 淋水促梢

修剪后至10月上旬，如遇严重干旱，应及时淋水，以确保新梢正常生长。

3. 根外追肥

在每次新梢伸长期和转绿期，结合病虫害防治，分别1次喷施0.2%～0.3%尿素+0.1%～0.2%磷酸二氢钾或其他叶面肥进行根外追肥，以促进叶片转绿，促进根系生长。

三、采后修剪

果实采收完毕后应及时修剪，促进新梢抽生，培养适时、健壮和疏密度适宜的次年结果母枝。

【技能训练】3-3 杧果采后修剪

一、实训目的

通过实训，掌握杧果采后修剪的基本技能。

二、材料与用具

材料：果实采收完毕后的杧果树。

用具：枝剪、手锯、轻便人字梯、柄长约 1 m 的木钩。

三、实训提示

1. 修剪植株的大小要适中，注意安全操作。

2. 每小组 2～3 人，最好男女生搭配，共同完成 3～5 株树的修剪任务。

四、实训内容

杧果采后修剪的顺序是："从大到小、从上到下、从里到外。"对比较高大的植株，在确保安全的前提下，操作人员可以爬到树上实施修剪，够不着的枝条可使用长柄钩或人字梯等辅助工具。

(1)观察所要修剪的植株，整体把握植株的树形结构，锯除或回缩影响植株骨架结构的大枝条。

(2)回缩中心干延长枝，控制树冠高度。

(3)疏除过密枝、交叉枝、衰弱枝、病虫枝、干枯枝，使枝组间保持一定的间距，改善树冠光照条件。

(4)短截结果枝、过长的营养枝、衰退枝，促进秋梢萌发。

(5)回缩树冠之间的交叉枝，使树冠之间保持一定的间距，防止树冠过度扩展，造成果园郁蔽。

(6)把剪除的枝条全部清理到树下地面，搬出果园外集中堆放。

修剪效果：修剪后，植株骨干枝主次分明、结构合理；侧枝上各枝组、各枝条分布合理，占据足够的空间；整个树冠具有一定的层级结构，呈凹凸不平的空间层面(图 3-3)。

图 3-3 杧果采后修剪效果图

五、实训报告

通过实训，总结出杧果采后修剪的注意事项。

六、考核评价

考核目标	考核要点	等级分值				考核说明
		A	B	C	D	
态度	时间观念，吃苦耐劳精神，团结协作能力，安全意识，材料用具准备。	20	16	12	8	1. 考核方法：采取现场小组考核形式。 2. 实训态度：根据学生现场实际表现确定等级。
操作技能	1. 按时按质按量完成修剪任务。 2. 正确使用枝剪、手锯、人字梯等工具。 3. 合理使用疏剪、短截、回缩等修剪方法。 4. 修剪方法、步骤正确。	50	40	30	20	
实训报告	结合实际操作情况，总结杧果采后修剪关键技术及操作体会。	30	25	20	15	

四、采后清园

采果后，将果园内的落地果、病果、烂果集中深埋。修剪后，清除果园中的枝叶和杂草，集中到园外烧掉或就地深埋。全园喷洒 1 次 800 倍的敌敌畏药液。

五、疏芽疏梢

修剪后，如萌发抽生的新梢过多过密，需要进行疏芽疏梢。疏芽一般在芽长 3～5 cm 时进行；疏梢在新梢叶片转绿后进行。应以疏芽为主，疏梢是对疏芽不及时的一种补充措施。疏芽疏梢的原则是：粗壮枝、直立枝抽发的新梢多留，每个剪口留长势均匀的芽 3～5 条；细弱枝、下垂枝抽发的新梢少留，每个剪口留芽 1～2 条，其余从基部抹除。

至 11 月上中旬末级梢基本定型时，可再次疏除树冠内无用的过密枝、荫蔽枝、细弱枝、强旺直立枝、严重下垂枝和严重病虫枝，确保树冠枝叶分布均匀，减少无用枝数量。

六、病虫害防治

此期为害杧果植株的主要是虫害，部分虫害伤口也会引发病害。所以，重点是防虫保梢，兼顾病害防治。

1. 虫害防治

修剪后为害新梢的主要虫害有叶瘿蚊、茶黄蓟马、扁喙叶蝉、切叶象甲、横线尾夜蛾等。

(1)叶瘿蚊、茶黄蓟马、扁喙叶蝉、横线尾夜蛾　当新梢长至 2～3 cm 时，选用氯氰菊酯＋吡虫啉、阿维菌素＋吡虫啉或功夫等药剂连续喷洒 2～3 次，每次间隔 5～7 d。

(2)切叶象甲　主要为害嫩叶。及时收集烧毁被切断掉在地上的嫩叶，以消灭其中的虫卵和幼虫；嫩梢期，选用敌百虫、敌敌畏、乐果、敌杀死、速灭杀丁等药剂连续喷洒 2～3 次，每次间隔 5～7 d。

2.病害防治

修剪后为害新梢的病害主要有细菌性角斑病和炭疽病，可于每次嫩梢长 3～5 cm、幼叶展开时喷药防治 1 次，1 周后再喷 1 次。所用药剂参考前述。

七、土施多效唑促花

对比较难成花的品种和树势旺盛、枝梢粗壮的植株，于 8 月下旬至 10 月上旬土施多效唑，可以促进成花。大树一般每株施用 15%多效唑可湿性粉剂 25～50 g，沿着树冠滴水线内侧挖环状浅沟，将药剂兑水后均匀淋到沟内，覆土即可。

任务四　冬季管理

一、冬季清园

(1)11 月下旬至 12 月，将果园内杂草和枯枝落叶清除出园外烧毁或深埋，以减少次年病虫源。

(2)11 月下旬至 12 月中旬，对树冠和果园地面全面喷洒 1 次 0.3～0.5°Bé 石硫合剂，杀灭越冬病菌和虫卵；12 月下旬全园喷施 1 次 1∶1∶100 的波尔多液，预防病害。

二、树干涂白

为避免害虫在树干上产卵越冬和减少病源，于 11 月下旬至 12 月份，用 10%的石灰水或 1∶6∶40 的波尔多液(0.5 kg 硫酸铜、3 kg 石灰、20 kg 水)对主干和主枝基部进行涂白。

三、促进花芽分化

1.拉枝、环剥

对树势强旺、直立的植株，用绳子绑缚在强旺直立大侧枝的中上部，用力拉下至大于 45°的分枝角度后绑牢于邻株或在地面上打桩，减弱整个大枝生长势，达到促进花芽分化的目的。

于 11 月中下旬至 12 月上旬，在强旺树主枝或侧枝的下部进行环状剥皮，可以促进花芽分化。

2.化学药剂促花

于 11 月下旬、12 月中旬分别树冠喷施 1 次 800～1 000 mg/L 多效唑＋250～300 mg/L 乙烯利＋高磷钾有机类叶面肥；12 月下旬或次年 1 月上旬，树冠喷施 1 次 800～1 000 mg/L 多效唑＋2%～3%硝酸钾＋细胞分裂素(浓度按说明使用)，可以起到促花作用。喷施时注意叶面和叶背都要喷洒均匀。

四、摘除早花

一些弱树、老树或放梢过早的树，会过早抽出花序，可于 1 月中下旬将长度超过 10 cm 的花序分 2～3 批从基部摘除，促使抽生第二次花序。如果此期整株树的花序长度均达 10 cm 以上，则仅摘除其中较长的50%～60%的花序即可。

任务五 四季蜜杧产期调节关键技术

我国杧果成熟期一般在5～10月份，绝大部分在7～8月份成熟，上市期过于集中。根据四季蜜杧一年多次成花的生物学特性，采取一定的调控措施，可以把果实成熟期调节到10～12月份，错开常规品种的上市期。

一、冬季清园

1～2月份进行清园工作：一是铲除果园的杂草，清除果园的枯枝落叶，集中烧毁；二是全园喷洒石硫合剂杀死病菌和虫卵；三是果园撒施石灰；四是树干涂白。

二、施攻梢肥

3月底或4月初，在进行树冠修剪前1周左右，每株施用生物有机肥1.5～2.5 kg＋尿素0.25 kg，或等量式复合肥0.75～1.0 kg＋尿素0.25 kg，在树冠滴水线内则挖深20 cm的环状沟施肥后覆土。

三、修剪，促进一次梢抽生

4月上中旬，对末级枝梢进行全面短截修剪。枝条的短截节位以剪去密节芽上方的一轮叶片的方法最好，其新梢抽发率、剪口枝量、新梢长度和叶片数、成花率等方面表现最优；修剪至密节芽的方法表现次之，但在操作上更为便利。同时，疏除部分过密枝条，使树冠保持良好的通风透光性。

修剪后至新梢抽发前，喷洒1～2次的30 mg/L赤霉素＋0.3%尿素，促使新梢抽发整齐。

四、控梢

控梢可促进树体营养积累，促使二次新梢抽发整齐。在第一次新梢转绿期，连续喷洒2次500～800 mg/L多效唑＋200 mg/L乙烯利，每次间隔10 d。对个别因树势过旺，在控梢期间抽出的二次新梢，可人工摘除。

五、培养二次梢

在喷洒第二次控梢药时，在树冠滴水线内则挖环状沟，每株施用0.75 kg生物有机肥或0.25 kg复合肥＋0.15 kg尿素，促进二次新梢整齐抽发。新梢萌发后，做好防虫保梢工作。

六、诱花促花

（1）在修剪后第一次新梢转绿期，对生长势旺盛的植株，每株树土施15%多效唑25～45 g，对强旺或直立的大枝进行宽0.3～0.5 cm的双半圆环剥，诱导第二次新梢花芽分化。

（2）在二次梢转绿期，喷洒300～400 mg/L多效唑＋1.5%～2.0%硝酸钾1～2次，促进花芽分化。

七、病虫害防治

1. 新梢期病虫害防治

新梢期的虫害主要有茶黄蓟马、毒蛾类、扁喙叶蝉和叶瘿蚊等，从新梢小叶开始展开时喷洒杀虫剂，每隔 5～7 d 喷洒 1 次，连续喷洒 3 次。梢期的病害比较少，主要是炭疽病危害，在新梢小叶展开 5 cm 左右时喷施一次 500 倍大生 M-45，7～10 d 后再喷施一次 500 倍施保克即可。

2. 花期病虫害防治

7～9 月份开花期的虫害主要有茶黄蓟马、毒蛾、扁喙叶蝉、蚜虫等，但一般情况下危害不太严重，在花序伸长期喷洒 1～2 次杀虫药剂即可。花期的主要病害是炭疽病，在花序伸长期和谢花期各喷洒 1 次 500 倍施保克或 800 倍阿米西达。此外，每次下雨过后都要喷药预防病害。

3. 结果期病虫害防治

结果期的主要病虫害与花期相同。防治方法：在谢花后 5～7 d 喷施药剂，之后每隔 7～10 d 喷 1 次，连续喷施 2～3 次；果实套袋前喷施 1 次等量式波尔多液或 500 倍施保克或 800 倍阿米西达等防病。

八、保花保果

1. 加强病虫害防治

主要病虫害及其防治方法参见上面“七、病虫害防治”。

2. 施壮花壮果肥

大量开花后，树体消耗大量养分，加上 9 月中下旬以后雨水少，根系吸收受限，因此，花芽萌发后，每株及时施用高磷钾复合肥 0.5～0.75 kg＋尿素 0.25 kg。

3. 修剪

在花序伸长期，疏除树冠内病虫枝和过密枝条等无用枝，改善冠内光照条件，减少养分消耗。

4. 喷施生长调节剂和微肥

初花期、盛花期、谢花后 5 d、谢花后 15 d 各喷洒 1 次 25～30 mg/L 赤霉素＋50～70 mg/L 防落素＋0.3％尿素＋0.2％磷酸二氢钾。

5. 疏花疏果，果实套袋

对花量多的树，疏除弱小的花序；疏除单枝花序结果过多的小果、病虫果和畸形果。谢花后 40～50 d 进行果实套袋。

九、采收

果实生长期达到 110 d 左右(10 月中下旬至 12 月份)，果实进入生理成熟期，可以采收。

【技能训练】3-4 杧果园周年管理工作计划的制订

一、实训目的

通过实训，了解制订果园周年管理工作计划的要素，掌握果园周年管理工作计划制订的方法。

二、实训提示

先由教师讲解果园周年管理工作计划的主要内容及制订计划的基本要求，再由学生查询相关资料，根据所提供果园的生产情况、环境特点及人力、物力等条件，编制出果园周年管理工作历。

三、实训内容

1. 制定果园工作历的基本要求

(1)制定每项管理技术措施，要在总结以往管理工作的基础上，结合当前的生产情况和存在问题，提出解决方法和具体的技术措施。

(2)如果同时有不同品种、不同树龄、不同树势的树，要按区域或品种制定不同的技术措施。

(3)工作历是果园管理的计划和目标，要求具体、详细、可操作性强，包括每项技术措施的具体要求、用工用料的数量等，以便提前做好准备。对幼树园要提出生长量指标，对结果园要提出产量和质量指标。

(4)工作历可按旬、按月或按周制定。

2. 果园管理工作的主要内容

(1)新建果园种植时期和方法。

(2)果园土、肥、水管理。

①施肥(施肥时期、肥料种类、施肥量、施肥方法)。

②中耕除草(人工除草的时期、方法;使用除草剂的种类、时期和方法)。

③排灌水(时期、方法、要求)。

④深耕改良土壤(时期、方法)。

⑤种植绿肥(种类、播种和翻耕的时间和方法)。

⑥树盘整理、修筑梯田(时期和要求)。

(3)树冠管理

①整形修剪(时期、方法)。

②保花保果(用药种类、浓度、方法、时期;疏花疏果时期、方法;果实套袋时期等)。

(4)病虫害防治(防治对象，使用农药种类、浓度、时期等)。

(5)果实采收及采后管理(采收时期和要求、分级包装、贮藏保鲜等)。

(6)其他管理(如新园的补植、冬季清园、树干涂白、防霜防寒等)。

四、实训报告

根据所提供果园的实际情况，制定出“××柱果园周年管理工作历”一份。

果园(面积)：　　　　　　　　　　品种：　　　　　　　　树龄：

时间	物候期	工作内容	技术措施及要求	用工	用料	备注

五、考核评价

考核目标	考核要点	等级分值				考核说明
		A	B	C	D	
态度	时间观念，团结协作能力，吃苦耐劳精神。	20	16	12	8	1. 操作技能考核：根据实地操作表现进行综合评定。 2. 实训态度：根据学生工作实际表现确定等级。
操作技能	通过实地观察，掌握所提供果园的真实现状；通过咨询或查阅相关资料，制订出切实可行的管理工作计划。	50	40	30	20	
实训报告	能制订出切合实际的果园周年管理工作历。	30	25	20	15	

讨论与思考

1. 简述杧果早花现象。在生产中，如何应对杧果早花？
2. 如何为杧果树提供良好的授粉受精条件？
3. 试述杧果采果后修剪的技术要点。
4. 杧果保果护果的主要技术措施有哪些？
5. 杧果园喷药防治叶瘿蚊时，为什么强调树冠和地面一起喷洒？
6. 简述杧果产期调节的关键技术。

项目五　香蕉生产

任务一　蕉园的建立

一、蕉园选地

蕉园要求正常年份无霜冻、避风条件好、阳光和水源充足，土层深厚、肥沃，结构疏松，pH 6～6.5 为宜。最好选平地，如是坡地，坡度应小于 20°为好。

蕉园要远离重病区，特别是香蕉枯萎病等病害严重的地区不宜种植香蕉，以免发生流行性病害。

二、备耕

新垦蕉园要提前一段时间全面清理灌木丛等园间杂物，土壤比较板结的土地可用挖土机深翻，同时可以进行土地平整和排水系统建设。已耕作土地也要进行深耕，并按蕉园的排水要求加强排水设施的建设。南方许多蕉园为红壤土地区，土壤微酸性，备耕时每公顷撒施 750 kg 石灰，既可调节土壤酸碱度，又可减少土壤中的病菌数量。园地在种植前 1～2 个月耕耙整地，松土深度在 40 cm 以上，然后碎土耙平后开种植沟，并根据不同类型的蕉园采取不同的整地方式。

1. 水田蕉园

水田蕉园除了要重视排水系统的建设外，还要挖深沟起高畦，蕉苗要种在畦面，定植回土时要注意不留明显的植穴，以利于排水。要注意蕉园内外排水渠道畅通。

2. 坡地蕉园

坡地蕉园整地时要注意水土保持，一般采用等高线开沟种植，蕉苗种于沟底，以利于水土保持。坡地开沟种植还能够有效地阻止病虫害随着水流传播，有利于枯萎病等重要病害的防控。

三、种植技术

1. 种植模式

目前生产中有“一种一收”和“一种多收”两种种植模式。“一种一收”模式蕉园病虫害相对少，植株生长一致，方便蕉园管理，收获期集中，但每年都要重新种植，劳力和种苗投入较大。

多用于病虫害严重的蕉区;"一种多收"模式节省劳力和种苗投入,第2～3年宿根蕉丰产性好,但病虫害较为严重,植株生长不一致,果实成熟期分散,不便统一管理。考虑到种植成本和定植时间的安排问题,目前我国各蕉区多采用种植一次收获2～3年的"一种多收"模式。

2.种植时间

"一种一收"蕉园可根据收蕉季节决定种植时期,2～3月份种植,当年年末至次年年初收蕉;5～6月份种植,次年5～7月份收蕉;9～10月份种植,次年9～12月份收蕉。可根据各地方的气候特点来确定具体的种植时间,主要考虑有效避开冻害和台风等自然灾害,安排果实销售价格比较高的季节上市。如海南植蕉区要考虑有效避开台风,可于4～6月份种植,在种植当年的台风季节来临时蕉苗较小,危害不大,次年2～6月份香蕉基本收获完毕,这个季节收获的香蕉不但可以避开台风的危害,而且正值全年的水果淡季,香蕉的价格比较高;广东和广西的定植时间主要在9～10月份,主要是考虑挂果期能有效避开冬季霜冻天气,蕉苗过冬时如果遇上霜冻,可以通过地膜覆盖等抗寒措施来加以保护。

3.种植规格

香蕉常用的定植方式有两种:均行种植和宽窄行种植。均行种植的株行距为2 m ×(2～2.6) m;宽窄行种植的行距为(1.5～2) m×(3～3.5) m,根据种植密度来调整株距。种植密度可根据蕉园的地形、气候条件及种植品种来决定,一般海南和云南产区种植密度为2 100～2 700株/hm^2,广西、广东和福建1 650～1 950株/hm^2。

4.种植方式

(1)开沟　耙地完毕后即可采用大型机械开种植沟,种植沟的规格可根据地形地貌及种植密度品种确定,蕉苗直接种植于沟底即可。

(2)施有机肥　将充分腐熟的农家肥或成品有机肥及磷肥均匀撒施于沟底。用量:有机肥10～15 kg/株、磷肥0.2～0.4 kg/株,具体用量根据土壤贫瘠肥沃程度适当增减,之后使用人工或小型旋耕机将肥土混合均匀。

(3)种植　种植前一天先浇水,湿润20 cm土层。种植时间宜选在阴天或晴天的下午。种植时要先去除苗木的营养杯(袋),并注意保持营养土的完整性,将苗轻放入植穴中,用碎土覆在营养土周围,用手轻轻压紧营养土外围土层。定植深度以比原营养土高出2～3 cm为宜。最后淋足定根水。

任务二　香蕉园前期管理

一、幼苗期管理

香蕉园生长前期指种植后2～3个月。

(1)巡查蕉苗、补苗。第一次巡查蕉苗应该在定植完毕的第二天进行,发现有漏种的要及时补种,浇水后歪斜的植株要扶正压紧,营养土露出土面的植株要回土压紧,如定植过浅可重新种植;发现缺株要及时补苗,确保蕉园生长整齐。以后每隔10 d巡查一次,特别是大风大雨过后,发现被雨水冲埋的蕉苗要及时清土或补种,植穴中淹水或行沟积水必须排水,对排水不畅的地方挖深沟排水。雨水冲毁的行沟要修复，必要时加沙袋阻拦行沟，避免水土流失。

(2)保持畦面无杂草，土壤疏松，湿度适中。新植蕉园定植后1个月，结合除草进行一次畦面3～5 cm的浅松土；“一种多收”的蕉园2～3月份中耕一次，结合施基肥、除草、挖除旧蕉头进行，深度15～20 cm，但离植株50 cm以内只能浅耕6～8 cm。旱地要大力推广节水喷灌、滴灌技术，遇旱及时淋水，并利用稻草、甘蔗叶、无病虫害蕉叶、干草等作物残体作畦面覆盖，保持土壤湿润(田间持水量的65%左右)，减少杂草滋生。雨天应及时排出积水。

(3)早春种植时做好畦面覆盖、包裹植株等防寒护苗措施。

(4)种植后畦面施放土壤杀虫剂(如米乐尔等)，隔20 d喷洒第一次农药，以后每隔10～15 d喷一次(如敌百虫、灭病威等)，防治苗期常见的病虫害，如茎腐病、叶斑病、花叶心腐病，斜纹夜蛾幼虫、金龟子、象鼻虫等。

二、施肥

香蕉是速生高产草本植物，生长量大，需要的养分多。管理水平较高的香蕉种植园每年单产都在45 000 kg/hm^2以上，高产范围可达到75 000 kg/hm^2，收获果实从蕉园中带走了大量的矿质养分，生产中要通过增施肥料，不断补充土壤养分，才能实现高产稳产的目标。

1.香蕉的需肥特点

研究表明，钾、氮、磷、钙、镁、硫、氯是香蕉生长发育的关键矿质营养元素，锰、铁、锌、硼、铜、钼为微量元素。

香蕉对不同营养成分的需求有一定比例，苗期对氮(N)、磷(P_2O_5)、钾(K_2O)的要求比例为1∶0.5∶2；中后期对钾的需求量明显增加，氮(N)、磷(P_2O_5)、钾(K_2O)的比例为1∶0.5∶3。对于一些老蕉园，由于香蕉对某些微量元素的定向消耗，会造成某些元素的缺乏，因此要注意补充微量元素。如果施肥不合理会导致香蕉生长异常，如偏施氮肥、钾肥缺少的蕉园，叶片明显变薄，易感叶斑病，果实不耐贮运，保鲜期和货架期都比较短。

2.施肥原则

(1)以有机肥为主　有机肥可以保证香蕉各种营养元素的综合供给，提高土壤的有机质含量，培育良好的土壤微生物环境，形成有利于香蕉生长的土壤生态环境。主要在花芽分化期之前追施优质有机肥和优质生物有机肥，不但可以提高产量，同时还能改善果实品质，提高抗逆性，延长保鲜期，提高产品的商品价值。

(2)平衡施肥　要求根据香蕉各个生长时期的需肥特点，均衡施用各种元素肥料，避免偏施或少施某一元素肥料。生产中容易出现的施肥问题是偏施氮肥，钾肥施用量不足，连作蕉园某些微量元素缺乏。因此，有条件的蕉园最好能在分析土壤营养状况的前提下，制定合理的平衡施肥制度。

(3)早期多施　在营养生长阶段施肥量应占全年的60%～70%，促进植株快速生长，为丰产、优质打好基础。

(4)勤施薄施　为了提高肥料利用率，提倡少量多次的施肥原则。提倡采用节水灌溉设备实行水肥共施，特别是滴灌方式，能够对香蕉进行精确供水和施肥，使少量多次的施肥技术得到很好的落实。

3.蕉园施肥

(1)基肥　定植前施用或结合花芽分化肥施用，每公顷施磷肥1 000～1 200 kg，腐熟的有机肥或土杂肥 15 000～20 000 kg。

(2)稳苗、壮苗肥　新种植的组培苗重新抽生第一张新叶老熟前不施肥,以淋水保苗为主,第一张新叶老熟后,每隔 7～10 d 淋施 0.2%～0.3%复合肥溶液或腐熟的稀粪水 2～3 kg/株。种植后 3 个月,每株施用麸肥 1 kg,距离植株基部 30～50 cm 处挖两个对称环形沟,沟宽 20 cm、长 30 cm、深 10 cm,施后盖土淋水。

三、蕉园排灌

蕉园必须有充足的水源及良好的排灌设施。平地蕉园畦沟深 0.5～0.8 m,环园沟深 1 m,沟灌水位控制在畦面以下 0.3 m 处。雨天排干沟水,畦面长期保持湿润、不开裂。如采用树下软管滴灌则可节水省工。

四、除草

蕉园畦面要及时除草。新植蕉园以人工除草为主,不宜过早使用化学除草剂,组培苗蕉园种植后 4 个月才能使用除草剂,并注意不能喷到蕉株。杂草滋生多的地块,在整地种植前杂草未出土时,喷施丁草胺或克无踪等除草剂。提倡用黑色地膜或稻草、干草等覆盖畦面,以减少杂草滋生,保护土壤结构。

五、蕉头培土

组培苗种植深度较浅,蕉头容易露出地面,引起植株根系减少,生长速度减慢,易受风害,产量降低。故整个生产周期都要定期培土,但不宜培得过深,以培至根系、蕉头不露为宜。一般从假茎高约 50 cm 时开始培土,可结合施肥与修畦沟进行。

六、防治病虫害

香蕉束顶病和花叶心腐病是两大毁灭性病害。组培苗更容易感染花叶心腐病,大多于种植后 2～3 个月发生,蚜虫是主要的传播媒介,所以前期要做好灭蚜工作。可用 10%吡虫啉 1 500 倍液或蚜螟 600 倍液或 50%避蚜雾 1 500 倍液或其他杀虫剂防治,每隔 10～15 d 喷 1 次,切断病害传播途径,兼防其他虫害。

发现感染病毒的植株要及时挖除,并用石灰消毒病穴后,重新翻晒、补苗。如发现变异株也要及时挖除,变异株是香蕉种苗在组织培养过程中因基因突变而产生的,常表现为植株矮化,叶子厚圆或宽度变窄,叶缘波浪状、有缺口,叶色稍浓绿,叶柄极短,假茎粗矮。变异株抽出的果指畸形无商品价值,一旦发现应及时挖除,并进行补苗。

任务三　香蕉园中期管理

种植后 4～7 个月为中期管理阶段。此阶段营养生长最旺盛,生长速度最快,叶面积迅速增大。香蕉生长到一定数量叶片后才能进行花芽分化,一般组培苗长成的植株需抽生 33～36 张正常叶片、吸芽苗需长出 20～24 张正常叶片才能进行花芽分化。花芽开始分化时植株抽生的那一张叶片面积最大，此后抽生的叶片逐渐变小、叶柄变短，叶距越来越密集。花芽分化期是果梳数和果指数的决定时期，充足的肥水条件尤其是足量的钾元素能增加雌花数量。

一、水肥管理

如遇连续干旱天气，喷灌和滴灌3～4 d灌溉一次，沟灌则5～7 d灌溉一次，灌溉以畦面土壤湿润为宜；雨季则要及时排水，防止畦面积水造成烂根。

此阶段每株施用尿素0.5 kg＋氯化钾1 kg＋复合肥1 kg，混合后分5～6次施用，可雨后撒施或水施或浅沟施；期间每株一次性施硫酸镁0.15 kg。春季种植5～6个月后或夏秋季种植8～9个月后，绝大多数植株开始进入花芽分化期，此时每株施用麸肥和复合肥各0.5 kg、尿素和硫酸钾各0.2 kg。

有条件的蕉园最好是采用水肥共施方式，将液体生物有机肥和速溶钾、氮、磷和微量元素等随水施用。

二、吸芽的选留与除芽

种植后3个月左右，植株会陆续长出吸芽，吸芽的生长会消耗母株的大量养分。“一种多收”种植模式的蕉园，除选留1个粗壮的吸芽作接替株，其他吸芽全部除掉；“一种一收”蕉园的吸芽全部除掉，集中营养供母株生长结果。

1. 留芽时间

“一种多收”种植模式的蕉园留芽时间根据预定的收蕉季节而定。对于2年3造的蕉园（第一年2～3月份或上一年9～10月份种植，8～9月份抽蕾，11～12月份至次年1～2月份收蕉），第一年留芽时间以5～6月份为宜，所留吸芽第二年5～7月份抽蕾，8～11月份收蕉；第二年于3～4月份留芽，所留吸芽第三年2～3月份抽蕾，4～7月份收蕉。海南等沿海蕉园留芽期的确定要注意预防台风，每株蕉可在3月份和6月份各留吸芽1个，9月下旬根据台风后的情况最后确定留芽：如没有受风害则留大株生产冬春蕉，如蕉园受风害则留小株生产次年夏蕉。“一种一收”蕉园则要求把所有吸芽及时除掉。

2. 选留芽与除芽

【技能训练】3-5　香蕉吸芽的选留与除芽

一、实训目的

通过实训，初步掌握香蕉植株选留芽及除芽的方法。

二、材料与用具

材料：香蕉生产园。

用具：钩刀、蕉锹、钢尖、手套。

三、实训提示

选择在吸芽生长期内开展本实训。实训前教师先讲清楚选留芽的方法，并进行操作示范。然后由学生分组实训。

四、实训内容

1.选留芽

在吸芽高度在30～40 cm时，选留离母株15～20 cm、假茎粗壮、叶片狭长的剑形芽1～2株，不留大叶芽（生长高度约30 cm就长出宽大叶片的吸芽），畦边、紧贴母株及蕉穗正下方的吸芽不留。选留双株吸芽的，待吸芽发育进入营养生长阶段后，再根据整个蕉园所留吸芽的生长情况选留其中的一株，尽量选留生长势相近的吸芽，使蕉园的生长相对整齐。

2.除芽

选定所留吸芽后，当其他吸芽长到20～30 cm高时要及时割除。除芽时，选用钩刀平地面将吸芽假茎切除，然后用钢尖或其他硬物插入吸芽球茎的生长点将其捣烂；也可以用锋利的蕉锹铲去吸芽的生长点和部分小球茎，但切勿伤及母株球茎。5～8月份每20 d左右要除芽一次。

五、实训报告

简述香蕉选留芽的技术要点。

六、考核评价

考核目标	考核要点	等级分值				考核说明
		A	B	C	D	
态度	时间观念，吃苦耐劳精神，团结协作能力，安全意识，材料用具准备。	20	16	12	8	1.操作技能考核：根据实地操作表现进行综合评定。 2.实训态度：根据学生现场实际表现确定等级。
操作技能	选留的吸芽位置适合、芽体健壮；除芽时位置准确，能把吸芽生长点破坏掉，又不伤及母株球茎。	50	40	30	20	
实训报告	总结出香蕉选留芽的技术要点。	30	25	20	15	

三、清园、挖除旧蕉头

中期蕉园透光度稍差，下部叶片出现黄化或干枯部分占整株叶片1/2以上或病斑严重时，应将其切除，并立即清园。对已收获头造果的蕉园，从离地面1.5 m左右砍断已收蕉的母株，将母株假茎及割除的吸芽堆放在行间，喷洒生物菌剂以加快茎叶分解，减少病虫害发生。留芽完毕后必须尽早清理蕉园，以便植株残体得到及时处理，变为有机肥回田。

清园后，每公顷撒施1 500 kg生石灰，以消毒土壤及中和土壤酸性，翻耕蕉园行间晒园。1周后再用生物菌剂喷洒母株残茎及土壤来加快残体分解，增加土壤中的有益微生物，减少病原菌。

当吸芽长出功能叶后便可将旧蕉头挖除。如原来留有两株吸芽的，在挖旧蕉头的同时也将其中的一株挖除，注意保留全园生长期相对一致的植株。

四、除草

中期以化学除草为主，在静风时喷洒除草剂。可选用克无踪或草甘膦等除草剂，除净蕉园杂草。

五、防治病虫害

吸芽生长阶段是最容易受蚜虫危害的时期，必须严加防控，切断病毒性病害的传播途径。可选用10%吡虫啉1 500倍液或蚜螟600倍液等药剂喷洒防治。

中期是叶斑病发病高峰期，在合理密植、保持蕉园通风透光、及时排除园内积水和不偏施氮肥的前提下，在发病初期，可选用25%敌力脱乳油1 000～1 500倍液或24%硫胶悬浮剂1 000倍液或50%多菌灵+80%代森锰锌(2∶1)800倍液或40%灭病威400倍液或70%甲基托布津800倍液或叶面净200～300倍液等喷洒防治。

任务四　香蕉园后期管理

从现蕾开始到收获前为蕉园后期管理。主要管理目标是壮果、护果。

一、果实护理技术

香蕉果实护理技术是提升香蕉外观品质的关键技术之一。包括校蕾、疏果、留梳、断蕾、抹花、套袋、标记及垂蕾、立杆护蕉等措施。

1. 校蕾

花蕾抽出之后逐渐弯曲下垂，若下垂的位置正好在叶柄之上，花蕾下垂会受到阻碍，严重时可导致花穗轴折断。应将蕾苞调整到两张叶柄的间隙，或割除影响花穗生长的叶片，让花蕾自然下垂。

2. 花蕾喷药防虫

花蕾期果实易受蓟马危害。蓟马在果实上产卵，引起果皮组织增生和木栓化，后期呈凸起小黑点，影响果实的外观、耐储性和经济价值。花蕾开苞前，就已有蓟马钻入花苞内危害果实，应在刚现蕾时喷用杀虫剂1～2次，间隔5～7 d喷一次。

3. 疏果

在果穗开出3～5梳果时，进行疏果整理，即将连体果、单层果、三层果进行疏除。需要疏果的果梳一般都在头三梳，之后如果每梳蕉的果指数多于24个(冬蕉)或26个(春夏蕉)，还需将多余的果指去掉，方法是：在果梳的两边各除去一个果指，中间隔3～4个果指除去一个。原则是同一个位置只能除去一个果指，上下两排要错开除果，否则会在蕉梳上留下太大间隙，在采收包装过程中容易断梳。同时若头梳蕉果指数不足10个，尾梳蕉果指数不足14个，则整梳去除，保持上下果梳之间的营养均衡分配，确保所有果梳形状美观，提高商品率。疏果要及时，幼果容易从果轴折断，疏果后残留的缝隙较小，不会伤及其他果指。

4. 留梳、断蕾

香蕉一般能抽出5～12梳果，香蕉的留梳数可根据树体的大小、功能叶片的多少及果轴的粗细来决定，正常情况下每1.5片功能叶留一疏果，一般冬蕉不宜超过6梳，春夏蕉不宜超过7梳。留足果梳后再下一梳果留一个单果，以调节尾梳果的营养供应。在单果下方10 cm处将苞蕾断掉。留梳后要尽早断蕾，以免蕾苞的继续生长消耗香蕉树体的养分。断蕾宜在晴天下午进行，以免流汁过多，浪费树体营养和伤口感染病菌，引起果轴腐烂。

5. 抹花

在果梳的苞叶脱落、果指尚未完全展开、手触花瓣易脱落时（蕉花有约 2/3 变黑时），用手除去果指顶上残留的花萼片和柱头。这个时期的果指未展开、花瓣、花柱易脱落，抹花工效较高，不伤果指，不会流出液汁污染果指。一株香蕉果穗的抹花工作应分两次以上来完成，即在蔬果时抹前 2～3 梳的花，在留梳断蕾时再抹剩下的花。

6. 果穗喷药防病

断蕾后 7 d 内进行，目的是预防黑星病和炭疽病。药剂可选用 75%百菌清 800 倍液或 50%多菌灵 800 倍液或 50%甲基托布津 1 000 倍液，为增加黏着力，可添加少量洗衣粉，着重喷洒果实及其附近的叶片。

7. 套袋、标记

套袋可以防寒保暖或防止日灼、机械伤、病虫害等，改善果面色泽，提高果实外观品质；避免农药与果实的直接接触，降低农药残留，提高果实的安全性。

在断蕾完毕后及早喷洒 1～2 次杀菌剂，待药液干后，立即套袋。套袋时，先给果串套上带孔的珍珠棉袋，顶端用草绳绑紧，再把旧报纸绑在珍珠棉袋外，挡住果穗易晒的位置，避免太阳灼伤果指，外层再在套一层带孔的蓝色塑料薄膜袋，上袋口连同果轴用绳子扎紧，下袋口不绑住或稍收口。也有使用双层纸袋的，其操作方便，防寒保暖效果好，但成本稍高。套袋时，在袋子能套住整个果穗及条件允许的情况下，绑袋的位置越高越好，最少也要离头梳果 30 cm 以上，以避免头梳果指上弯时将套袋拱起而达不到套袋效果。

套袋完毕后在果轴末端绑上彩色草球绳，以标记不同生长时期的果穗。草球绳的颜色每周换一次，并登记好套袋株数，采收期可根据绳子颜色预估。

8. 垂蕾

为避免歪梳、散梳，对下弯后不垂直于地面的果穗，用绳子或干蕉叶将果穗拉靠树干，让其垂直于地面，确保果梳生长端正。

9. 立杆护果

随着果穗重量的不断增加，常常会造成假茎支撑不住而弯折，加上我国的产蕉区大多数都受台风影响，所以，一般情况下香蕉挂果后都须立杆保护果穗。一般是在果穗下垂的方向，离蕉头约 30 cm 处钻一个 60 cm 深的洞，然后将尾茎大于 3 cm 的杆立于洞中压紧，将香蕉假茎固定在立杆上。立杆应避免与果穗接触，以免造成果穗擦伤。

也可在抽蕾后，用尼龙线绑缚果轴后反方向牵引，绑在相邻蕉株假茎离地约 20 cm 处，全园植株相互牵引，防止植株倒伏。

【技能训练】3-6 香蕉果穗护理

一、实训目的

通过实训，初步掌握香蕉果穗的主要护理技术。

二、材料与用具

材料：抽蕾挂果的香蕉园。

用具：砍刀、蕉梳切割刀、草绳球、珍珠棉袋、旧报纸或羊皮纸、香蕉专用套袋（蓝色塑料膜）、立杆等。

三、实训提示

这部分可操作的内容多，可分3～4次实训来完成，或根据授课时间和蕉园的生长情况选择其中的1～2个内容进行实训。最好在果园内同时有不同生长期的果穗，可以一次进行多个内容的操作实训。

四、实训内容

选择果园当前主要的2～3项果穗护理工作进行实训。操作过程中要注意观察和总结果穗护理工作的技术要点和注意事项。

五、实训报告

根据实际操作情况，总结出香蕉果穗护理的技术要点。

六、考核评价

考核目标	考核要点	等级分值				考核说明
		A	B	C	D	
态度	时间观念，吃苦耐劳精神，团结协作能力，安全意识，材料用具准备。	20	16	12	8	1. 操作技能考核：根据实地操作表现进行综合评定。 2. 实训态度：根据学生现场实际表现确定等级。
操作技能	能准确判断果穗护理工作的最佳时期；操作方法正确。	50	40	30	20	
实训报告	总结出所操作香蕉果穗护理项目的技术要点及注意事项。	30	25	20	15	

二、施肥

抽蕾期和断蕾后各施一次壮果肥，每次施复合肥和硫酸钾各0.2 kg。

在此期间，适当使用生长调节剂，也可提高产量与品质。如华南地区香蕉生产常选用广东“香蕉丰满剂”于断蕾时和断蕾后10 d各喷一次，促进蕉指增长增粗，提高产量和果指大小；在果实生长中期使用0.1%萘乙酸+1%尿素混合液喷果穗，也可促进果指增长增粗，提高产量，但成熟期延迟；此外，使用1～3 mg/L的防落素在开花期喷洒，对促进果指增粗大和提高品质也有一定效果。生产中，一定要在明确生长调节剂的安全性后才能使用。

任务五　果实采收及采后处理

整个采收过程应尽量做到无伤化操作。

一、砍蕉

1. 判断成熟度

生产中，通常是以抽蕾日期或套袋时所记的标记绳来估算果穗是否达到成熟时间，同时结合看果指的饱满度来判断成熟度。值得注意的是，由于果实生长发育的速度与温度、水分及植株的营养状况、功能叶片数、果梳数有关，所以有时会出现两三种标记果穗交错采收的现象，这种现象在冬蕉采收末期及春夏蕉开始采收阶段更为常见。

2. 解袋、垫蕉把

果穗生长时间够、果指饱满度适合时，便可解开套袋。然后，用珍珠棉或牛皮纸等将各果梳隔开，避免果穗在运输过程中各果梳之间相互挤伤。

3. 砍蕉

通常两人一组，一人砍蕉，一人抬蕉。先砍假茎，让植株慢慢倾斜倒下，然后将果穗砍下，抬蕉人肩披软垫接住果穗，搬到采收索道或运蕉专用车辆上，将果穗运到包装厂，实现采收包装全程不落地操作。

二、果穗运送

果穗从砍下后运送到包装厂主要有以下几种方式。

1. 人工挑

直接由工人将砍下的果穗挑到包装点进行包装。目前大多小蕉园采用这种方式进行果穗运送。离包装点较近或需要将果穗运送到蕉园边的索道和运蕉车，大多采用人工挑的方法。

2. 轮背车

在云南河口山区，有用轮背车运送果穗的方法。该车类似行李车，但可以把蕉穗悬挂起来，可以背着走山路，在平地上可以推着走，每个轮背车可以悬挂一果穗。

3. 运蕉车运送

运蕉车是指用特制的蕉穗运输车辆来运送果穗。将果穗倒置，果轴插入车上设计好的圆筒内固定好，然后系牢果轴末端，确保果穗在运输过程中不会来回摆动，避免产生机械伤。在没有建设索道的蕉园，也常采用特制的蕉穗运输车将果穗运至包装场。

4. 索道运输

果穗采收后由人工挑到最近的索道边，再挂到索道上，索道每一个滑轮可以挂一串果穗，每串果穗之间用连杆相连，连杆既可保证果穗之间的距离，避免擦压伤，又可将多个果穗连成一体，一般情况下每人每次可拉动 20 串果穗。

5. 地头落梳

将砍下来的蕉穗就地落梳，摆放在特制的果盘内，一个果盘放 1～2 株香蕉果梳，然后由人工抬出蕉园，装入特制的车厢内，再运送到包装车间。

三、香蕉采后处理技术

运送到包装场的香蕉要经过落梳、清洗、修把分级、计量、保鲜、风干等工序后才能进行包装。

1. 包装生产线

(1)标准包装生产线　大型的香蕉基地应结合果园规划，每 20 hm^2 左右建一座包装厂，配置标准包装生产流水线，来提高香蕉包装的质量。同时配备索道或运蕉车等果穗运送设备。

(2)简易包装生产线 简易包装生产线一般是可移动的，适合分散小蕉园的采收包装。不过简易包装生产线的清洗水池小，场地和各种配套条件均属临时性，因此香蕉清洗干净度差，分级困难，处理过程容易损伤香蕉。

目前国内还有很多小蕉园基于成本考虑，只能采用简易包装生产线进行包装处理，这种采后处理方式应该逐步得到改善。

2.标准包装生产流程

(1)落梳清洗 果穗采收后通过索道或运蕉车运到包装厂后，悬挂于落梳架上，用特制落梳刀将果梳逐梳切落，然后置于两级清洗池中清洗。

(2)修把分级 果梳从第一个清洗池移入第二个清洗池时，要修平果梳的切口，去除残次果，并对果梳进行分级，将果梳置于相应的分级池中。

(3)计量保鲜 按每箱13～14 kg的标准把果梳置于塑料盘内称量。将称好的塑料盘置于流水线上进行保鲜处理。

(4)风干 经保鲜设备出来的果梳在包装线上风干后进行装箱。

(5)装箱 每一个塑料盘的果梳对应装于一个纸箱内，装箱时果梳之间要垫珍珠棉片，防止果梳在搬动及运输的过程中损伤。

(6)抽真空 用吸气机将袋子里的空气抽出，并用橡皮筋扎紧塑料袋口。香蕉在少氧的情况下其生理活动不活跃，可延长其保鲜期。

四、香蕉的贮运

过去香蕉运输靠火车，现在运输90％靠汽车，汽车运输灵活、方便、快捷。因此，香蕉基本上是当天采收、当天包装、当天运往销售市场。长距离运输一般通过冷藏火车、冷藏集装箱和冷藏香蕉船运送。香蕉的冷链运输是今后的发展方向，有条件的企业和组织应该在产地、码头、火车站和市场建立冷库系统，以提高经营水平。

五、催熟

香蕉是需要采后催熟的水果。采收后要在各种保鲜的条件下运到市场，置于冷库中保鲜，然后根据市场的销售情况分批催熟。

催熟就是利用乙烯促进香蕉的呼吸作用，产生呼吸高峰，使果肉由硬变软，果味由涩变香甜，果皮由绿转黄，达到可食用状态的过程。

讨论与思考

1.生产中香蕉有哪些种植模式？如何选择适宜的种植模式？

2.如何确定香蕉的种植时间？

3.香蕉对氮、磷、钾三要素的需求有什么特点？如何根据香蕉生长情况合理施肥？

4.宿根蕉园如何选留适时、健壮的吸芽？

5.香蕉果穗护理工作包括哪些内容？

6.生产中如何防治香蕉病毒性病害的发生与传播？

项目六 葡萄生产

葡萄是栽培历史最悠久的果树之一，原产于北半球的温带、亚热带地区。主要分布在冷凉的欧洲、美洲国家和地区，以法国、意大利、西班牙、土耳其、美国栽培最多。葡萄也是我国的主要水果之一，主要产区在新疆、湖北、山东、辽宁、河南等地，近年来我国南方一些地区也开始大面积种植鲜食葡萄。

葡萄营养丰富，除鲜食以外，可以酿酒、制果汁、制葡萄干等。目前世界葡萄产量约 80% 用于酿酒。葡萄具有较好的医疗保健功效，多吃葡萄有益于防治贫血、肝炎、降低血脂和软化血管，对预防糖尿病也有一定的作用。

任务一 萌芽期和开花期管理

一、土壤管理

早春，结合施萌芽肥，对全园进行浅中耕，增加园土透气性，加速土壤温度回升，促进萌芽。如遇多雨年份，要注意开深沟排水，使园土含水量在田间持水量的 60%～70% 为宜。

二、施肥

主要是做好萌芽前、开花前和谢花后 3 个时期的追肥。

(1)催芽肥　在萌芽前 5～15 d，追施一次速效氮肥，以满足萌芽及枝蔓生长的需要，促进枝蔓生长和花穗发育。每公顷施用尿素 75～150 kg，结合中耕松土，在植株的根际周围挖浅沟施入。

(2)花前肥　开花前，施一次以磷、钾为主的复合肥料，每公顷施用氮、磷、钾复合肥 150～225 kg，以满足开花坐果的需要，对增大花穗、减少落花有重要作用。此次肥要控制氮肥的施用量，否则会造成枝蔓生长过旺，影响开花坐果。

(3)膨果肥　在谢花后至幼果膨大初期(如绿豆大时)施用。此期是葡萄需肥最多的时期，追肥既可保证当年产量，又为次年结果打下良好基础。速效氮、磷、钾配合施用，每公顷施复合肥 450 kg＋尿素 225～300 kg、硫酸钾 150～225 kg。有条件的配施菜饼肥 300～450 kg。

三、夏季修剪

结果树的夏季修剪包括抹芽、定梢、摘心、除卷须等工作，目的是减少树体养分消耗，使之集中供给结果蔓和花果发育，改善通风透光条件。

【技能训练】3-7　葡萄夏季修剪

一、实训目的

通过实训，初步掌握葡萄生长期修剪的方法。

二、材料与用具

材料：萌芽期至开花期的葡萄结果树。

用具：枝剪、绳子等。

三、实训提示

本实训内容较多，可根据具体情况选择适合的修剪项目。如只实训一次，可选在开花前进行，可实训主梢摘心、副梢处理、疏花穗、掐穗尖、绑蔓和除卷须等内容。

四、实训内容

1. 抹芽

在春芽已萌动但尚未展叶时，把多余的芽、位置不好的芽抹除。在萌芽后分若干次进行的。抹芽方式：①对老蔓上的不定芽，除需留作更新蔓和填补空位外，全部抹去；②对结果母蔓抹芽，需根据主蔓粗度和预定产量来确定所留的主芽数。抹芽时可根据芽的萌发情况判别芽的质量，通常萌发早而饱满圆肥的芽多为花芽，萌发迟而尖瘦的芽多为叶芽或发育不好的花芽。一个节位上萌发2～3个芽时，选留一个发育好的芽，抹除过密芽及质量差的芽。

2. 定梢

一般分两次进行，第一次在新梢上出现花穗，能区别结果蔓与营养蔓时进行；第二次在开花前5～7 d或结合新梢摘心同时进行。第一次定梢以除去营养蔓为主，除去细弱、过密、位置不当的枝蔓（背生蔓、杈口蔓）及不作为更新用的营养蔓，保留结果蔓和填补空缺用的、更新用的营养蔓。此次除梢量占总除梢量的70%～80%。第二次定梢是补充第一次除梢的不足（占除梢量的20%～30%）。按所需新梢的数量，选留位置适当的结果蔓和更新用的营养蔓，多余的新梢全部除掉。一般篱架每隔10～15 cm留一条新梢，棚架每平方米留15～20条新梢。

3. 主梢摘心

在开花前对主梢摘心，能暂时抑制主梢延长生长，使养分集中于花穗，有利于提高坐果率。结果蔓于开花前5～6 d，在花穗以上留5～8片叶摘心；营养蔓在5～6月份，留10～12片叶摘心；主蔓延长蔓或更新蔓，可根据冬季修剪要求的长度再多留2～3片叶摘心。

4. 副梢处理

常用的有两种方式：①对生长势较弱的品种，结果蔓上只保留上部的一条副梢，其余全部抹去，顶端留下的副梢，留4～6片叶摘心，其上再抽发的二次副梢，除顶端一个副梢留3～4片叶摘心外，其余全部抹除，三次副梢也按此法处理。②对生长势较旺或易得日灼病的品种，结果蔓花穗以下的副梢全部抹除，花穗以上的副梢留 1～2 片叶摘心，以后再发生的二、三次副梢，再留 1～2 片叶反复摘心。营养蔓 5 节以下萌发的副梢全部抹除，5 节以上的副梢处理方法与结果蔓相同。

在开花前，结果蔓中、下部的副梢已萌发，在进行结果蔓摘心的同时，对已萌发的副梢一并处理。一般一年内需要进行 3～5 次副梢处理工作。

5. 绑蔓

当新梢长至 20～30 cm 时，将其均匀引缚于架面，整个生长期需绑蔓 2～3 次。篱架栽培绑蔓时，一般斜绑，以缓和生长势。绑缚时多采用"8"字形扣，打扣时不宜过紧，以免绞缢。

6. 除卷须

在整个葡萄生长期，应及时摘除所有卷须，以减少养分消耗。

五、实训报告

简述葡萄夏季修剪的技术要点及其效应。

六、考核评价

<table>
<tr><th rowspan="2">考核目标</th><th rowspan="2">考核要点</th><th colspan="4">等级分值</th><th rowspan="2">考核说明</th></tr>
<tr><th>A</th><th>B</th><th>C</th><th>D</th></tr>
<tr><td>态度</td><td>时间观念，吃苦耐劳精神，团结协作能力，安全意识，材料用具准备。</td><td>20</td><td>16</td><td>12</td><td>8</td><td rowspan="3">1. 操作技能考核：根据实地操作表现进行综合评定。
2. 实训态度：根据学生现场实际表现确定等级。</td></tr>
<tr><td>操作技能</td><td>操作熟练；修剪后所留枝蔓数、位置合理；绑蔓后枝蔓分布均匀，打扣松紧度适中；卷须去除彻底干净。</td><td>50</td><td>40</td><td>30</td><td>20</td></tr>
<tr><td>实训报告</td><td>根据实训操作总结出葡萄夏季修剪的技术要点和实施后的效应。</td><td>30</td><td>25</td><td>20</td><td>15</td></tr>
</table>

四、疏花疏果

适当疏花疏果可以避免养分过多消耗，提高坐果率，调节花期的一致性，控制果穗大小和形状，提高果实品质。

(1)疏花穗　在开花前 10～15 d，根据计划产量疏除过密的、病弱的花穗。强梢留 2 穗，中庸梢留 1 穗，弱梢不留穗；开花前 5～7 d，除去副穗和基部的支穗；对较大的花穗，在开花前 1～2 d 掐去全穗 1/6～1/5 的穗尖。过早，不易区分保留部分，过迟，影响坐果。

(2)疏果穗　在花后 6～8 d，幼果大小分明时进行，最好 10～20 d 内完成。先疏去畸形果、病虫果、小粒果，再把影响穗形的、过密的果粒剪去。每一支穗留果最多不宜超过 4 粒。一般巨峰每穗保留 30～40 粒，藤稔 30～35 粒即可，大穗形欧亚种保留 60～80 粒。

五、微量元素和植物生长调节剂的应用

开花前 7～15 d，树冠喷施 0.1%～0.2%硼砂+0.2%～0.3%硫酸锌 1～2 次，可提高坐果率。

对有核葡萄品种，于盛花前10～14 d利用50～100 mg/L赤霉素溶液浸蘸花穗一次，可以诱导无核；有核葡萄品种于谢花后12～15 d、无核葡萄品种于谢花后5 d和20 d用10 mg/L葡萄膨大剂或50～100 mg/L赤霉素溶液浸蘸(或小喷雾器喷洒)果穗，可使果粒增大。对于营养生长过旺的植株，于开花前10 d用400～500 mg/L矮壮素(CCC)或0.3%～0.5% B_9溶液喷洒树冠，可抑制新梢生长，提高坐果率。

六、防治病虫害

此期主要病害有黑痘病、灰霉病、炭疽病等。往年黑痘病发病较重的葡萄园，可在春季萌芽时的绒球期(冬芽膨大，尚未见叶)用3°Bé石硫合剂对葡萄园喷洒；在新梢5～10 cm时，喷洒50%多菌灵800～1 000倍液进行保护。花前40 d内是控制叶片、枝蔓黑痘病的关键期。正常天气5～7 d用药一次，如遇连续阴雨，要在停雨间隙抢喷农药。开花后至生理落果后20 d内，继续用药，保护幼果，宜选用能兼治其他病害的药物交替使用，如10%施宝灵悬浮剂1 500～2 000倍液，2%春雷霉素水剂500～800倍液等。针对灰霉病和炭疽病，在注意控制氮肥的施用量、防止枝蔓徒长的基础上，在开花前1～2 d和谢花后至生理落果前，各喷药防治一次，农药可用50%速克灵可湿性粉剂1 500～2 000倍液和10%施宝灵悬浮剂1 500～2 000倍液交替使用。

发现有食叶虫类为害可在防治上述病害时加入杀虫剂防治。有葡萄透翅蛾钻蛀嫩茎的，及时摘除萎蔫嫩梢，或用铁丝刺死枝蔓内的幼虫，或用棉球蘸80%敌敌畏乳剂100倍液塞入虫孔中，然后用泥土堵住虫孔，毒杀幼虫。

任务二 果实生长期管理

一、土肥水管理

1. 土壤管理

葡萄果实迅速膨大期正值江南地区梅雨季节，要注意开沟排水，降低地下水位，使园土含水量保持在田间持水量的60%～70%。采果后至10月份，有一次枝蔓生长和根系生长高峰期，需要较充足的水分，如长期无雨应适量灌水。

此期也是园内杂草生长最旺盛的时期，应根据杂草的生长情况及时铲除或割除，也可喷施除草剂灭草，避免杂草过高影响园内通风透光，减少病虫害的滋生。在梅雨季节结束刚进入伏夏时，可用干稻草、干杂草等覆盖畦面，以达到保水降温的目的。

2. 施肥

(1)催熟肥 在果实开始着色时施入，以磷、钾肥为主，每公顷施用过磷酸钙300～450 kg，硫酸钾300～450 kg。以促进果实成熟，提高果实的含糖量和抗病能力。

(2)复壮肥 采收后及时施入，对恢复树势、防止早期落叶有很好的效果。以氮素肥料为主，每公顷施用尿素105～150 kg或含氮复合肥300 kg。

二、果实管理与采收

(1)果穗套袋。葡萄果穗套袋可以防止或减少日灼病、黑痘病、白腐病、炭疽病、吸果夜蛾和蜂、蝇、鸟等为害。并能有效地避免果实受农药污染,能显著提高果实的商品质量。套袋一般在5月份果粒绿豆大小时,坐果稳定、整穗疏果结束后进行。套袋前以果穗为重点,全园喷一次杀菌剂或直接用杀菌剂如600～800倍液甲基托布津浸蘸果穗,根据果实颜色选用适合葡萄各品种的专用果袋进行套袋。巨峰系列品种可带袋采收,红色品种可在采收前10 d左右摘袋,以增加受光量,使果实着色良好。

(2)在果实近成熟时,摘除果穗附近的部分老叶,改善果穗光照条件,可以促进果实成熟,提高果实的抗病能力。

(3)采收。一般果实由绿色转为该品种固有色泽(白色品种变黄绿或黄白色,略呈透明状;紫色品种变浅紫或紫红、紫黑色,具有白色果粉;红色品种变浅红或深红色),果肉变软,手触有弹性,果蔓基部变褐色或红褐色,果穗梗木质化,穗尖果粒已具有本品种固有风味,种子暗棕色时为成熟的标志,即可采收鲜食。

葡萄果实往往同一植株的成熟期不一致,应分期分批采收。采收宜在多云或阴天进行。晴天宜在早晨露水干后采收,切忌雨天和雨后采收。采摘时手托果穗或手持果穗梗,从穗梗与新梢交界处剪下。采收要轻拿轻放,避免碰伤,并保护好果粒表面的果粉。

三、防治病虫害

葡萄果实生长中后期主要病害是炭疽病(又称晚腐病),需在坐果后套袋以前,选用10%施宝灵悬浮剂1 500～2 000倍、1%～2%等量式波尔多液、80%炭疽福美可湿性粉剂500～600倍液等药剂对果穗喷药保护。未套袋的葡萄园,在整个果实生长期,凡遇日降雨量达15 mm以上,雨停即喷洒上述农药防治。

虫害以吸果夜蛾类为害比较严重,其成虫多在果实成熟期吸食浆果的果汁,被害果粒伤口逐渐腐烂而脱落。防治方法:①果实套袋。②灯光避蛾和诱蛾,40 W金黄色荧光灯(波光593.4 nm)可以避蛾,平均每公顷挂15～30支,以果园外围的树为重点,灯距10～15 m,以不留黑暗空挡为原则,可使虫口减少30%～100%;40 W黑光灯(波光365 nm)诱蛾,每灯诱集范围35～40 m,灯下置0.2%的洗衣粉溶液缸,每日清晨清除落水死蛾,此法对趋光性强的种类有效,且需在大范围内同时进行诱集。③毒饵诱蛾,用香甜的伤果浸蘸90%敌百虫晶体或50%辛硫磷乳油50倍液,于傍晚挂在枝蔓间,可诱杀多种吸果夜蛾。但对专害健果的种类效果较差。

此外,还要注意防治蜂、鸟、鼠等对成熟期果粒的为害。

任务三 秋冬季管理

一、重施基肥

于秋末冬初(10～11月份)施入。以有机肥料为主,每公顷施用有机肥(以猪粪含氮量计)

45 000～75 000 kg，过磷酸钙（或钙镁磷肥）750～1 500 kg。此次施肥约占全年施肥量的60%。开深沟施入，如遇连续干旱天气，施肥后需灌水。

二、冬季修剪

葡萄冬季修剪在落叶后至第二年伤流期前进行，南方以 12 月份至次年 1 月份最为适宜，如过早修剪会影响树体营养积累，过晚则会引起大量伤流，导致植株衰弱，影响开花结果。

冬季修剪的主要内容：根据树体结果能力，剪留一定数量和一定长度的结果母蔓，并进行枝蔓的更新修剪。

【技能训练】3-8 葡萄冬季修剪

一、实训目的

通过实训，初步掌握葡萄冬季修剪方法。

二、材料与用具

材料：冬季落叶后的葡萄树。

用具：枝剪、绳子等。

三、实训提示

1. 以结果母蔓修剪为主，结合结果母蔓的更新。对适合主蔓更新的葡萄园也同时进行主蔓更新。

2. 实训时先由教师讲解并示范，然后学生分组或个人进行修剪。

3. 修剪下的枝蔓要从架上取下并拿出园外集中烧毁。

四、实训内容

1. 结果母蔓修剪

修剪原则是"以产定剪"，根据所预定的产量指标确定修剪量，保留合理的结果母蔓数。对已经结过果的结果蔓全部剪除，对生长蔓进行短、中梢修剪（强枝蔓中梢修剪，中庸枝蔓短梢修剪），作为次年的结果母枝。修剪时，根据品种特性、架式、肥水条件及母蔓质量，对结果母蔓进行适当短截。根据修剪后枝条上所留芽数，修剪可分为 5 种修剪方法，即短梢修剪（留 3～4 芽）、中梢修剪（留 5～7 芽）、长梢修剪（留 8～12 芽）、极短梢修剪（留 1～2 芽）和极长梢修剪（留 12 芽以上）。短梢修剪适用于生长势弱、花芽着生节位低的品种及肥水不足的植株；中梢修剪适用于长势中庸、花芽着生节位居中的品种；长梢修剪适用于长势旺、花芽分布节位高或肥水条件好、架面大的情况；超长梢修剪主要用于幼旺树、延长枝和强旺枝；极短梢修剪用于枝蔓更新。实际修剪时常常是长、中、短梢修剪结合使用，强者长留，中庸者中剪，弱者短留或不留。中长梢修剪后的结果母蔓一般要均匀引缚在架面上。根据具体情况采用倾斜、水平、弓形等方式引缚。

选留做结果母蔓的优质枝蔓应充分成熟，粗而圆，髓部小，节间较短，节部突出，枝蔓褐色，芽体饱满，鳞片紧包。否则，为劣质枝蔓，不宜做结果母蔓。为防止剪口芽失水过多，结果母蔓剪截时应在节间进行，可留 2 cm 以上的桩或剪在上一节的节上。疏剪时一般保留 1 cm 的桩头，以免影响附近枝蔓的生长。

2. 结果母蔓更新

结果母蔓的更新有单枝更新和双枝更新两种方法：①单枝更新。冬剪不留预备枝，次年春季萌芽时，将结果母蔓牵引至水平位置或曲向下方，使其中、上部抽生结果蔓结果，基部选留一个生长良好的新梢培养为预备枝，如果预备枝上长有花穗可摘除，并将其直立扶持，使其生长健壮。冬季修剪时，把预备枝以上的部分(当年结果蔓)剪去，预备枝依其强弱采用长、中、短梢修剪，作为来年的结果母蔓。以后每年如此反复进行。②双枝更新。在同一基枝上，上部的结果母蔓按要求的长度(6～12节)修剪，在结果母蔓附近选一条发育良好的枝蔓留2芽短截，作为预备枝。次年结果母蔓抽生结果蔓开花结果，预备枝萌发成为两个新梢。冬季修剪时，将已结过果的枝蔓连同母蔓剪去，由预备枝萌发的两条枝蔓中，上部的一条作为下一年的结果母蔓，留6～12节短截，下部的一条留2芽短截作为预备枝。以后每年如此反复进行。

3. 主蔓更新

当主蔓结果部位严重外移或衰老，结果能力下降时(一般8～12年)，需进行主蔓更新。为了减少主蔓更新对产量的影响，应在更新前1～3年，有计划地选留和培养由基部萌发的蘖芽作为预备主蔓，当培养的预备主蔓能够承担一定产量时，再将要更新的老蔓剪除。葡萄隐芽寿命长，更新比较容易成功。

在冬季修剪时，还须修剪枯枝、病虫枝、细弱枝、过密枝、无利用价值的萌蘖枝、徒长枝和二、三次枝等。

五、实习报告

简述葡萄冬季修剪的注意事项。

六、考核评价

考核目标	考核要点	等级分值				考核说明
		A	B	C	D	
态度	时间观念，吃苦耐劳精神，团结协作能力，安全意识，材料用具准备。	20	16	12	8	1. 操作技能考核根据实地操作表现进行综合评定。 2. 实训态度　根据学生现场实际表现确定等级。
操作技能	能正确使用修枝剪；根据品种生长特性合理选留结果母蔓；结果母蔓或主蔓更新方法正确。	50	40	30	20	
实训报告	根据实训操作，总结出葡萄冬季修剪应注意的事项。	30	25	20	15	

任务四　其他管理技术

一、一年多次结果技术

在南方温暖地区，葡萄生长期长，副梢萌发次数多，花序原始体容易形成，采取适当的技术可以使葡萄一年多次结果。

1.药剂催芽诱发二次结果

在广西无霜期 330 d 以上的桂中以南地区，巨峰葡萄于霜期后的早春，利用 50%单氰胺 20 倍溶液醮涂结果母蔓剪口芽以下第二、三个冬芽进行催芽，促进第一造果适当早熟(6～7 月份均可)，果实成熟采收后，及时施肥，并做好病虫害防治工作。经过约 1 个月生长，恢复树势后，于 8 月中下旬进行修剪，把全部叶片剪除，并按照冬季修剪的要求进行修剪(选留结果母蔓)。然后用 50%单氰胺 20 倍溶液醮浸结果母蔓的剪口芽，促使冬芽萌发带有花穗的新梢，第二造果约在当年 12 月份左右成熟。

催芽剂除单氰胺外，还可选用石灰氮、二氯乙醇等。

2.激发冬芽当年萌发二次结果

在广西无霜期不足 330 d 的北部地区实施一年两熟葡萄栽培，因生长季节不够长，需在第一造果尚未成熟前把第二造果催出来，在霜冻之前收获第二造果。具体做法是：在春季主梢开花前 6～10 d，于主梢花穗以上留 7～9 张叶摘心，暂时保留顶端的 1～2 条副梢留 3～4 片叶打顶，其余的副梢全部抹除。第一造葡萄果实硬核期之前(顶端副梢老熟后)，剪除主梢顶端的副梢，刺激冬梢萌发出带有花穗的结果蔓，实现“两代同堂”的一年两熟目标。

3.利用副梢一年多次结果

在主梢开花前 15～20 d，于主梢花序上部 4～7 张叶片处摘心，摘心处以下必须有 1～2 个没有萌发的夏芽，同时将下部已萌发的夏芽副梢全部抹去，以集中养分于顶部尚未萌发的夏芽中，一般夏芽可以抽出带花穗的副梢。如果夏芽二次梢上没有花穗，待其展叶长到 4～5 张叶时，再留 2～3 张叶摘心，利用三次副梢结果。

葡萄一年多次结果，要求肥水条件较高，确保树势健壮。诱发副梢结果，在 7 月中旬以前诱发出副梢较适宜，否则二次果有效积温不足，品质差。易于多次结果的品种有巨峰、白香蕉、玫瑰、北醇等。

二、避雨栽培

南方地区温暖多雨，湿度大，露地栽培的葡萄病害严重，产量低，品质差。避雨栽培很好地克服了上述问题。

于开花前在树冠顶部搭架覆盖薄膜，采果后揭膜，全年覆盖 4 个月左右。覆盖时薄膜顶部离葡萄架要有 90 cm 左右，以免薄膜在架面上形成高温灼伤叶片。另外，覆盖后枝蔓略有徒长现象，要注意增施磷、钾肥，少施氮肥；雨后及时排水，保持园内不积水。

讨论与思考

1.根据葡萄生长发育对环境条件的要求，分析本地栽培葡萄的利弊。
2.葡萄夏季修剪包括哪些内容?
3.叙述葡萄疏花疏果的关键技术。
4.怎样进行葡萄冬季修剪?
5.促进葡萄一年结两次果的主要技术措施有哪些?
6.葡萄生长中后期主要有哪些病虫害?如何防治?

学习情景四　其他果树生产技术

知识目标

- 了解当地常见杂果类果树的主要栽培品种及其关键的栽培技术。

技能目标

- 能够识别当地常见杂果类果树的主要栽培品种。
- 掌握当地常见杂果类果树的土肥水管理、整形修剪和花果管理等操作技能。

项目一　番石榴生产

番石榴果实富含维生素C，每百克果肉含维生素C 150～330 mg。番石榴抗氧化能力强，常食番石榴可健体美容、提高免疫能力和血管弹性，利于营养物质的运输和大脑的发育。

广东、海南、福建、云南、广西是我国番石榴主产区。2010年全国番石榴栽植面积1.27万hm^2，收获面积1.21万hm^2，总产24.67万t，平均单产20.36 t/hm^2，产值7.75亿元(表4-1)。果园销售平均价格为3.14元/kg，单位面积平均产值63 930元/hm^2。

番石榴除可鲜食以外，还可加工生产番石榴果汁饮料，深受消费者青睐。

表4-1　2010年全国番石榴生产情况统计表

省(区)	年末实有面积/hm^2	年末总产量/万t	单位面积产量/(t/hm^2)	年末总产值/万元	各省种植面积占全国比例/%
广东	7513	15.13	20.15	57 521.30	59
海南	3 487	7.22	23.48	14 440.00	27
福建	1 580	2.13	15.02	9 504.47	12
云南	107	0.17	17.04	391.00	1
全国	12 687	24.66	20.36	77 457.77	100

注：据农业部南亚办《全国热带、南亚热带作物生产情况》(2010年)资料整理。

任务一　认识主要栽培品种

番石榴又称番桃、鸡矢果、拔仔等，属于桃金娘科番石榴属植物，热带常绿木本果树，原产于美洲墨西哥和秘鲁，广泛分布于热带、南亚热带地区。番石榴属约有150多个种，除番石榴外，还有许多可供食用的果实种类。

我国大陆种植的番石榴主要供鲜食，本地品种主要有福建的白蜜番石榴、青皮番石榴、吕宋番石榴，广西的白心番石榴、大果番石榴、无核番石榴，广东的胭脂红番石榴，云南的红心番石榴等。因这些品种果实偏小，多在农村房前屋后零星种植，未形成商业性大规模生产。

近年来，我国选择台湾的廿一世纪番石榴、珍珠番石榴和水晶番石榴三大品系作为商业性生产品种。这些新品种具有果实大、早结丰产、品质优、耐贮藏、销售价格较高等优点。目前我国商业性栽植面积最大的品种是珍珠番石榴。

珍珠番石榴是台湾省于1991年前后育出的优良品种，其树势较开张，生长壮旺。芽具有早熟性，成枝力强，每年能抽梢4～6次，枝梢延伸生长能力强，未经摘心和短截的强壮枝梢可延伸生长达1 m以上。混合花芽，只要树体健壮、养分积累充足的枝梢均可成为结果母枝。花蕾多着生于新梢第2～4节位的叶腋间，对生，每叶腋上可为单花、2花或3花。一年四季均能开花，一般多集中在4～5月份，花量占70%～80%，称为“正造花”；8～10月份花量占20%～30%，称为“番花”。果形为卵圆形或梨形，果顶圆大，果蒂渐尖。平均单果重在200～400 g，果肉厚1.2～2.5 cm。果实生长期正造果需70～80 d，番花果100～120 d。成熟时果皮黄绿色，果肉乳白色，种子较少，肉质爽脆嫩滑可口，汁较多，味清甜，果实富含维生素C。正造果风味较淡，可溶性固形物含量8%～10%；番花果可溶性固形物含量11%～13%，风味和口感均明显优于正造果。果实耐贮藏性好，常温下放置10～15 d仍保持原有品质，在8℃下贮藏20 d无异味。

珍珠番石榴生长快速，植后6～8个月即可开花结果。管理好的果园，定植后第一年株产可达5～10 kg，第二年株产10～15 kg，第三年株产20～25 kg，第四年后进入盛产期。

任务二 了解生物学特性

一、生长结果习性

1. 植株形态

番石榴为常绿小乔木或灌木，树高2～10 m，无中心干。树皮薄，呈深褐色，老树干皮部片状剥离，枝梢分枝低，嫩梢四棱形，老枝变圆形。叶对生、革质全缘、长椭圆形或长卵形，有茸毛，叶脉隆起，叶面暗绿，背面色较浅，秋冬气温低时呈紫红色。两性花，单生或2～3朵聚生于叶腋或侧生的花序上；萼管钟形或梨形，裂片4～5片，开花前闭合而呈不规则的分裂；花瓣白色，4～5片；雄蕊多数，分离，排成多列，着生于花盘上，花药近基部着生，纵裂；子房下位，与萼管合生，4～5室或更多，每室有胚珠多颗；浆果圆形、椭圆形或梨形，顶有宿存萼片，胎座肉质；幼果绿色，成熟果呈青绿、淡黄、粉红色或全红色；果肉白色、淡黄色或淡红色；内有细小坚硬种子多枚。单果重差异悬殊，小的不足50 g，大的近1 000 g，多数在100～500 g。

2. 枝梢生长

番石榴枝梢生长旺盛，芽具早熟性，成枝力强，顶端优势明显。在广西南部，幼龄树每年可抽梢3～5次。结果树每年抽生2次以上结果枝，以2年生枝基部所抽发的结果枝粗壮，结的果也大。一般在4月下旬萌发春梢，8～9月份萌发秋梢。在新梢长到30 cm时摘心，可促进生殖生长。

3. 开花与结果

在南亚热带地区主要集中在4～5月份和8～9月份开花；热带地区2～3月份开花。新梢枝条长出5～8对叶片、叶色由青黄色转为浅绿色，即抽蕾开花(图4-1)。番石榴花量大，需疏花疏果。

番石榴的果肉由花托及子房壁发育而成。番石榴的果实顶端常留存萼片，种子细小肾形或卵圆形,淡白色,种子多的每果可达到 100～300 粒,也有无核或少核的品种(图 4-2)。自开花至坐果约 20 d,出现小果后再经 20 d 左右小果转蒂(果实下垂),采收前 1 个月进入迅速膨大期,此时需要充足的水分和养分。

图 4-1 珍珠番石榴的花

图 4-2 珍珠番石榴的花和果实

(引自《中国果树分类学》,俞德浚,1979)

1. 花枝 2. 花纵剖面 3. 果实 4. 果实横剖面

番石榴的产量较稳定,嫁接苗定植的当年最好不要留果,以定植后 2～3 年结果为宜,产量以 5～12 年树最高,单株产量 25～50 kg,最高可达 100 kg 以上。

二、对环境条件的要求

1. 温度

番石榴生长要求温度在 15℃以上,果实发育最适宜温度为 23～28℃。最低月平均气温 15℃以上是番石榴的最适栽植区,最低月平均气温 10℃以上的地区为可植区。温度低于 12℃或高于 38℃营养生长停止。长时间在低于 8℃的低温阴雨条件下,叶片变黄(红)褐色;温度降低至－1～－2℃时,幼龄树会受冻枯死;低于－4℃,成年树地上部大部分受冻死亡。不同品种的耐寒力差异较大,中国台湾和泰国的番石榴品种耐寒力比本地番石榴品种差。

番石榴可以在我国热带、南亚热带年极端低温－2℃以上的地区种植,但作为商业性大规模生产,最好选择终年无霜或偶有轻霜的地区种植。

2. 水分

番石榴在年降雨量 1 000～2 000 mm、降水分布较均匀的地区种植,都能获得丰产。番石榴耐湿、耐旱性均较强,但是,花期雨水过多或过于干旱也会造成落花落果;果实发育期雨水过多易导致裂果,风味差;过于干旱会影响果实发育和枝梢的抽生。

3. 光照

番石榴树既喜光也较耐阴,在年日照时数 1 600 h 以上地区可满足番石榴对光照的要求。光照充足,则生长结果良好,果实品质佳。但暴露于强光下的果实容易被灼伤。过于郁闭的环境会造成枝条徒长,叶片变薄,坐果率低,且易滋生病虫害,降低果实品质。

4. 风

番石榴树属浅根性植物,大风暴雨容易发生树干倒伏、枝叶折断和落花落果、果实擦伤等现象,不宜在有强风侵袭的地区种植。在果实迅速膨大至成熟前后,枝条负荷加重,需采取加固树干措施。

5. 土壤

番石榴树对土壤要求不很严格，在 pH 4.5～8.2 土壤环境均能生长。然而，要获得高产优质，最好选土层深厚肥沃，有机质含量高，pH 5～6.5 的壤土或沙壤土为宜。

任务三 掌握生产技术要点

一、育苗

生产中多采用嫁接法繁殖番石榴种苗。选本地番石榴做砧木，当砧木苗离地面 15 cm 处的茎粗达 0.6 cm 以上时，便可以进行嫁接。选择优良品种的枝条做接穗，以生长充实、芽眼饱满、刚脱皮的 1～2 年生树冠外围已木质化的枝条为适宜。若在剪取接穗前 10～15 d 先摘去叶片，待芽眼即将萌发时才剪取供嫁接，效果更好。

二、栽培技术要点

(一)果园建立

建园用地以土层深厚、排水良好、富含有机质的沙壤土为佳。种植密度因品种、土壤、栽培管理水平等条件不同而异，常规栽培及平地土壤较肥沃者种植密度宜疏些，以早结丰产为目的及山地种植的果园可密些。以珍珠番石榴为例，一般株行距采用 2.5 m×3 m、3 m×4 m、4 m×5 m 等规格。种植前 1～2 个月，挖长×宽×深分别为 60 cm×60 cm×80 cm 的种植穴。回土前在每穴边撒 0.2～0.3 kg 石灰粉消毒，回土时把表土放底层，心土放上层，当回土深度达种植穴的 2/3 处时，每穴施鸡粪或猪粪 25 kg、菜籽饼(或花生麸)肥 3 kg、过磷酸钙 1.5 kg(三者混合沤制腐熟)，有条件的加塘泥 50 kg。将上述肥料和穴土混合回填，回土高出地面 10～15 cm，以备定植。

春、秋季均可种植，但以春植成活率高，生长快，年末养分积累多，有利于越冬。在广州地区以 3～4 月份种植，在广西以 2 月下旬至 3 月中旬种植较好。秋植生长慢，年末枝芽未充实，影响越冬。若采用营养袋育苗，在春、夏、秋季均可种植。

定植苗木应为接口处直径 1 cm 以上，侧根发达，嫁接口愈合良好，没有病虫害的壮苗。定植时在定植点上挖开穴土，填入一层 3～5 cm 表土，放入苗木，让侧根自然舒展分布，分层填回土，把表土压实，再填回被挖开的穴土，种植深度以泥土盖过苗木根部原土痕(根颈处)2 cm 为宜。做一个直径 60～70 cm 的树盘，并盖上覆盖物保湿，浇足定根水。以后视天气情况酌情淋水，保持根际土壤湿润。定植时用竹竿插入根颈附近的土中，将定植苗固定在竹竿上，以免大风摇动苗木，影响成活。

(二)施肥技术

植后一年内，以促进枝梢生长、扩大树冠为管理目标。从第三次梢开始即可开花结果，但过早挂果会影响树冠扩大，一般此时不宜让其开花坐果。施肥上以有机肥为主，化肥为辅，做到薄肥勤施，浓度逐次加大。做到每次梢至少施用1次以上肥料，在新梢萌动到抽出20～25 cm时施用。每次梢每株施用纯氮10～15 g，第一、二次梢按N：P_2O_5：K_2O=1：0.3：1配施磷、钾肥，第三次梢按N：P_2O_5：K_2O=1：0.6：1.2配施磷、钾肥。

定植第二年3月份每株施腐熟鸡粪20 kg、菜籽饼3 kg、过磷酸钙1.5 kg，沿树冠滴水线开深30 cm、长80 cm的半月形沟施下。以后视挂果情况及树体生长势酌情追施化肥，同时可进行根外追肥。如计划番花在8月下旬至9月上旬开放，需在6月下旬至7月上旬对非留果枝进行摘心，并于7月中旬施促梢肥1次，促其抽发新梢和花蕾，确保8月份有足够的番花。

(三)整形修剪

幼年树整形修剪总目标是尽快形成树冠，提高前期产量。一般在定植后苗高50～60 cm时对主干进行短截，促发新梢，选留分布均匀、分枝角度好(45°左右)的3条斜生枝作主枝。当主枝长至30～40 cm时再短截，促发分枝，各选留2～3条分枝作副主枝。其后再在主枝、副主枝上培养结果枝。定植2年内的幼龄树，要剪除斜生于靠近地面的小枝以及重叠枝、交叉枝及病虫枝，对较直立生长的旺枝要进行摘心，促进分枝，矮化树冠。

对以早结丰产、矮化密植为目标的果园，幼树必须运用矮干多分枝的整形修剪技术。对定干后抽生的第1轮新梢，应及时疏除花蕾，促进新梢生长粗壮。新梢长至10 cm时，疏弱留强，保留3条分布合理的枝梢。当新枝梢长至35 cm时进行抑强扶弱，并用塑料绳把枝条固定在种植时设立的护干上，调整枝梢生长方位和角度。待枝梢长至50 cm时，在40 cm处短截，再经1个月左右生长，每个枝梢又萌发3条新梢。如此周而复始，经6～10个月后，每株树的枝梢数可达20～30条。植后1～2年内果园空间较大，一般不需疏枝。从第3年起，修剪以培养结果枝组为主，同时疏除病虫枝、徒长枝、过密枝、纤细枝。对密植果园，单株末级枝梢总量要控制在80条以下，同时严格控制树冠高度在1.8～2 m，并使行间、株间的枝条不交叉。

(四)花果管理

花蕾多数着生在新梢第2～4对复叶的叶腋上。在适宜的温度条件下，从现蕾到开花需20～40 d，花多在夜间及早晨开放，早上9～10时谢花，花期15 d左右。番石榴的花为完全花，且大多数发育良好，自花能孕，结实力强，坐果率高达95%以上，生理落果少。

1.疏花疏果

番石榴成花量大，坐果率高，疏花疏果可以增加单果重，提高果实品质。生产中要按照计划产量决定疏果量和留果量。以珍珠番石榴为例，只要疏果合理、肥水管理到位，其平均单果重可达350 g，按每公顷种植1 333株(株行距2.5 m×3.0 m)、单造产果22 500 kg、株产16.9 kg计算，则每树留果50个就可以达到计划产量。一般成年树上每一果枝留1个果即可。

2.果实套袋

果实套袋能防止虫害(特别是橘小实蝇)和果面机械损伤，全面提高果实表面的光亮度。套袋时间应在幼果纵径3～4 cm(果实转蒂)时进行。

套袋材料使用双层聚丙烯材料。内层用4 mm厚白色泡沫网筒，外层用长25 cm、宽20 cm、厚0.02 mm的白色透明薄膜袋。先在果实转蒂期，用70%的甲基托布津可湿性粉剂1 500倍液+20%氰戊菊酯乳油1 000倍液等喷洒树冠，待药液干后即可套袋。套袋时先套上泡沫网袋，再套上塑料薄膜袋，网口与袋口要紧贴果柄扎牢，以防松脱。最后在套袋底部的左

图 4-3 番石榴果实套袋(泡沫网袋加塑料袋)

侧、中部、右侧各刺穿一个漏水孔，以防袋内积水(图 4-3)。

由于番石榴枝条较长且细，随着果实的增大，往往会造成枝干过度下垂，甚至断裂，生产上需设置支架护树护果。可选取以下方法：一是在树干附近竖一条竹竿(或木条)作护杆，然后用绳索把不同方向的 5～6 条三级主枝固定在护杆上；二是在果园行间设置护栏支架，把行间主枝固定在护栏上，起到护树护果的目的。

3. 果实采收

由于番石榴花期不一致，所以果实成熟也不一致。当果实具有品种固有的大小、色泽和品质，圆形或椭圆形，果皮由青绿色转为淡绿色或红色，鲜艳光亮散发香味时即可采收。要做到成熟一批采收一批。产地或近地销售者一般于九成至九成五成熟时采收。远距离异地销售以八成五到九成熟时采收为宜。采果篮底部和四周均要铺垫卫生纸，以免摩擦碰伤。采收时连同果实套袋一同采下，直接在果园用纸箱、竹筐或专用塑料果筐包装，直运附近市场销售或运到处理厂处理。采收宜 2～3 d 一次，最好在晴天或阴天上午进行。使用枝剪采收，带果蒂 0.5 cm。采收时应轻摘轻放。

(五)病虫害防治

番石榴生势强壮，叶片有强烈气味，叶背有毛，使病原孢子及虫卵不易附着，枝干木质较坚硬，故病虫害不多。

1. 主要病害及其防治

番石榴病害主要是炭疽病。为真菌性病害，主要危害枝条叶片和果实，致枯叶落叶落果或成僵果挂于树上，以夏、秋果受害严重。防治方法：剪除病枝、果并烧毁、增施钾肥提高植株抗病能力。于 7～8 月份，用 50%代森铵 1 000 倍液或 50%托布津 1 000 倍液或 75%百菌清 800 倍液或胶体硫 200 倍液或波尔多液连续 2～3 次喷药保护，每 10 d 喷洒 1 次。

2. 主要害虫及其防治

番石榴主要害虫有橘小实蝇、蚜虫、天牛、木蠹蛾和介壳虫等。

(1)橘小实蝇　又称柑橘小实蝇、东方果实蝇，其成虫外形似苍蝇、暗褐色，胸背面黑褐色，具两条黄色纵纹，体长 7～8 mm，翅展约 16 mm(图 4-4)。成虫全天羽化，以上午 8～10 时最盛。在适宜的温度下经 13～15 d 性器官发育成熟，交尾产卵，雌雄虫可交配 1 次至多次，1 只雌虫一般可产卵 600～900 粒。成虫在果皮与果肉间产卵，在果皮上留下产卵痕，危害随着水果成熟度的增加而增加。卵白色、两端尖、梭形，长约 1 mm。卵于果实内孵化成幼虫，幼虫蛆形、黄白色，体长 9～10 mm。幼虫孵化后

图 4-4 橘小实蝇成虫

即潜居果瓤大量取食，造成烂果和落果。果实丧失商品价值。成虫寿命很长，一般在1～4月份，在适宜条件下经过一个世代的繁殖就可能暴发成灾，橘小实蝇生长发育和繁殖的最适宜温度为20～30℃，田间世代重叠，成虫飞行能力较强，雄虫对性引诱很敏感。

橘小实蝇一般在雨量充沛时，雌虫产卵较多，种群增长快。在旱季，雌虫的产卵量低，种群受到压制，羽化的成虫无法从土壤中挣扎出来，且无法充分展翅，以至新羽化的成虫死亡率特别高。干旱还会造成蛹体的暂时性发育迟缓，甚至休眠，但一旦雨水充分时即可大量羽化。在土壤中生活的老熟幼虫、蛹和正在羽化的成虫会大量被其天敌——蚂蚁拖走。

(2)蚜虫　蚜虫是番石榴新梢主要害虫，每次新梢期均有发生危害，吸食叶片汁液，致新梢、叶片生长不正常，影响光合作用和树生势，也诱发煤烟病，影响果实品质。高温、干旱季节危害更严重。防治方法是在新梢期喷90%敌百虫800～1 000倍液1～2次。能有效控制其危害。

(3)天牛　以幼虫危害番石榴树干、主枝，从3～7月份均有发生，以清明前后较多。防治方法：采取人工捕杀成虫，刮除卵块，用钢丝钩杀已钻入枝干的幼虫，或注入农药熏杀毒死幼虫。

(4)木蠹蛾　以幼虫蛀危害枝、干表层，影响生势。防治方法：刮除幼虫，剪除受害严重的枝条。

(5)介壳虫　危害枝叶和果，吸食汁液，影响生势，降低果实商品价值，也诱发煤烟病。防治方法：剪除受害严重的枝梢，喷50%马拉硫磷800倍液或松脂合剂。

项目二　火龙果生产

火龙果又称红龙果。果实硕大，果皮鲜红，风味独特，果肉雪白或血红，甜而不腻，清甜爽口，肉质细滑，营养丰富，并具有多种保健功能。病虫害发生少，生产中可以不使用农药，容易生产无公害果品，备受消费者的青睐。在南方地区实行露地种植，在北方地区实行设施栽培也获得成功。

据农业部发展南亚热带作物办公室的统计，2010 年全国火龙果栽植面积 2 053 hm^2，其中收获面积 1 833 hm^2，总产 36 300 t，总产值 16 525 万元。广东省的栽种面积和收获面积分别占全国的 52% 和 58%，贵州、福建、云南和广西的种植面积也较大。全国平均单产为 19.83 t/hm^2。

任务一　认识主要栽培品种

火龙果属仙人掌科三角柱属植物，原产于中、南美洲，属典型的热带植物。因其果实外表红色、肉质鳞片酷似蛟龙外鳞而得名。火龙果有黄肉、红肉和白肉 3 种类型。

最早于 20 世纪 90 年代由南洋引入台湾省，再由台湾省改良引入海南、广东、广西等地栽培。

任务二　了解生物学特性

一、生物学特性

1. 根

火龙果的根群无主根，侧根大量分布在表土层。在雨季茎部会长出大量的气生根，为其实现攀缘生长、获取水分提供了保证。

2. 茎、叶、芽

火龙果的茎是主要的光合作用器官，多为三棱柱形，茎内部含有大量饱含黏稠液体的薄壁细胞，以便在雨季吸收尽可能多的水分。除非埋于地下或者适应不良环境的需要，茎干木质化程度少。由于长期生长在热带沙漠地区，其叶片已基本退化成针刺，腋芽也演化为刺座。

茎部棱角的尖锐程度、刺座间距、刺的多少、茎干扭曲程度是判断品种与营养状况的主要依据。

3. 花和果实

火龙果的花为两性花，巨大而艳丽，长达30～50 cm。在同一株植株上，一批花的开放时间比较一致。授粉受精的花朵子房膨大后，花瓣便萎蔫。谢花后35～45 d，果实完成膨大和着色过程，成熟时果皮(鳞片)呈现鲜红色。果实多为椭圆形，果皮红色，表面有疏散的肉质鳞片，果肉颜色因品种不同而异，有白色、红色或者粉红色。种子小而多，分布于果肉中(图4-5)。

作为生产性栽培的火龙果都是自花亲和品种，而采取相邻亚种的间种更能提高结实率。

图 4-5 火龙果花和果实

二、对环境条件的要求

1. 光照

火龙果是典型的喜阳植物。阳光充足，光合效能高，肉茎粗壮，色泽浓绿，花多果大；光照不足，则茎细色淡，果少而小。火龙果的最适光照强度在8 000 lx以上，低于2 500 lx的光照条件对营养积累有明显影响。但对于比较老熟的枝段，如果强度直射时间太长，也会造成茎干灼伤。

2. 温度

温度是决定火龙果布局及生长发育的重要因素。火龙果原产热带地区，属典型的热带和亚热带水果，它不怕高温却很怕低温。最适生长温区在25～35℃，植株生长的最低温度约16℃，温度低于15℃和高于38℃将停止生长。在南宁露天栽培情况下，一般要到4月中下旬才长出新叶，抽生花蕾，5月中下旬开第一批花(比番石榴开花晚近1个月)。冬季如遇低于10℃的连续低温阴雨天气容易发生寒害，叶片褐变或叶肉腐烂。

3. 水分

火龙果属耐旱植物，但果实生长发育却需要较充沛的水分，因为土壤中的水分可影响根系的发育，而根系发育又直接影响到植株是否能够快速生长。如果土壤长期缺乏水分，则停止生长，甚至使原本粗壮的肉茎会慢慢枯萎。每年的5～11月份，是火龙果开花结果期，此时需水较多，特别在果实膨大期所需水分最多，要求土壤中的持水量保持在50%～80%为好。但遇气温高，大气干燥天气，就应进行人工浇水。同样，如果土壤中的水分过多，导致缺氧，火龙果的根部就容易腐烂，要注意防御园地积水。

4. 土壤

火龙果对土壤的适应性极其广泛，它能够在山地、旱地、半旱地、石山地、荒地、渍水的低洼地生长良好，尤其是与本地量天尺(别名霸王花)进行嫁接后的火龙果，其适应性更加广泛。中性或微偏碱性的土壤是其最适宜生长的pH土壤环境，即pH在7～7.8之间。因此，对于种植在曾经多次施过化肥的土壤中，建议最好用草木灰、石灰、河蚌壳粉等进行土壤微碱化处理。

虽然火龙果对土壤酸碱度的选择不太严格，但合理的土壤 pH 对火龙果速生快长和丰产同样有着重要意义。

5. 附着物

火龙果是藤蔓类植物，它的生长需要依附在一定的附着物上，对于附着物材料的选择没有什么严格要求，只要附着物有一定的硬度且垂直向上就可以了。因此，种植火龙果时一般都要在植株旁边立一根支柱，可以是水泥柱，也可以是木桩，也可以用铁网或铁丝牵引。

6. 土壤肥力

与其他水果相比，火龙果在种植前期用肥量少。但是，这并不等于火龙果不需要各种营养成分，相反，由于火龙果生长速度快，单位面积产量高，在整个生长周期中所需要的肥料必须充足。总之，火龙果是一种喜肥怕瘦的水果品种，在生长前期应供足氮肥，以帮助植株快速长高长壮，多分枝条；在植株生长中后期则应多均衡施用氮、磷、钾肥，以增加植株的光合作用，促使植株早开花和提高果实中的蛋白质、维生素含量等。另外，由于火龙果的抗病性非常强，是发展绿色水果的首选品种之一，因此，应多施用有机肥，少施化肥。采取草生栽培法种植火龙果可为火龙果的生长发育创造了良好的水肥气热条件，提高了火龙果的光合效率，为丰产优质奠定了基础。

任务三 掌握生产技术要点

一、育苗

1. 扦插繁殖

首先是做好基质的配制。火龙果耐旱怕涝，育苗基质的配制要求疏松透气，排水良好。一般沙质壤土、腐熟的锯木屑、腐熟的农家肥和煤渣按适当的比例充分混合。并使用 25% 的多菌灵可湿性粉剂对基质进行杀菌消毒。基质既不能太干也不能太湿，以手捏成团，松手即散为宜。其次是做好枝条的采集。采集丰产、稳产、优质、无病虫害的健壮的挂果母树，粗壮、色深、充分老熟的健壮枝条。将枝条剪成约 20 cm 长的枝段，削去下端 2 cm 左右枝段的肉质部分，只保留木质部，注意枝条的方向，不能削倒，枝条削好后放置于阴凉、通风、干燥的地方 2～3 d，扦插于准备好的营养土（或营养钵）中，并置于避雨通风的育苗棚内。其三是注意扦插时间。火龙果苗木的扦插繁殖在温控设施内可周年进行，在自然生态下，以 3～10 月份最为适合，扦插时如遇高温多雨季节要进行遮阳和防雨。火龙果苗生长的最适宜气温为 25～35℃，在该条件下，有利形成层细胞分裂处于旺盛及伤口的愈合，促进生根。温度低于 8℃ 或高于 40℃，其细胞分裂活动处于停滞状态，不利于伤口愈合，生根缓慢。

2. 扦插后的管理

苗木扦插后初期不能淋水，同时要避免淋雨和烈日暴晒，雨季最好用塑料薄膜挡雨，在生根前若营养土不是太干，一般不浇水，若营养土过于干燥，可适当浇水。枝条扦插 20 d 开始生根，35 d 后开始萌发，枝条生根后要保持营养土湿润，但不能积水。待枝条长到 3～5 cm 时适当施稀的粪水，促使枝条抽生健壮，枝条长至 10 cm 左右时即可移栽。

二、园地的选择

首先要考虑气候，火龙果原产于中美洲的热带地区，现分布于世界热带和较温暖的亚热带地区，需要较高的温度和适量的降水，不耐霜冻，温度低于10℃和高于38℃将停止生长，较耐旱，需要充足的光照，抗风能力较强。因此，火龙果宜在年均温20℃以上、冬季无霜冻的热带和南亚热带地区种植。其次是选择土壤。火龙果对土壤的适应性较强，在沙土、黏壤土上均能生长，但以排水良好、肥沃、疏松、团粒结构良好又不沙质化的壤土为好。最适宜的土壤pH为6～7.5。透气不良、积水、酸性过强的土壤可导致根群死亡。地下水位较高的土壤，应通过开沟排水等方法降低地下水位后再进行栽植。在我国热带和南亚热带的一些地区红壤、砖红壤结构不良，有机质含量极低，透气性或保水保肥力差，在栽植时最好先进行土壤改良。

三、栽植管理技术

火龙果栽植时注意慎选主栽品种，栽前做好准备工作，深挖浅栽，提高成活率。

(一)良种选配

选用主栽品种，不但要考虑到果实的品质，也要考虑其丰产性能和抗逆性。由于目前主栽品种中红肉品种与白肉品种自花亲和力差异较大，红肉品种自花不亲和现象比较明显，而白肉品种自花不亲和现象较少。因此，以红白肉品种搭配种植较好。可选用红肉型品种“珠龙”或“红仙蜜1号”，白肉型品种选择“白玉龙”等。具体种植时最好是一行红肉型，一行白肉型；或两行红肉型，一行白肉型，以提高产量和品质。

(二)支柱栽培及种植密度

火龙果需要有人造的支撑物使其枝条往上攀爬，到顶端后枝条自然下垂。观察发现，下垂枝条是主要的结果枝。因此，在选用支撑物时要考虑以下3点：结构牢固，能耐重力和台风；材质耐腐蚀，强度够；造价便宜。能同时符合上述3个条件的就是最好的支撑架。下面以水泥柱为例说明。

水泥柱栽植法：水泥柱总长2.1 m，内以钢筋支撑，做成0.1 m×0.1 m×2.1 m的柱体，且在离顶端0.1 m处作“十”字对称小孔，以便在将来安放支撑物。以2 m×3 m的株行距设立水泥柱，每公顷立柱1 650根，水泥柱埋入地下0.5 m，地上1.6 m，立好水泥柱后，在柱四周分别种果苗3株，每公顷种植4 950株，为了让苗木尽早上架和培养气生根，当苗木长到一定长度，便将苗木绑扎于柱子上。在气温25～35℃的气候条件下，定植时0.4 m高的苗木6个月就可长到1.5 m高。当枝条长长后，应添加防晒材料的PVC圈等物作为支撑支架，并将枝条固定在支架上，让枝条自然下垂，成为结果枝。

(三)种植时间和方法

火龙果种植时间以3～11月份为好，因其时植株体内贮藏营养丰富，水分蒸腾较少，栽植成活率较高。

无论是平地建园或是山地建园，种植前均应按规划要求确定苗木栽植点，并在定植点上挖穴栽植。栽植穴最好于栽植前挖好，使下层土壤充分熟化。定植穴的大小，应根据土壤厚薄、坡度大小、地下水位高低和土壤墒情而定。一般而言，大穴利于果树根系生长和发育，小穴则会限制根系扩展和枝干生长。在南方地下水位较高和多雨地区，最好是在排出穴内积水或降低园地地下水位后种植。种植时环绕水泥柱挖深约 10 cm 的圆穴，将发酵过的有机肥与泥土混匀施于穴底，定植深度为 5～8 cm，将种苗种在穴上，再覆薄土即可。

(四)火龙果的灌溉与排水技术

1. 灌水

水在果树中起着维持细胞膨压，保证气孔开张和二氧化碳进入的作用。土壤中的养分也要在溶于水的条件下才能被吸收利用。水还影响到果树蒸腾，调节树体温度，保证光合产物及矿质营养的运输。所以适时浇水是保证早产、丰产、优质的重要措施之一。

一般地，在土壤含水量低于土壤最大持水量的 60%时需灌溉。发芽前后至开花期如土壤水分充足，可以促进新梢的生长，加大叶面积，增强光合作用，使开花坐果正常，为当年丰产打下基础。在春旱地区，此期灌水尤为重要。新梢生长和幼果膨大期是需水临界期，果树生理机能最旺，如水分不足，叶片会夺去幼果的水分，使幼果皱缩而脱落。果实迅速膨大期适度浇水可满足果实膨大对肥水的要求，但要掌握好浇水量。采果前后及休眠期如遇秋冬干旱需灌水，以利于肥料的分解、促进果树的生长发育。

灌水以穴灌和滴灌为好。至于灌水量一般以土壤充分湿润为宜，一次灌水量不能太多也不应太少。

2. 排水

火龙果根部最忌积水而导致缺氧，影响根部的呼吸甚至引起植株死亡。因此，要做好防洪防涝等排水工作，建好排水沟、排洪道等，以使雨季能及时排水防涝。

(五)田间管理

火龙果较耐旱，定植初期 2～3 d 浇水一次，以后保持土壤潮湿即可。火龙果根系分布较浅，施肥宜少量多次，防止烧根、烂根。定植苗发芽后，可在离苗 10 cm 左右的定植穴内施入稀薄人粪尿，每株 1 kg 左右，以后每次发芽时施入一次加有 0.3%尿素和 0.1%氯化钾的混合人粪尿，直至火龙果开花为止。第 1 年施肥 6～8 次，以氮肥为主，结合钾、钙、镁、磷肥等。冬季覆盖一次腐熟有机肥或菇渣，每株 10 kg 左右，增强植株保温抗寒能力。开花结果后，年施肥 3 次，分别在 4 月份、8 月份和 12 月份施放，以腐熟有机肥和三元复合肥为主。施肥的原则是薄肥勤施。由于果实采收期长，每年都要重施有机肥，氮、磷、钾复合肥要均衡长期施用。开花结果期间要增补钾、镁肥，以促进果实糖分积累，提高品质。

火龙果植后 12～14 个月开始开花结果，管理水平高的果园，每年可开花 12～15 次，4～11 月份为产果期，谢花后 30～40 d 可采收，单果重因品种不同和肥水管理水平高低而异，白玉品种单果重可达 500～1 000 g，红玉品种一般在 350～750 g。植后第二年为试产期，第三年进入盛产期，管理水平较高的果园每公顷产量可达 30 000 kg 以上，红玉种产量会低些(图 4-6)。

图 4-6 火龙果园挂果状

(六)定形修剪

枝条攀缘至水泥柱顶前让其维持单枝生长，靠气生根及人工捆缚，茎沿柱上攀至顶，再伸长则搭在铁圈上往四周散布下垂，只有下垂枝才易现蕾开花。待长至柱顶后(1.5 m)摘心,促进分枝并让枝条自然下垂,积累养分,提早开花结果。生长良好的植株自然发芽力较高,一般每枝可抽发 3～5 条新枝,在营养生长期视生长情况留 2～3 条生长健壮的枝条;在生殖生长期间,为保证果实发育的营养需求,新萌发的枝条应全部疏去。

(七)花果管理

种植红肉类型火龙果时,要间种 10%左右的白肉类型的火龙果。品种之间相互授粉,可以明显提高结实率。遇阴雨天气时要进行人工授粉,授粉可在傍晚花开或清晨花尚未闭合前进行,用毛笔直接将花粉涂到雌花柱头上,以提高坐果率。

1.疏花疏果

火龙果花期长,开花能力强,5～10 月份均可开花,每枝平均每个花季会着生花蕾 2 个以上。当幼果横径达 2 cm 左右时开始疏果,每枝留一个发育饱满、颜色鲜绿、无损伤和畸形,又有一定生长空间的幼果。疏除其余的幼果,以集中养分,促进果实生长。

2.果实套袋

应在果皮转色前用牛皮纸袋等套果,以保持果皮均匀着色,并防止飞鸟、黄蜂等叮咬以及被风刮伤和日光暴晒,提高商品价值。

3.适时采收

果实生育期随生产季节、地理位置和品种而异。一般开花后约 45 d 即可采收。过迟采收,不但会引起裂果,还会引起果皮局部颜色变黑,影响商品价值。对于长途运输或需长时间存放的果实,宜在果实软化、颜色变暗前采收。

项目三　杨桃生产

任务一　认识主要栽培品种

杨桃又名阳桃、五敛子、三廉子。属酢浆草科五敛子属。果形多为为五棱椭圆形，横切面呈五角星状。杨桃分为两类，即甜杨桃和酸杨桃，以甜杨桃品质为好。甜杨桃可当年种，当年结果，一年结果2～3次。一般种后第三年，株产可达20～30 kg，早结丰产。

一、马来西亚B_{10}甜杨桃

原产于马来西亚，被海南省命名为"香蜜杨桃"。浆果椭圆形，果顶钝圆；未熟时果青绿色，充分成熟时黄色；皮薄、有蜡质光泽，果形美观；果棱较厚，单果重150～300 g；果肉淡黄色、汁多清甜、化渣、纤维少、果心小、种子少或无，可食率达88%～96%。

二、马来西亚B_{17}甜杨桃

原产于马来西亚，也称水晶蜜杨桃、红杨桃。该品种生长快，当年种植，当年便能开花结果，果实大，单果重200～400 g，未熟果皮有明显的水晶状果点，果实成熟时果皮果肉呈金黄色，果棱边缘绿色，肉脆化渣、汁多，香甜可口，有蜜香气，果心小、种子少，品质及优，产量高。但该品种自花授粉率低，生产上需配置6∶1授粉树才能丰产。

三、台农一号甜杨桃

该品种枝条柔软，枝条呈橙红色带有白色斑点突起；果呈长纺锤形，果蒂突起，果尖钝，果皮薄，肉色金黄，光滑美观，果大肉细、纤维少，品质优良，风味清香，平均单果重338 g左右，丰产。但其皮薄，不耐储藏。

四、新加坡杨桃

新加坡杨桃是目前最为优良的杨桃品种之一，单果重达280 g以上，果形端正，果色鲜黄，果棱厚，肉爽脆化渣，果心小，种子少或无，可食率高，汁多清甜。可溶性固形物含量多在10%以上。该品种生长快，结果早，丰产稳产，适应性强。由于新加坡杨桃品质优，耐贮性较好，目前售价高于普通杨桃2～3倍。

任务二 了解生物学特性

一、枝梢生长

杨桃的成枝力很强，新梢生长迅速，一般的春植树至次年即可形成树冠，并开始正常开花结果。春梢以及二年生的下垂枝是主要的结果枝，特别是2～3年生的长枝结果最好。

二、花与开花期

杨桃的花序一般从一年生的枝条叶腋抽出，每年可抽生4～5次，常见花果并存现象。在多年生的骨干枝上，也能抽生花序和开花结果。杨桃的枝桩（短截修剪时留下的枝段）也能抽生花枝及带叶结果枝，这一特点与许多其他类果树不同。花期主要集中在5～11月份，供果期主要以8月份、10月份至次年1月份3个时期。

三、果实发育

杨桃开花至果实成熟需60～90 d。果实发育过程中，随成熟度增加，含水量及糖度增加，酸度下降，果皮颜色也发生变化。

不同年龄的枝条和在树冠上不同部位所结的果实品质不同。一般在老枝上结的果较小而味淡、品质差；一年生枝条上结的果大而品质好，结果量也较多；在树冠周围结的果，果大而形正，尤其在外围下垂枝上的果，糖分高，品质好。

任务三 掌握生产技术要点

一、施肥

1.幼龄树施肥

幼龄树施肥应薄肥勤施为宜。定植后1个月开始施肥，每月1次，每株施腐熟人畜粪尿约5 kg或等量的尿素，在树冠滴水线处挖一环状沟，施后覆土，每月1次，至11月以后，植株生长缓慢，应停止施速效肥，施用腐熟的禽畜粪肥、土杂肥，每株约10 kg，穴施，以增强树势和提高抗寒力。

2.结果树施肥

进入结果期，每年5～11月份，营养生长与生殖生长同时进行，需肥量大，应连续施肥。以有机肥为主，适当施用化肥。

（1）基肥　12月份施重肥，以有机质肥为主，对增强树势和抗寒力，减少冬季落叶枯枝、提高来年产量有重要作用。每株施腐熟的猪牛粪30 kg、磷肥2 kg、石灰1 kg，挖坑深施。

(2)追肥　杨桃一年可抽5～6次梢，多次开花结果，消耗养分和水分多，结果期每造果一般进行4次追肥，才能满足枝梢正常生长和花果发育的需要。以第一造果为例，需进行以下4次追肥：

催花肥：于3～4月份春梢抽出后施用，以有机肥与无机肥相结合。将过磷酸钙、花生麸、人畜粪尿按2∶3∶100的比例沤制，初结果树每株5～10 kg兑水50 kg，加少量尿素效果更佳，淋施或沟施，或株施复合肥0.2～0.3 kg、尿素0.2 kg。

保果肥：在6～7月份，正造果拇指大并开始转蒂下垂时施用，每株施5～10 kg腐熟有机质肥，或复合肥0.5 kg、钾肥0.3 kg。

壮果肥：8月份以后，果实定形，充实，又有一批花继续开放，可再施一次肥。株施复合肥0.5 kg、钾肥0.25 kg。此时气温较高，宜傍晚施肥。若干旱，施肥后要灌水。

促熟肥：为使果实早熟和提高品质，于每造果成熟前，再施1次速效化肥，以尿素为主，配合钾肥，每株施尿素20 g、氯化钾10 g，并适当控水。结果树的施肥量应随树龄和产量增加而增加。

二、排灌水

杨桃根系不耐涝，长时间水浸易烂根、落叶落果。若水浸加上高温，受害更严重。故雨季到来前要疏通排水沟，降低地下水位。杨桃根系分布浅，也易受旱，故久旱未雨时要及时灌溉，用干草覆盖树盘，保持土壤湿润，并降低土壤温度，以适应根系的正常生长。

三、整形修剪

1.幼龄树整形

幼树定植后应在树旁立桩支撑，主干在离地面60～70 cm处截顶，促进分枝，培养3～4条主枝。当主枝生长超过40 cm时，进行短截，继续让其分枝。每基枝留2～3条分枝，枝梢长度超过40 cm时，再在40 cm处截断，促进分枝。如此重复，形成主枝分布均匀、结构牢固的圆伞形树冠，一年后每株就有20～30个枝条，高度控制在1.5 m、冠幅1.2 m以上，形成具有开花结果能力的树冠骨架。

幼龄树要着重整形，尽量保留枝条，增加分枝，扩大树冠面积，短截徒长枝，促生分枝。对枝条分布不均匀的植株，可用拉枝的方法调整枝梢生长方向。初结果树既要有一定产量又要继续扩大树冠，应尽量保留中、下部枝条，但对基部结过果的细弱枝应剪去，并适当疏删部分顶部枝条。

2.结果树修剪

杨桃结果树修剪重点放在调节树体长势平衡，更新树体上。进入结果期后，一般每年修剪2次，4月底以前剪除越冬后的干枯枝条，促进春梢萌发；6月份剪除徒长枝和过密纤弱枝，保留分布均匀的下垂枝群作结果枝。对幼年结果树，可适当疏剪树冠上层徒长枝，以抑制向上生长。对老弱树枝则要培养树冠上部枝条，以荫蔽树干，并充分利用徒长枝填补树干空位和更替老枝。

结果树修剪宜轻，对中下部枝条要尽量保留。对树冠内部枝条修剪时，保留枝条基部3～4 cm短截，可促进其开花结果。

冬季修剪主要将树干基部的细弱枝、病虫枝以及徒长枝剪除。保留10～20 cm的下垂枝作为结果枝，次年开花结果。

四、花果管理

1. 疏花

对弱势树、多花树，要疏去弱花及过密过多的花；对健壮结果树，应在开花前，将主干、主枝上着生的花穗除去，抽花穗后要疏去50%的花量。

2. 疏果

杨桃为总状花序，腋生，每个花序有花10～20朵，如果让其自然结果，结果量过多，果实大小、品质受到影响，生产中需要疏果。疏果分2次进行，一次是在坐果后20～30 d果实长到拇指大时，另一次在果实套袋前。

疏果原则上是“去上留下，去外留内，去小留大，去歪留正”，即树冠顶部和外围易受强日晒，生长发育不良的、品质差的，应疏除；疏去畸形果、病虫果以及太密的小果，保留果形端正、个大、着生在较粗枝条上的果。一般一个花序只留1～2个果，力求树冠内果实分布均衡。

3. 果实套袋

杨桃皮薄汁多，易受病虫害和机械损伤，套袋可防止鸟害、虫害，可以减少农药用量，减少日灼病发生，使果面色泽均匀，提高商品质量。一般套袋的优质大果率可比未套的提高30%左右。

当果实横径达2～3 cm、长5 cm时，即可套袋。套袋前1～2 d全园喷洒一次杀虫、杀螨、杀菌剂，药剂可选择除虫菊酯类、多菌灵、甲基托布津等，药液干后套袋。喷药后2～3 d之内必须把袋套上。杨桃果实套袋材料应用白色纸袋或杨桃专用袋。

五、采收和贮运

果实完全转为淡黄色时即可采收。果实成熟期不一致时，则分批采收。采收时应避免果实的机械损伤。果实采下后要避免日晒，以利于长途运输和贮藏。杨桃果大皮薄，在贮运过程中容易撞伤、压伤。所以在包装过程中每层果之间用白纸衬垫，把果实逐个竖放在五棱形的塑料托盘果位上，把果实固定，分层叠放，以减少损伤。

项目四　枇杷生产

任务一　认识主要栽培品种

我国华南地区栽培面积较大的枇杷品种主要有：大五星、解放钟、白沙、白玉等。

一、大五星

该品种果大，平均单果重 80 g 左右，果顶呈明显大五星状，果皮果肉橙红色，可溶性固形物 13%，味甜，有香气，种子 2～4 粒，可食率 80%以上，品质佳；早结丰产，适应性好。

二、解放钟

该品种树势强，枝梢粗壮，树姿直立；果硕大，单果重 70～80 g，果皮和果肉均呈淡红色，可食率 71%左右；果肉味甜；属于中熟品种，在广西的采收期为 5 月上中旬，品质中上，较丰产，适宜鲜食。

三、白沙

该品种树势中庸，树形开张，树冠呈圆锥形至圆头形；平均单果重 25 g 左右，果皮淡红色，多锈斑，皮薄易剥，果肉乳白色，味甜，极宜鲜食；开花偏早，花期较短，树势偏弱，抗性差，有大小年结果现象。

四、白玉

该品种树势强健，树冠呈高圆头形；平均单果重 30 g 左右，果皮淡红色，果肉洁白色，肉质细嫩多汁，味鲜甜，品质佳，可食率 70%左右；果实在 5～6 月份成熟，丰产、稳产。

任务二　了解生物学特性

一、生长习性

1. 枝梢生长特性

枇杷一年四季都可抽生新梢。顶芽发达，侧芽小而弱。一般顶芽和顶芽以下 1～5 个侧芽萌发，其他侧芽不萌发成为潜伏芽，因此，枇杷的新梢都集中于枝的先端部分。

(1)春梢 2～4 月份抽生　为枇杷生长最重要的枝梢，生长量大，生长整齐，枝短而粗，叶片最大，可作为当年结果母枝，或成为夏梢或秋梢抽生的基枝。

(2)夏梢 5～7 月份抽生　夏季由于气温高、雨水充足，此时果实已采收结束，养分集中，几乎所有的枝条均能抽生夏梢，枝梢多而整齐，是当年的主要结果母枝。采收后及时施肥，可使夏梢抽生良好，形成大量结果母枝，是保证枇杷丰产的重要措施之一。夏梢不但有恢复树势的作用，而且能连续抽生，当年秋季可继续开花结果，故枇杷大小年结果不明显。

(3)秋梢 8～10 月份抽生　常于当年春、夏梢的顶端延伸而成，没有花穗的植株抽生秋梢较多。

(4)冬梢 11 月份以后抽生　在幼树和进行过疏花的旺树上，能抽发一次冬梢。冬梢生长较弱，有加快树冠扩展和增强树势的作用。

枇杷的枝干怕烈日直射，修剪后的枝条如无叶片遮挡，则易发生枯死或生长衰弱，因此，修剪要特别注意，强度不宜过大，尤其是夏季修剪。

2. 结果母枝和结果枝

枇杷结果母枝大多数是生长充实的春梢及从春梢上抽生的夏梢。

根据结果母枝抽生部位的不同有可分为顶芽枝结果母枝和侧芽枝结果母枝，顶芽枝结果母枝由顶花芽萌发后，逐渐伸长，抽生结果枝，结果枝短而粗壮，叶片长而宽，花穗形成早而大，开花也早；侧芽枝结果母枝由侧芽抽生的新梢花芽分化而成，枝长、节间长、叶片小、花穗形成迟而小，开花也迟。

结果枝基部着生小叶，上部着生花序，称为有叶结果枝；不抽生叶片，而是直接自其顶端抽生花序开花，称为无叶结果枝。

二、结果习性

1. 花芽分化

枇杷的花芽为混合芽，属夏秋分化型，一般当年 8～9 月份分化，10 月份分化完成。

2. 开花习性

枇杷通常是在 9～11 月份抽花穗。由于枇杷不同结果母枝的抽穗期差异很大，加上花穗为复总状花序，故其开花期很长，达 2～3 个月。

枇杷花量多，每花穗有 50～150 朵花，加上花期长，因此，枇杷的产量一般是比较稳定的。枇杷为自花授粉结实，但异花授粉可提高坐果率。

3. 果实发育

枇杷果实为假果，可食用部分主要由花托发育而成；果实一般含种子 1～4 粒，多的有 6～10 粒，占全果重的 15%～25%，故果实的可食率较低；种子消耗养分过多，果实发育受影响，果实小，是枇杷单产较低的原因之一。如何减少种子的数量，减少养分的消耗，是今后研究的重要课题。

任务三 掌握生产技术要点

一、种植密度

种植密度通常为 3 m×4 m(833 株/hm^2），计划密植可按株行距 3 m×2 m(1 666 株/hm^2)种植。

二、幼树整形

枇杷以应采用无中心干的开心形或杯状形树形为好，树高控制在 2～3 m。整形方法：选择苗高 40～60 cm 的壮苗定植，在抽发的春梢或夏梢中选择角度、方位适宜的 3～4 枝作为主枝，若只需一层杯状形，则可将中心芽除去；若留二层以上主枝，则保留中心芽。第一层主枝与第二层主枝间距 1 m。

三、施肥

枇杷为常绿果树，叶茂花繁，需肥较多。据分析，枇杷果实含钾最多，氮磷次之。若氮肥施用过多时，果实大，而色味俱淡，外观和品质不佳。钾肥过多时，糖分虽增加，而肉质变粗硬。因此，三元素的配合应力求适当，才能使枇杷丰产优质。根据枇杷的生长结果特性，一般年施 3 次肥料。

1. 花前肥

9～10 月份现蕾至开花前施入。目的是促进花穗壮大，提高坐果率和增加防寒越冬能力，以迟效性有机肥为主，配施磷、钾肥，施肥量为全年 20%左右。

2. 果实膨大肥

2～3 月份果实迅速膨大期施入。通常在疏果后进行，以促进果实膨大，提高产量与品质。但应控制氮肥用量，增施磷钾肥，施肥量为全年 30%左右。

3. 采果肥

采果前后至夏梢抽发前施入，此时正值夏季，主要是促发夏梢，培养优良结果母枝，并促进 7～8 月份的花芽分化。由于夏梢抽发多而整齐，且当年多能形成结果母枝，因而促发夏梢是保证连年丰产的主要措施，所以此次施肥量较大，是最重要的一次施肥，施肥量约占全年的 50%。

四、结果树修剪

1. 成年树修剪

修剪时期有春季和夏季修剪。春季修剪在 2～3 月份春梢抽发前进行，主要是短截树冠上部未结果营养枝，疏除密生枝、病虫枝、枯枝。夏季修剪在采果时或采果后夏梢抽发前进行，主要是疏除密生枝、衰弱结果枝，短截结果枝和徒长枝等。各类枝梢修剪要点如下：

(1)枯枝、病虫枝随时剪除。

(2)疏除细弱密生枝，只留1～2个强壮枝。

(3)交叉枝，剪除其中一枝。

(4)幼树及旺树易抽发徒长枝，扰乱树形，一般应从基部剪除；位置适当的，可短截利用填补空缺。

(5)花量过多的树，在春剪时可结合疏花疏除和短截一部分结果枝。

(6)采果后夏剪时，剪除衰弱的结果枝，强壮的可留2～3叶短截，促发夏梢，成为翌年的结果母枝。

2. 衰老树的更新修剪

宜在春季进行。一般采用"半露骨"更新。结果枝经多年生长结果后，枝条长且基部无叶片，采果后要留10 cm左右进行短截或回缩，使更新后的新梢培养成强健的结果母枝。内膛或中心干上萌发的新梢也尽量保留，形成树冠内部绿叶层。

五、花果管理

1. 疏花穗

枇杷花穗多，花量大，消耗养分多，必须疏除部分花穗，才能提高坐果率。疏花穗一般在10～11月份进行，疏去密生花穗。疏穗的方法是：将部分花穗从基部疏除，如结果母枝上有3～4穗的疏去一穗，有4～5穗的疏去两穗，树冠顶部要多疏，中下部应尽量保留，其余每穗花的先端部分剪除1/3～1/2，疏去花穗量占总花穗量的20%左右。生产中要根据花量确定疏花的多少，适当疏花后，可使花穗得到充足的营养，提高坐果率。

2. 疏果

枇杷必须进行疏果，以保持果大，品质优良。一般在2月份幼果形成后疏果，疏去畸形果、病虫果、密生果及发育不良的小果。一般每穗留果3～8个，大果品种少留，小果品种多留；大年多疏少留，小年多留少疏；树冠顶部多疏，中下部少疏多留；强壮果枝多留，弱枝少留；同一果穗疏上留中间、疏两头。留果时注意小果之间保持一定距离，确保果实长大后相互之间不拥挤。

3. 果实套袋

套袋时间在最后一次疏果后进行为宜，一般在3月上中旬进行。套袋前喷洒一次广谱性杀虫剂与杀菌剂的混合药液，药液干后便可套袋。以专用果袋为好。可一果一袋或一穗一袋。在采果前5～10 d去掉果袋，使果面接受光照，以利于着色。

六、采收

枇杷果实的成熟时期不一致。不同栽培地区和不同品种成熟期不同，即使是同一品种、同一株树甚至同一花序上，开花先后不同，成熟期也不一致。因此，采收时必须做到采黄留青，分批采收。

枇杷成熟前果实仍然继续增大，着色前酸甜度急速转换。据测定，枇杷果实全面着色后的

4～5 d，糖分达到最高值，为采收适期。其感官表现为：果实顶部绿色减退，整个果实呈现固有的黄色、橙黄色或橙红色；果面有充分的光泽；果皮变柔韧，去皮容易。

过早采收会降低果实品质，影响产量；采收过迟则果实贮运性变差，且影响树势。采收时果柄不宜过长，注意轻拿轻放，不能碰压损伤果实。

项目五 油梨生产

任务一 认识主要栽培品种

油梨也称鳄梨、酪梨、樟梨、牛油果、幸福果，属于樟科鳄梨属。因其果实富含不饱和脂肪酸、果形多为梨形，有的品种果皮有瘤状突起、粗糙不平，酷似鳄鱼皮而得名。油梨营养丰富，保健作用好，不饱和脂肪酸和蛋白质含量较高，味如乳酪而有“森林黄油”之美称，是一种营养型、保健型水果。

一、油梨的种类

油梨的自然分布是以中美洲为中心，分布范围从热带的哥伦比亚至墨西哥南部的高山亚热带地区。根据原产地生态条件的不同，油梨主要分为 3 个种系，即西印度系、墨西哥系和危地马拉系。三者生态起源不同，对气候的适应性尤其是耐寒性也不一样。

1. 西印度系油梨

原产于中美洲加勒比海一带的安狄列斯群岛，故又名安狄列斯系油梨。自然分布在海拔 800 m 以下低地，对高温高湿的热带低地条件很适应，耐寒能力差，一般在 0℃以下的低温会严重受害，可视为热带果树。该种系的油梨果实大，果皮薄而光滑，单果重可达 1 kg 以上，果肉的脂肪含量低，一般仅占果肉的 7%～10%。花少有纤毛，新叶揉碎无茴香味。

2. 危地马拉系油梨

原产于危地马拉和墨西哥南部海拔 1 800 m 以下的山地丘陵，属中、南亚热带生态型的种系。耐寒能力较强，3 年生以上的植株在辐射低温降至－2.2℃时才会出现冻害，－6.1℃时才会严重受害，可视为亚热带果树。该种系在地球南、北纬 30°范围内的地区有广泛种植，甚至在美国北纬 37°的旧金山一带较避寒的地区也有栽培。我国以前引种的主要是这一种系，广西全区境内几乎都有过引种试种，在绝大部分地区均可安全越冬，并能正常生长，开花结实。这一种系中的不同品种，果实的外观和内质会有较大差异，从外观而言，有梨形、圆形、椭圆形、长椭圆形等，形状各异；单果重从 0.2～1 kg 不等，甚至更大；果皮表面有光滑的、粗糙的和瘤状突起的等，果实后熟时果皮有绿色、黄绿色、红色和紫黑色等不同颜色；成熟期有早、中和晚熟的品种，采收期可从当年 8 月份延续到第二年 2～3 月份；果肉的脂肪含量 10%～30%。花少有纤毛，嫩叶揉碎没有茴香味。

3.墨西哥系油梨

原产于墨西哥山地，自然分布可达 2 400～2 800 m 高山雪线以上的“山地冷带”气候区，属亚热带生态型品种，也是最抗寒的一个种系。一般平流低温和雨雪不会对它产生寒害，只有辐射低温达到－6～－10℃时，才会出现幼芽和枝叶冻害。可视为半亚热带果树。该种系的果实较小，一般单果重在 0.25 kg 以下，果皮薄且光滑，种子比例较大，可食部分少，故经济价值不大，目前我国引种较少。但该种系抗寒力强，果肉脂肪含量 18%～30%。因此，可作杂交育种的亲本，以培育抗寒和优质的油梨品种。花多纤毛，嫩叶红色，揉碎有强烈的茴香气味，是区别于西印度系和危地马拉系油梨的最重要特征之一。

除上述 3 个种系外，油梨栽培品种中还有不少是种系间的杂交种。在生产中主要有危地马拉系×墨西哥系和危地马拉系×西印度系的杂交种。

二、主要栽培品种

目前，我国推广的油梨品种主要有：哈斯(Hass)、桂垦大 2 号、桂垦大 3 号和桂研 10 号。其中，哈斯引自美国，其他 3 个品种选自危地马拉系油梨实生树。

1.哈斯

树形开展，开花期 3～4 月份；果实成熟期 11 月下旬至次年 2 月份；果实卵形，单果重 140～340 g，果皮有瘤状突起，鲜果果皮绿色，后熟果皮黑褐色。果肉脂肪含量 18%～22%，品质极佳。可食率 68%～70%。果实较耐贮运，适于鲜食和提炼油。可忍耐短时－4.5℃低温。是目前世界主要栽培品种。

2.桂垦大 2 号

树形高大，分枝匀称。开花期 3 月上旬至 4 月中旬。果实成熟期 9 月中旬至 10 月中旬。果实圆形至椭圆形，单果重 420 g，果皮绿色、光亮，后熟时黄绿色；果肉黄色，质地细腻，有较浓的蛋黄香味，脂肪含量 10%～12%，品质佳。可食率 75%～77%。适于鲜食。可忍耐短时－2℃ 低温。

3.桂垦大 3 号

植株干性强，小枝分枝角度大，树冠中下部的枝条水平方向伸展，甚至下垂。开花期 3 月中旬至 5 月初。果实成熟期 10 月下旬至 11 月中旬。果实呈不对称椭圆形，有较明显而平坦的棱角数条，单果重 460 g，最大达 1 200 g；成熟时果皮仍为绿色；果肉黄色，质地细腻，有蛋黄香味，脂肪含量 9%～11%，品质佳。可食率 76%～79%。可忍耐短时－2℃低温。

4.桂研 10 号

树形高大，分枝匀称。开花期 3～4 月份。果实成熟期 8 月下旬至 9 月中旬。果实椭圆形，单果重 320～550 g，果皮绿色、光滑，有黄白色小斑点，后熟时黄青色；果肉质地细腻，有香味，脂肪含量 10%～12%，品质佳。可食率 77%～79%。可忍耐短时－3℃低温。

任务二 了解生物学特性

油梨为常绿阔叶高大乔木，在自然生长条件下，树高达 10～20 m，寿命可在 100 年以上，经济寿命 40～50 年。

一、植株形态特征

1. 根

根系浅生，绝大部分分布在 30 cm 以内的土层。在通气良好、湿润土壤中，根系生长良好。土壤水分过多，根系生长受限制，容易诱发根腐病。

2. 茎

树冠阔圆锥形、圆头形或半圆头形。主干直立，分枝较多，枝条开张。主干及大枝灰褐色、表皮粗糙，木质疏松。一年生枝表皮绿色、光滑，质地松脆。在开花的枝梢上，新梢从花穗顶部抽生。

3. 叶

叶片较大型，多为椭圆形、阔披针形或倒卵形。叶面深绿色，光滑，叶背灰白色，有茸毛。嫩叶颜色有淡绿色、紫红色或古铜色。墨西哥系品种的叶片揉碎时有茴香气，这是区别于其他两个种系的重要特征之一。

4. 花

油梨花穗为圆锥花序，着生在一年生枝条的顶端或叶腋，由几十朵至几百朵小花组成，雌雄同花异熟。开花期在 3～4 月份。

油梨花虽然属于完全花，但雌雄蕊异熟，根据雌蕊和雄蕊成熟的时间和顺序不同，可把油梨的花分为 A 型花和 B 型花两类。A 型花：花朵第一次开放是在当天上午，此时花中的雌蕊已成熟，可以接受传粉受精，但该花的雄蕊还未成熟，没有散发出花粉粒，花朵于当天下午第一次闭合；花朵第二次再开放是在第二天下午，此时雄蕊已经成熟，花药散发出花粉粒，但雌蕊已经失去了接受花粉受精的能力，傍晚花朵永久闭合。B 型花：花朵第一次开放是在当天下午，此时雌蕊已经成熟，可以接受传粉受精，但该花的雄蕊尚未成熟，没有散发出花粉粒，花朵于当天傍晚第一次闭合；花朵第二次再开放是在第二天上午，此时雄蕊已经成熟，花药散发出花粉粒，但雌蕊已经失去了接受花粉受精的能力，下午花朵永久闭合。

由于油梨存在 A 型和 B 型两种花型，同一品种或同一花型品种的花朵之间相互授粉的几率低，结实率也低，因此，在栽培中要考虑 A 型、B 型两种花型的品种适当搭配，才有利于授粉结实（图 4-7）。也有些油梨品种的花有 A、B 交叉混合型的，可以自花授粉结实，但是结实率也较低，因此，生产上大面积种植时还是应该搭配种植 A 型和 B 型两种花型的品种，才能实现高产稳产。

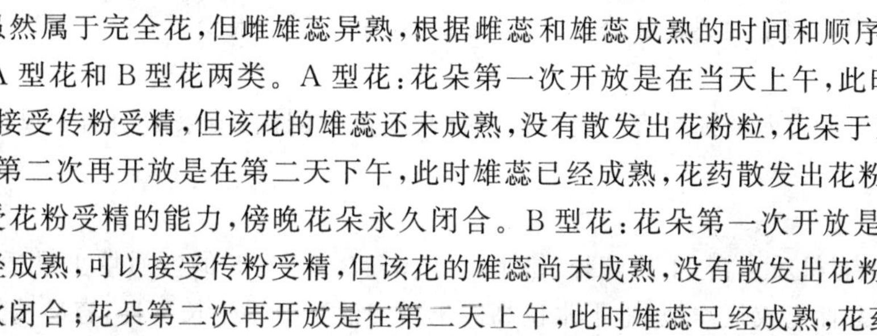

图 4-7 油梨 A、B 型花开放顺序及相互授粉示意图

5.果实和种子

果实为肉质核果,有梨形、卵形、椭圆形、球形等。小果型品种单果重 20～30 g,大果型品种可达 1 500 g。果皮有光滑的、粗糙的或表面有许多瘤状突起的;新鲜果皮绿色或黄绿色,后熟果皮黄绿色、紫色、暗红色、黑褐色等。果肉浅黄色至深黄色,近果皮处略带青绿色。

果实内有种子 1 粒,扁圆形或心形,黄白色,占果重的 10%～30%。

二、对环境条件的要求

1.温度

油梨最适宜的生长温度 25～30℃。干旱、温度超过 44℃时,叶片容易被灼伤,幼果期遇高温还会引起落果。不同油梨种系对低温的适应性能力有差异,墨西哥系品种能忍耐－6～－10℃的低温,危地马拉系品种在－6℃低温下会严重受害,西印度系品种 0℃以下就有可能受害。

2.雨量

油梨在年降雨量 1 000 mm 以上的地区均可正常生长发育。年降雨量在 900 mm 以下,或一年有 4～5 个月连续无降雨的地区,则需要有灌溉条件。

3.光照

充足的光照有利于油梨花芽分化,结果多;光照不足则结果少。

4.风

油梨树抗风能力差。强风容易引起枝干折断或植株倒伏,结果后期遇大风还会造成大量落果。

5.土壤

土层深厚、有机质丰富、土质疏松、排水良好、pH 5.5～6.5 的沙质壤土最适合油梨生长。在排水不良的黏性土或低洼地、地下水位高的土壤中油梨根系生长不良,容易诱发根腐病。

任务三 掌握生产技术要点

一、育苗

目前我国多用幼砧嫁接技术育苗法,也称为核接法或籽苗嫁接法,即在播种后砧木幼茎尚未木质化、叶片转绿前即进行嫁接。嫁接时选择生长稳定、老熟充实的当年生枝条做接穗。一般嫁接后 25～30 d 接穗即可萌芽。如果是用营养杯育苗的,苗木第一次梢叶片老熟后即可出圃。从播种到苗木出圃仅需半年左右,育苗周期比传统的大苗嫁接方法缩短 1～1.5 年。

二、建园

油梨忌积水和强风,园地以地下水位 1.5 m 以下,土层深 1 m 以上,土质疏松肥沃,排水良好的沙质壤土为好。最好选择在缓坡丘陵地建园,在平地建园要起高畦种植,同时做好园地排水系统的建设。切忌在低洼积水地段种植油梨。

1. 品种选择

根据目前我国油梨品种资源情况，大面积种植应以哈斯品种为主，其他品种为辅，同时注意不同花型品种的搭配种植。根据广西职业技术学院油梨科研组多年试种观察，华南地区采用桂研 10 号（果实成熟期 8 月下旬至 9 月中旬）、桂垦大 2 号（果实成熟期 9 月下旬至 10 月中旬）、桂垦大 3 号（果实成熟期 10 月下旬至 11 月中旬）和哈斯（果实成熟期 11 月下旬至次年 2 月）4 个品种搭配种植，可使油梨鲜果供应期由 8 月下旬持续到次年 2 月份。

2. 种植技术

以营养袋培育的种苗在我国南方地区一年四季均可种植，以春季和秋季为好。株行距（5～6）m×（6～8）m。为增加前期的经济收益，可以采用计划密植，即前期株行距为 4 m×5 m，待株间树冠交接后隔株间伐，保留 5 m×8 m 的株行距。

种植坑最好在种植前 2～3 个月挖掘，坑长、宽、深 1 m×1 m×0.8 m，表土和心土分开堆放。回填时，将部分表土和绿肥、杂草等粗有机肥混合填在种植坑底部，将腐熟的优质有机肥与部分表土混合后填在种植坑的中上部，在种植坑上方整成高出地面约 25 cm 的植盘。

种植时，在植盘中心挖宽、深各 30 cm 左右的种植穴，将苗木放入穴中，以营养袋苗或带土苗定植的，小心除去营养袋或包装袋，土团不得松散，用细土回填，分层从四周向中心稍加压实，不要压散苗木原土团；以裸根苗定植的，种植前用新鲜的黄泥浆（加有生根粉更佳）蘸根，将苗木放入种植穴内，使根系自然展开，用细土回填至近 2/3 时，将苗木轻轻上下提动并压实，使根系与土壤紧密接触。根系不能与肥料直接接触。最后在苗木周围整成直径 1 m、高出地面 20 cm 的树盘。淋足定根水。

三、果园管理

（一）土壤管理

1. 树盘管理

树盘是根系分布较集中的地域，要保持肥沃、疏松、湿润的土壤环境。树盘采用稻草、秸秆等覆盖，同时做好中耕除草工作，确保树盘土壤疏松无杂草。

2. 行间间作

新植油梨园行间空地多，可间种花生、黄豆、绿豆、饭豆等豆科作物或绿肥，可以增加收入，抑制杂草生长，改善果园环境。间种作物收获后，秸秆可用于压青或果园覆盖。绿肥生长至开花结实时进行压青，改良土壤结构。

3. 深翻改土

定植第 2 年开始，自原种植坑向外扩穴。可挖掘环状沟或长方形沟，沟深 50～60 cm，宽度视压青材料多少而定，施入绿肥、石灰、有机肥和磷肥等。3～4 年完成全园的土壤改良工作。

（二）施肥

1. 幼树施肥

种植后 2 个月内不施肥，幼树抽出新梢老熟后才开始施肥。施肥以“勤施薄施”为原则，做到“一梢两肥”，分别在新梢萌芽和叶片转绿期，各施一次以氮为主的速效肥，促进枝梢生长。

2.结果树施肥

每年施肥3～4次。

(1)花前肥　作用:促进花芽分化及花穗发育。在1～2月份花芽萌动前10～15 d施用,每株施用硫酸钾0.5～1 kg、腐熟有机肥10～20 kg、过磷酸钙0.5 kg。在开花前每株施复合肥1～2 kg。

(2)稳果肥　作用:补充幼果和春梢生长发育所需的养分,提高坐果率。在5月下旬第二次生理落果前施用,每株淋施复合肥1～1.5 kg,或尿素0.5 kg、过磷酸钙0.25～0.5 kg、硫酸钾0.25～0.5 kg。初结果树和少果旺树,可以少施或不施氮肥,以免抽发大量夏梢,引起落果。

(3)壮果肥　作用:促进果实迅速膨大。在7月中下旬施用,每株施复合肥0.5～1 kg,或尿素0.25 kg、过磷酸钙0.25 kg、硫酸钾0.25～0.5 kg。树势旺而花果少的树可少施或不施壮果肥。

(4)采果肥　作用:恢复树势,促进秋梢生长充实。在9～11月份施用,中早熟品种采果后施用,迟熟品种在采果前施用。每株施复合肥1～2 kg、硫酸钾0.5～1 kg。

(三)灌溉和排水

油梨花芽分化期、开花期及果实膨大期对水分敏感。花芽分化期缺水,造成花芽不能按时萌发,花穗短小;开花期缺水,影响授粉受精,老叶提前脱落,春梢不能正常抽生;果实膨大期缺水,果实增大受阻。连续15 d以上干旱,就需要灌溉。果实成熟期,适当的干旱可以提高果实品质和耐贮能力。

油梨忌渍水,土壤水分过多,容易诱发根腐病。切忌灌溉过量,雨季要做好果园排水工作。

(四)树体管理

1.修剪

(1)幼树整形　幼树长至60～80 cm时进行短截,促进分枝,选留3～4条生长良好、分布均匀的枝梢培养成主枝。主枝老熟后,留长30～40 cm进行短截,促进分枝,选留2～3个健壮的新梢做副主枝。如此重复整形,2年内培养成具有3～4条主枝、各级骨干枝分布均匀的树冠骨架。

(2)结果树修剪　以疏剪为主,主要剪去过密枝、交叉重叠枝、纤弱枝、枯枝、病虫为害严重枝,使树冠通风透光。对树冠顶部直立旺枝进行短截,控制树冠高度。对老弱树的枝干进行回缩,促发新梢,更新复壮。

2.保花保果

(1)加强肥水管理,提高树体营养水平。

(2)合理配置授粉品种,确保足够的花粉量。花期放蜂,促进授粉受精,提高坐果率。

(3)叶面追肥。开花期喷施0.1%～0.2%尿素+0.2%～0.3%磷酸二氢钾+0.1%硼砂,幼果期喷施0.1%～0.2%尿素+0.2%～0.3%磷酸二氢钾,也可选用腐殖酸、高美施、绿叶宝等复合型叶面肥。树势旺盛,叶色浓绿的植株,可少加或不加尿素。

四、病虫害防治

(一)主要病害及其防治

油梨病害危害性最大的是疫霉根腐病。此外,我国油梨种植区还有茎溃疡病、炭疽病、蒂腐病、轮枝孢萎蔫病等病害发生。

1. 根腐病

(1)症状　苗木、幼树、成年树均可感病。病菌主要侵害植株吸收根,造成吸收根变黑、腐烂。直径 5 mm 以上的支根、主根很少受侵害。茎干受害时,树皮坏死,形成溃疡斑,病部溢出含糖物质。病树生势衰弱,叶片变小,苍白色或黄绿色,严重时叶片萎蔫脱落,枝条回枯。发病早期,果实变小,重病树常不再抽生新梢,也不结果,最终整株死亡。

(2)病原菌及其流行条件　病原菌主要是樟疫霉菌,属鞭毛菌亚门腐霉科疫霉属。病菌在病残物及土壤中存活和越冬,在无寄主的潮湿土壤中存活 6 年以上。借助雨水、种苗、农具等媒介传播。潮湿的土壤是主要诱病因子。发病最适土温为 21～30℃,土温在 33℃以上或 12℃以下很少发病。pH 为 6.5 的土壤最适合病害发生,土壤酸度大不利发病。

(3)防治方法

①选择土壤疏松、排水良好的缓坡地建园。

②培育无病种苗;选用 Thomas、Duke7 等抗病砧木。

③加强预防措施。种植前用威百亩和二氯丙烯混合剂或敌克松处理土壤、果园管理中尽量减少对根系的损伤、土壤淋施硫酸铜或叶面喷施乙膦铝等杀菌剂,均有一定的预防效果。

④及时处理病株,做好化学防治。发现病株必须尽快挖除并销毁,病株土壤用石灰消毒,或淋灌 70%敌克松可湿性粉剂 1 000 倍液、25%甲霜灵可湿性粉剂 1 000 倍液或 40%三乙膦酸铝可湿性粉剂 1 000 倍液。

2. 炭疽病

(1)症状　叶、花、果和嫩枝均可感病。叶片感病,叶尖和叶缘处开始出现锈褐色斑点,并逐渐扩大,最终整张叶片完全枯萎、脱落;嫩枝感病后产生褐色或紫色坏死斑,造成枝条回枯;花朵感病后呈红褐色至深褐色,不能正常发育;果实感病时,病菌主要是通过皮孔或伤口侵入,果皮出现褐色或者黄褐色斑点,病斑稍下陷,常有裂缝,有时呈环状斑纹,在潮湿条件下,病斑上出现粉红色物。幼果实感病可造成果实变小或畸形。感病果实比正常果实提前成熟,随着病斑扩大引起落果。有的病菌潜伏在果皮上,采收后熟时才表现症状。

(2)病原菌及其流行条件　病原菌为胶孢炭疽菌。病菌在病部产生大量分生孢子,通过风雨传播。高湿的果园环境容易发病。

(3)防治方法

①及时清除园内枯枝落叶,减少病源。

②新梢抽发期和坐果期,喷洒 2～3 次含铜杀菌剂、苯来特、敌菌丹、扑菌唑等药剂,可有效预防炭疽病的发生。

③果实采收后 6 h 内,用 250 mg/L 有效成分的扑菌唑或苯来特、杀菌灵药液浸泡果实半分钟后风干,可有效控制贮运期炭疽病。

(二)主要虫害及其防治

油梨虫害主要有毒蛾、刺蛾、油桐尺蠖、樟脊网蝽、角盲蝽、红带蓟马、梨豹蠹蛾等。在虫害发生初期,选择适宜的杀虫剂喷洒可收到良好的防治效果。

五、果实采收

1. 成熟度的确定

(1)根据果实发育时间估算　早熟品种的果实发育期 120 d 左右,中熟品种 150 d 左右,晚熟品种 180～240 d。

(2)根据果实密度判断　把果实放入水中,浮起水面的,表示已成熟,沉在水中的未成熟。

(3)根据种子判断　剖开果实察看种皮,种皮灰白色,紧包种仁,表明果实未成熟;种皮干涸皱缩,呈深褐色,表明果实成熟。有的品种果实成熟时种子与种腔有间隙,摇动果实可感觉到种子松动。

2.采收方法

结果部位低的,用果剪把果实留 5 mm 果柄剪下。结果部位高的,可用高枝剪采收,也可用长柄网兜采收,采收时,把网兜从果实下方往上套,使果实置于网兜中,再用网兜口的铁钩钩住果柄基部,瞬间用力把果实连同果柄钩落入网兜中,再用果剪把过长的果柄剪除。如采用升降机械辅助采果,可减少果实采收过程中的机械损伤。

3.果实后熟

油梨果实挂树期果肉坚实,没有香味而略带苦味,不宜食用。采收后,经过后熟软化方能食用。在广西南宁,采收后在常温下,早熟品种后熟时间 5 d 左右,中熟品种 7 d 左右,迟熟品种 10～15 d。

项目六　杨梅生产

任务一　认识主要栽培品种

一、东魁

东魁为优良晚熟品种。该品种树势强健，树冠高大，果大，平均单果重 24 g，最大者可达 42 g，紫红色或红色，肉质较粗，酸甜适口，品质优，鲜食加工均宜。

二、荸荠种

该品种树势中庸，单果重 10 g 左右，紫黑色，味甜略酸，汁液多，微香，可溶性固形物 11%，品质上乘，核很小，可食率高达 94%，6 月中下旬成熟。该品种具有丰产、优质、耐肥、抗风、适应性强等优点。既可鲜食，也可加工糖水杨梅，受到生产者和消费者欢迎。

三、丁岙梅

该品种树势较强，枝条较稀疏。果大，单果重 15～18 g，紫红色，肉厚、汁多、柔软、味甜，核小，品质上等。果柄特长，青绿色，蒂台大而凸起，水红色，与紫红色果实相辉映，艳丽悦目，特称“红盘绿蒂”。

任务二　了解生物学特性

一、根系

杨梅根系分布较浅，70%～85%的根集中在土层 10～60 cm。水平分布则较宽，为树冠直径的 1.5 倍。嫁接口部位可产生自生根，可辅助甚至取代砧木的根系。杨梅根上有灰黄色瘤状凸起的菌根，具固氮作用，有“肥料木”之称。

二、芽、枝和叶生长习性

杨梅枝条上的顶芽均为叶芽，腋芽单生，着生花芽之节无叶芽，不抽生枝条，花芽圆形、较大，叶芽较小，入冬后即可识别。杨梅枝条上端的芽萌发成梢，下端虽有芽，却不萌芽，成为潜伏芽。因枝条多由顶芽及附近的芽抽生而成，所以形成层性明显的自然圆头形树冠。

枝梢按抽生季节不同分为春、夏、秋、冬梢，生长充实的春、夏、秋梢都能成为结果枝；丰产的成年树，以采果后萌发的夏梢为主要的结果枝，腋芽当年分化成为花芽。

杨梅雌株着生雌花的枝条称为结果枝，雄株着生雄花的枝条称为雄花枝。杨梅结果枝按长度分为短果枝（5 cm 以下）、中果枝（5～15 cm）、长果枝（15～30 cm）和徒长性结果枝（30 cm 以上）4 种。其中，徒长性结果枝结实率低，长果枝结实率也较低，中果枝除顶芽的叶芽外，其下面的芽几乎全为花芽，结实率最高，结果性能最好，为最佳的结果枝；短果枝的结果性能也较好。

杨梅叶片的形状、大小因植株性别而异，雌株叶序 2/5 式，雄株叶序 3/5 式，雌株叶片较大，叶脉入枝角也大。

三、开花结果习性

杨梅的花芽分化从 7 月下旬开始，至 11 月底结束。杨梅花小，雌雄异株，均为葇荑花序，风媒花。雌花序长 0.7～1.5 cm，鲜红色；雄花序长 3～6 cm，鲜红色或紫红色。

杨梅的坐果率为 2%～5%，落花落果现象比较严重。影响落花落果的主要因素有：

(1)花序着生的节位　以花序顶端的 1～5 节坐果率最高，特别是第一节占绝对优势，占总果数的 20%～45%。

(2)花期天气状况　杨梅为雌雄异株，风媒花。靠风传播花粉，开花期若遇到阴雨大雾天气，影响花粉传播和授粉受精。

(3)新梢抽生状况　如果在开花期，结果枝不抽春梢，则坐果率高，如果结果枝上抽春梢，且生长旺盛，则会造成大量落花落果。

(4)树势　幼年树生长旺盛，较成年树坐果率低。

(5)雄株配制比例低或无雄株　当雄株比例低于 1%或无雄株，授粉受精受到影响，坐果率低。

任务三　掌握生产技术要点

一、园地选择

园地应选择交通方便、有水源、地形开阔、坡度<25°的山地、丘陵或缓坡建园；切忌选择潮湿的平地和光照不足的山坳。土壤选择土层深厚、排水良好的红壤或沙质赤红壤。

二、栽植

种植时期一般以春植为主。每公顷栽植300～450株，行距为5～7 m，株距为4～5 m。起苗前要适当修剪枝叶，仅保留主干、主枝的叶片，定植前剪去过长主根和受伤的根，用黄泥浆蘸根。

因杨梅是雌雄异株，建园时，应采用多个品种混栽，并搭配种植1%～2%的雄株作授粉树。

杨梅接穗部位能产生自生根，可辅助甚至取代砧木的根。因此，在种植杨梅时采用嫁接口高度3～5 cm的低位嫁接苗，培土至苗木嫁接口以上6～10 cm处"深植"栽种，能诱发自生水平根系。深植还能避免烈日暴晒枝干，提高定植成活率。

杨梅忌烈日高温，若遇酷热强光，会造成枝梢焦灼枯萎，尤其初栽的幼树更为严重，所以，种植后要做好遮荫降温工作。

三、施肥

1. 幼年树施肥

每次梢前10～15d和嫩梢展叶期各施肥1次。方法是将肥料溶于水后施入或开环形浅沟施入，也可与腐熟人畜粪尿或沼气液渣配合施用。每年每株施腐熟稀人畜粪尿（浓度为15%～25%）或沼气液25～30 kg、尿素0.2～0.4 kg、氯化钾0.3～0.6 kg，梢前以氮为主，展叶后以钾为主。每次喷药防虫保梢时，加入复合肥0.3%～0.4%、硼砂0.1%～0.2%，进行根外追肥。

2. 结果树施肥

杨梅结果树所需的N、P、K之比约为4∶1∶5。全年施肥两次，第一次在萌芽抽梢前的2～3月施用，以钾肥为主，配施适量氮肥；第二次在6～7月采果后施用，此次肥量占全年的50%～55%。在果实发育期，可通过叶面追肥补充养分，可选用0.3%磷酸二氢钾或硫酸钾，或600倍高美施，或10%草木灰浸出液等，可增加果实的光泽度和糖度。

四、整形修剪

1. 幼年树整形

杨梅以矮冠开心形树形为宜。定植后，在苗木嫁接口以上25～35 cm处定干，选择生长势强、方位分布均匀的3～5个枝梢作为主枝，再在每个主枝上选留2～3个夏梢作为副主枝。

2. 结果树夏季修剪

采果后15 d内，先去除主枝上直立生长的大枝1～3条、开出直径50～80 cm的"天窗"，再疏剪斜生枝群的中小枝组，使枝组间的距离为5～15 cm，最后剪除树冠顶部外围直立生长、结果枝少的小枝组。

3. 结果树冬季修剪

如果树冠郁蔽，内膛空虚，有效的结果容积少，影响产量和果实品质。所以要采取大枝开心形修剪。修剪时期在11～12月份。修剪方法是剪除生长势较强的树冠顶部外围营养小枝组，对树冠上部应"去强留弱"，树冠下部应"去弱留强"。锯掉树冠中、上部的直立性枝序2～3个，再删疏树冠四周的密生枝。对于已经形成低干矮树冠的植株，主要抓结果枝群的删疏与更新工作，主要疏除病虫枝、枯枝残枝、衰弱枝、交叉枝、密生枝、重叠枝与拖地枝，其余枝叶尽可能保留。1～2 月份开花前，短截弱生长势树 20%～30%的树冠外围小枝组。

五、促花

1. 环割促花

生长旺盛的树在 8 月份用 13 号铁线环扎或环割主枝或副主枝，减少秋梢抽生量。

2. 施用多效唑促花

杨梅初投产时生长旺盛，梢果矛盾突出，往往出现少花或开花很多但结果少的现象，施用多效唑能有效控制枝梢生长，对促进花芽分化，提高着果率效果明显。多效唑使用分为叶面喷施和土施 2 种方法，6 月底至 7 月中旬夏梢嫩梢期和 8 月中旬至 9 月上旬秋梢嫩梢期，树冠喷施 1 次 15%多效唑 300 倍液，促进花芽分化；秋冬季(9～11 月份)以土施效果理想，方法为：将树冠投影面积内的土扒开，以见细根为度，将定量(按每平方米树冠投影面积施 0.4～0.6 g)的多效唑与 30 倍左右的细土拌和后均匀撒在树冠下，然后覆土。土施只可每隔 4～5 年进行 1 次，叶施也要间隔 1～2 年进行 1 次。5 年生以下的幼树、弱树和正常投产树不宜使用。

六、花果管理

1. 疏花

主要针对花量过多的树，一般结合春季修剪，疏删细弱、密生的花枝，树冠上部宜多疏，中下部易多留，让其抽发春梢营养枝，保证来年丰产。

2. 疏果

适当疏果，能增大果形，提高果实品质，促发新梢，为次年结果提供优良的枝梢。疏果通常分 2～3 次进行，宜在果实膨大期前完成。第一次为盛花后约 20 d，果实已有花生仁大小时进行，主要是疏除密生小果；第二次在花后 30 d，主要疏除小果、畸形果等；第三次为花后 40 d 左右，再进行一次。平均每条结果枝留果 2 个果，即长果枝(≥15 cm)留 3～4 个果，中果枝(5～15 cm)留 2～3 个果，短果枝(≤5.0 cm)留 1 个果，细弱枝不留果。大年树春梢抽生少，树冠上部应多疏；而小年树春梢抽生过多过旺，树冠上部应适当多留果，以果压梢。

3. 喷施叶面肥

在疏果基础上，多次喷施“喷施宝”7 000 倍、“高美施”500～600 倍、0.3%尿素、0.3%硫酸钾、有机腐殖酸类等营养液，能增加果实的光泽度、糖度，提高品质。

七、果实采收

宜在凉爽的清晨或傍晚采收，下雨或雨后初晴、中午不宜采收，否则果实水分含量大、果面温度高，容易腐烂。采摘人员采前应剪平指甲，注意轻采、轻放。同一果园或同一株树的果实，宜先熟先采，分次采摘，以提高果实的等级、产量和质量。

八、冬季管理

1. 冬季浅耕、除草和培土

杨梅根系较浅，好气性强，通过冬季休眠期浅层中耕、除草和培土，能够促进次年杨梅生长。树盘培土：培土的厚度视植株大小而定，一般 5 cm，不宜过厚，以防烂根；山地果园要做好水土保持，在培土的同时，还应在梯面内侧开沟，加强蓄水防旱，减少水土流失。

2. 树干涂白与清园

树干涂白宜在12月中下旬进行。涂白剂配方：生石灰10 kg、食盐1 kg、石硫合剂原液1 kg、水40 kg。在12月份至次年1月份进行全面清园，将地上残枝枯叶清理出园外，用2～3°Bé石硫合剂喷洒树冠和树盘地面。

项目七　草莓生产

任务一　认识主要栽培品种

适宜在南方种植的草莓品种，要求花芽形成早，休眠浅，对低温要求不高，而且能耐寒、耐高温、耐湿热的气候条件的早中熟品种。目前较适宜在南方种植的品种有丰香、宝交早生、鬼怒甘等。

一、丰香

丰香是由日本引进的早中熟品种。植株长势强，单果大，果实圆锥形，鲜红色，表面有光泽，果形整齐，果表面平；果肉致密，汁多，味酸甜适中，香气浓，品质上乘，上市早，产量高；果实硬度大，较耐储运；适应广，耐寒，耐热，我国南北方均可种植，种植密度以 10.5 万～12 万株/hm^2 为宜。

二、宝交早生

宝交早生是由日本引进的早熟品种。植株长势旺、分枝力强，匍匐茎发生好；果中等大，果形整齐，果红色有光泽，红色凹入果面，髓心小；肉质细致，香气浓，品质上乘；抗轮纹病、白粉病能力强。缺点是果实硬度差，不耐储运，对灰霉病敏感。

三、鬼怒甘

鬼怒甘是由日本引进的早中熟品种，果实短圆锥形或扁楔形，萼片翘起；较丰产，平均单果重 32 g，果浅红色，有芳香味，株型较大，叶片稀，长势较强，花序多，连续抽生能力强，较耐储运，该品种适应性强，耐寒，耐热，抗白粉病和灰霉病。

任务二　了解生物学特性

草莓植株矮小，呈半丛生匍匐状态生长，一般株高不超过 35 cm。植株的地下部有根状茎和根系，地上部有新茎、叶、匍匐茎、花和果实。

一、根系

草莓的根系为须根系，一般分布在距地面 10～25 cm 的上层土壤中，由于根系分布浅，对干旱、高温、寒冷等不良条件忍耐性差。

二、匍匐茎

草莓匍匐茎较细，茎上有节，多数品种在偶数节上贴地面扎根形成新的匍匐茎苗，在奇数节上产生分枝匍匐茎，但不扎根。所以，育苗期要注意在偶数节上培土，促进长根。一般露地育苗，每一母株当年能抽生匍匐茎苗 20～100 个。

三、花

草莓的花由花柄、花托、花瓣、雌雄蕊组成。花序为聚伞花序或多歧聚伞花序，一个花序上可着生 3～5 朵花。通常第一级花序的中心花最先开，也可结实，但果小，经济价值不高，称无效果。生产上如能在开花前将部分无效花蕾疏去，使养分集中，则有利于增进果实品质，提高单果重量。草莓多数品种为完全花，自花能结果，但生产上合理配置授粉品种，能显著提高产量。

四、果实和种子

草莓果实是花托膨大形成的浆果，在突起的花托上着生许多雌蕊，受精后形成许多种子(又称瘦果)，种子密生于果实表面。

任务三 掌握生产技术要点

一、选择早熟品种

南方种植草莓大多是露地栽培，在品种选择时，除了选择抗病性好、产量高、口味好外，更重要的是选择适应南方气候特点的耐热、耐湿、抗逆性强、早熟和丰产的品种。早熟品种表现出花芽分化早、开花结果早、果实成熟上市快等特点，具有较强的价格优势。

二、选地整畦

应选择土壤肥沃，保水肥能力较强，透性良好，质地较疏松的沙质、中性土壤。园地要求能排能灌，地下水位低。如果用熟地种植，前作应是种植过水稻、玉米、大蒜等的耕地，不宜用烟草、番茄、洋芋、黄瓜、辣椒等前作地种草莓。如果用秋后的冬闲田种植，最好先清除(烧毁)稻桩、杂草，再翻耕、耙平、整细，亩施农家肥 2 000～3 000 kg，优质磷肥 75 kg、复合肥 100～150 kg。然后按底宽 60 cm、畦面宽 50 cm、高 30 cm 的规格起梯形畦，畦沟宽 30 cm。起畦后最好能施一次经发酵的粪水(或沼气液)，待畦面稍干后，隔天再进行定植。

三、种植

1. 种植时期

南方适宜的定植时期是9月下旬至10月中旬，气温以25℃为宜。定植时间太早，气温过高，对草莓生长不利；过迟，气温下降，生长不良。如果有条件采用覆盖遮阳网、灌水降温等措施，可提前在9月上旬定植。

2. 种植前准备

按要求起畦，每畦种植双行，株行距20 cm×25 cm或20 cm×30 cm(种植密度11.25万～12.75万株/hm^2)。种植之前可在畦面喷洒72%的都尔等除草剂抑制杂草生长。将草莓苗按大苗、中苗分好等级；摘除老叶，每株只保留4～5片心叶；对长途运输或隔夜苗木，种前应用黄泥浆蘸根或用5～10 mg/L萘乙酸液浸根2～3 h，可提高成活率。有条件的，最好选用经组培脱毒的优质苗，采用脱毒苗一般比非脱毒苗增产15%～30%。

3. 种植方法

种植时要把握好种植深度，按照"深不埋心，浅不露根"及"宁浅勿深"的原则种植，使苗心高出地面0.5 cm左右为宜。草莓的匍匐茎苗略呈弓形，花序均从弓背抽出，因此，种植时要把弓背朝沟边，使将来果实着生于畦面两侧，便于采收，而且果实着色好，病虫少。种植时能选择在阴天种植最好，如果是晴天种植，要做到"栽种一段，淋水一段，覆盖一段"。草莓幼苗不耐旱，受旱时很容易死苗，种植后每天浇水1～3次，保证供给充足水分，连续5～7 d，直到成活为止，有条件的覆盖遮阳网，以提高成活率。幼苗恢复生长后，抗旱能力有所增强，可适当减少淋水次数。

四、田间管理

1. 追肥

草莓种植7～10 d后，即可恢复生长，这时视苗生长情况进行第一次追肥，用腐熟稀人粪尿或0.2%～0.3%尿素液或沼气液肥浇苗1～2次。到开花前(种植后80 d左右)，结合病虫防治进行第二次追肥，用0.2%尿素液+0.3%磷酸二氢钾液叶面喷雾。在开花结果期每隔10～15 d喷施一次叶面肥，可以提高产量和质量。

2. 灌水

草莓在整个生长期对水分要求较高，特别是花果期。一般露地栽培要勤灌，做到沟干即灌；地膜覆盖栽培一般10～15 d灌水一次，以保持畦沟湿润，但又不积水便可。灌水时沟里水不能超过10 cm深，最好都能灌"跑马水"。尽可能做到旱天多灌，雨天少灌，雨停田干。

3. 地膜覆盖

露地栽培的草莓园实施地膜覆盖，能提高地温、保水，抑制杂草生长，促使根系生长以及加速土壤有机质分解；可以避免果实被泥土污染导致腐烂，保持果实外观干净、美观；同时又减少松土、中耕除草等工作。覆盖地膜时期一般以在草莓5%现蕾时进行为宜。覆盖用膜通常为黑色膜(厚度以0.012～0.015 mm为宜，每公顷用150～225 kg)，不宜采用白色透明膜。盖膜之前把植株脚叶、老叶、黄叶清除干净，平整畦面，喷药防治灰霉病，追一次重肥。覆盖时将地膜先盖于苗上铺至沟底，畦两侧同时用铲将地膜嵌入畦底土内固定，使地膜圆滑平整，然后对准苗心部位用利刃开“×”形小口，用手将苗轻轻引出膜外，幼苗所有叶片都要拉出膜外。

4. 花期放蜂

花期放蜂，可提高授粉受精比率；可提高产量30%以上，减少畸形果比例。

5. 疏花疏果

草莓持续分批开花结果，采果期长达2～3个月。一般每株草莓都有3～5个花序，每个花序分级着生7～30朵花，整个生长期有40～150朵花开放，但迟开的花有不孕或形成无效果的习性，为了确保果大形美质好，需要进行疏花疏果。一般在每个花序的第2～10朵花间选3～5朵壮大的花，第10朵以后的弱小花应全部摘掉，每株留15～25朵花长成商品果，大致每2张叶留一个果。

6. 摘除老叶、病叶、匍匐茎

定期摘除植株下部的老叶、病叶。摘叶方法是用手抓住叶柄，从上而下扯掉叶片。有些品种定植后还会抽生匍匐茎，宜及早摘除，以减少养分的消耗，改善花果的受光条件，促进新根、新叶的生长。

7. 喷施植物生长调节剂

在种植1个半月后，每隔15～20 d喷洒一次10～20 mg/L的“赤霉素”，共喷3次，可促进花芽发育，提早开花，增加叶柄、花柄的长度，有利于叶片光合作用，有利于传粉受精和果实发育。定植成活后喷洒“5406”细胞分裂素等也可促进枝叶生长，增强抗寒性。从盛花期开始，每隔10～15 d用膨果剂喷施叶面，共喷3～4次，能刺激草莓细胞分裂，提高单果重，提早成熟，一般可增产15%～30%。

五、病虫防治

南方草莓常见的病虫害有病毒病、白粉病、灰霉病、红蜘蛛等。防治的要点是：针对病毒病，尽可能选用抗病品种，用无毒原苗作母株进行繁苗，一般可以保持3～5年丰产，无严重病毒病；苗期白粉病可喷洒甲基托布津1 200倍液，或0.3°Bé的石硫合剂，或退菌特800倍液进行防治；灰霉病在花序露出到开花前，喷洒等量式200倍波尔多液防治，每7～10d喷一次，花前也可喷65%代森锌500倍液。对已出现的病叶或病果应及时摘除销毁。在采果期严禁施用毒性农药。

防治红蜘蛛可在花序现蕾初期喷洒0.3°Bé石硫合剂，1周后再喷一次；果实采收后喷20%三氯杀螨砜800～1 000倍液+0.2°Bé石硫合剂。

项目八 菠萝生产

任务一 认识主要栽培品种

一、菠萝类型

菠萝的栽培品种分卡因类、皇后类、西班牙类和杂交种等4类。卡因类植株高大健壮，叶缘无刺或叶尖有少许刺，果大，果肉淡黄色，汁多，甜酸适中，为制罐头的主要品种；皇后类是最古老的菠萝栽培品种，植株中等大，叶比卡因类短，叶缘有刺，果肉黄至深黄色，肉质脆嫩，糖含量高，汁多味甜，香味浓郁，以鲜食为主；西班牙类植株较大，叶较软，黄绿色，叶缘有红色刺，但也有无刺品种，果中等大，果眼深，果肉橙黄色，香味浓，纤维多，主要供制罐头和果汁之用；杂交种类菠萝是通过有性杂交手段培育的良种，植株高大、直立、叶缘有刺，花淡紫色，果肉色黄，质爽脆，纤维少，清甜可口，既可鲜食也可加工罐头。

二、主要栽培品种

1. 无刺卡因

亦称沙捞越、台湾香蜜、夏威夷、沙拉瓦、意大利、千里花。该品种株型直立高大，果大，重1.5～3 kg，长筒形，果眼大而扁平，果丁浅，果肉淡黄白色，肉质柔软多汁，酸甜适中，是制罐头的主要品种。该品种果皮较薄，易遭日灼及感染凋萎病，不耐贮藏。因叶片无刺，田间管理较方便。但需肥多，要求精细管理。

2. 巴厘

植株长势中等，果中等大，单果重0.5～1.5 kg，筒形或微圆锥形，果眼中等大，果眼锥形突起，果眼较深，果肉深黄色，软硬适中，汁量中等，甜酸适中，风味香甜，品质上等，适宜鲜食，并可加工制罐头。该品种适应性强，抗旱耐寒，高产稳产，较耐贮藏。但加工时果眼较深，花工多，成品率低。

3. 台农16号

台湾农业试验所嘉义分所于1995年选育的鲜食菠萝杂交品种。该品种叶片狭长，叶色整体呈浓绿色，叶中轴呈紫红色，有隆起状条纹，叶缘无刺。花期22 d左右，现蕾至成熟需137 d左右，小花外苞片紫色。平均单果重1.5 kg，果实呈长圆筒形，完全成熟时果肉淡黄色，果皮橘黄色，肉质细嫩，纤维少，果心小且可食，果眼浅，不必泡盐水也不刺激口腔，方便食用，可溶性固形物含量达到17%，酸0.4%，香气较淡，能自然抽蕾结果，在广西自然抽蕾期为3～4月份，花期4～5月份，果实成熟期为7～8月份。

4.台农17号

台湾农业试验所嘉义分所选育的优良菠萝杂交品种。植株中等，株形较开张，除叶尖外叶缘无刺，叶面中间呈浅紫红色，冬季低温时更为明显，叶面两边及下半段为草绿色。花淡紫红色。果实圆筒形，果实中等大，平均单果重1.3 kg，最大单果重2.5 kg，果皮薄，果眼浅，成熟时果皮黄且带浅紫红色，颜色一致，果肉深黄色、纤维少、肉质细嫩、清甜味香、糖度高，鲜食口感极佳。

任务二 了解生物学特征

一、根系

菠萝根系无主根，具纤维质须根系，分布较浅，主要分布在离地面20 cm的土层中。

菠萝根系是由茎节上的根点直接发生而形成，可分为气生根、地下根和菌根3种。

气生根是菠萝根系的重要组成部分，分布在茎和各种芽苗的叶腋里。气生根在空气中生存的时间较长，具有吸收水分、养分的能力。气生根接触土壤后，如条件适宜，很快就转变为地下根。地下根的特点是好气浅生，喜疏松、肥沃的土壤。菠萝地下根共生着菌根，菌根在土壤含水量低于凋萎系数时从土壤中吸收水分，能大大提高菠萝的耐旱性。

二、茎

菠萝的茎短粗，呈褐色，肉质，为螺旋着生的叶片所包裹。可分为地上茎和地下茎。地上茎顶端是生长点，在营养生长期阶段不断分生叶片，至生殖生长阶段则分化成花芽，形成花序。埋于土中的茎称为地下茎，地下茎着生地下根，萌发地下芽。茎的粗细是植株强弱的重要标志。茎粗壮而大、叶片宽厚、植株健壮，则果大、丰产。

三、叶

菠萝叶为革质，呈剑状，簇生于茎上。叶片中央部分较厚且凹陷，两侧渐薄而向外弯，形成叶槽，这种形状有利于雨露积聚。

四、花和果

菠萝花为头状花序，由很多小花聚生构成。一般是基部小花先开，逐渐向上开放，自花不孕，故通常菠萝无种子。菠萝的果实由许多子房聚合在花轴上而成，是聚花肉质果。果实的形状、大小、色泽因品种、植株强弱而异。

五、芽

菠萝的芽根据其着生部位不同,可分为顶芽、托芽、吸芽和地下芽 4 种。

顶芽又称冠芽,着生于果实顶部。随菠萝抽蕾和果实发育而生长,顶芽的叶多而密集,根点多,发根快,结果整齐,但由于芽体较小,如用作种苗,定植后 2 年才能结果。托芽又称裔芽,着生在果实基部和果柄上,每株 2～6 个,托芽多,会影响果实的生长期发育,故要适当除去,用托芽苗种植,虽发根较慢,但结果果形大,定植后 1.5 年结果。吸芽又称腋芽,着生于地上茎叶腋中,吸芽比顶芽、托芽大,生产上主要用它来接替母株结果,也普遍用作种苗。地下芽又称蘖芽,由地下茎上的芽萌发而成,数量少且细弱,用作种苗要 2.5 年才结果,且果小,产量低于顶芽、托芽。

任务三　掌握生产技术要点

一、种苗准备

发展菠萝商品性生产,用于种植的种苗有顶芽、托芽和吸芽 3 种。顶芽、托芽最好是采果时摘下的老熟芽,苗长 13 cm 以上;吸芽要用长势粗壮,高 30 cm 以上的芽;地下芽较弱,一般不用作种苗。

二、建园条件

菠萝建园应选择土层深厚、排水良好、疏松透气、肥力较好、pH4.5～5.5、坡度在 5°左右的坡地种植较好,大于 20°的坡地不宜建园。坡地雨季不易渍水,光照充足,有利于菠萝植株生长发育,果实品质也较平地栽培的要好。

三、种植技术

顶芽、托芽和吸芽要分类或分区种植,同一类苗还要按苗的大小分级种植,这样种后生长整齐一致,方便管理。根据地形整畦,方式有平畦、低畦、高畦 3 种。土壤疏松,排水良好的宜用平畦;土壤瘦瘠干旱的宜用低畦;地下水位较高,排水不良的则采用高畦。

合理密植是菠萝丰产优质高效的重要措施。菠萝的单位面积产量,是由其果数和单果重构成,在一定的密度范围内,单产随密度的增加而递增。因此,种植时适当增加密度和结果后增留吸芽,是一项重要的增产措施。一般种植密度以 4.5 万～6 万株/hm^2,双行种植为宜,行距 110～130 cm,株距 30～40 cm,例如,巴厘品种 4.8 万～5.25 万株/hm^2,无刺卡因品种 4.2 万～4.65 万株/hm^2,台农 16 号品种以 2.25 万株/hm^2 左右为宜。种植方式有:单行、双行、多行式,大多采用双行式种植,即畦面宽 1.2～1.5 m,行距 35～40 cm,株距 30～35 cm,植后大行 110～130 cm,小行 30～40 cm。

四、施基肥

菠萝植株封行后,因操作不便,很少再施用大量的有机质肥料。所以,要在种植时施足基肥。一般每公顷施农家肥 7 500～10 500 kg、过磷酸钙 375 kg、复合肥 150 kg。如果没有农家肥，也可施用过磷酸钙 750 kg、复合肥 375～450 kg。实践证明，定植时施足基肥，植株生长快，结果早，抽蕾率高，而且果大质优，吸芽多，对二、三造果高产增收也有利。

五、培土

菠萝产区降雨量多，降雨时期又比较集中，畦面土壤冲刷较严重，使一些根裸露。因此，新种植和尚未投产的菠萝园，在雨后进行培土。在冬季，新种的菠萝植株尚小，畦面裸露，分布在畦面表土下的根系在低温下易遭受冻害，为此，对新植园应结合冬季施肥进行大培土。

六、人工催花

菠萝自然开花不整齐，成熟期不一致。为适应市场需求，可人工催花。通过乙烯利催花处理，可使菠萝抽蕾和成熟期一致，有效地调节鲜果市场。催花标准：皇后类 40 cm 长的绿叶数 30～35 片、株重 1.5 kg 以上；卡因类 40 cm 长的绿叶超过 40 片、株重超过 2.0 kg 即可催花。催花方法：5～7 月份皇后类每株用 250 mL/L 乙烯利 20 mL＋2%尿素，卡因类每株用 400 mL/L 乙烯利 30 mL＋2%尿素。在低温季节浓度应适当上调。

在低温时灌药 30 d 左右可以见花，光照好时 25～30 d 抽蕾。一般在 3～7 月份灌催花剂，经 5 个月可采收果实，8～9 月份灌催花剂，经过 6 个月可以采收果实。

七、促进果实增大

菠萝抽蕾后应用赤霉素、萘乙酸配合叶面追肥喷施，可提高单果重。抽蕾后 1 个月即开花的中后期起，每 15 d 处理一次，连续 3 次，每公顷用 3 000 kg 激素和化肥混合液，喷洒时以果实湿润为度。第 1 次所用的溶液中，赤霉素浓度为 15～20 mg/L、萘乙酸 25～30 mg/L、尿素 0.8%～1%；第 2～3 次在原溶液中增加 0.8%～1%硫酸钾和 0.8%～1%硫酸镁。

八、除芽

在冠芽长至 5～6 cm 时，一手扶果另一手将果实顶部的冠芽推断，减少冠芽对养分的消耗；托芽长至 3～4 cm 时分批摘除，每次只摘除 1～2 个，否则因伤口过多引起果柄干缩，影响果实发育，导致减产。

九、施肥

1. 营养生长期

菠萝在营养生长期，施肥应以氮肥为主，磷、钾肥为辅，目的是促进菠萝叶片抽生，增加叶片数和叶面积，为生殖生长打下基础。定植后 2 个月左右开始第一次施肥，每公顷施尿素 225～450 kg＋硫酸钾 150～225 kg，趁下雨时撒施于根际周围，如能挖穴施下后盖土，效果更好；定植后 4～5 个月左右开始第 2 次施肥，每公顷施复合肥 1 050～1 200 kg，长势差的每公顷增施尿素 120～150 kg，穴施或雨天撒施。

2. 生殖生长期

已抽蕾的植株施肥以钾肥为主，氮、磷肥为辅；当果实达到发育高峰时，施肥应改为氮肥为主，钾、磷肥为辅。

(1)花前肥　催花前 15～20 d 进行,施复合肥 300～375 kg/hm²。

(2)壮果肥　在谢花期进行。一般穴施,也可趁下雨撒施,但注意不要撒在叶腋中。每公顷施钾肥 150 kg,尿素 375 kg,复合肥 225 kg;如果单独施复合肥,每公顷施 375～450 kg。为了提高果实品质,在果实褪绿时喷 0.1%磷酸二氢钾+0.3%～0.5%尿素或叶面宝、高美施等叶面肥。

(3)壮芽肥　4～7 月份采果后施的一次肥。此时果实已采收,作为次年结果母株的吸芽正迅速生长。此期的施肥管理直接影响翌年的产量。主要施速效化肥或腐熟的人畜粪尿。每公顷施尿素 225 kg+钾肥 150 kg+复合肥 150 kg。

(4)采后肥　采果后及时施肥,每公顷施尿素 300 kg+钾肥 225 kg,有利植株恢复生势,促进幼芽生长。

十、护果

夏秋季强光暴晒容易灼伤果,可用果袋套果或旧报纸包扎果实,也可采用自身叶片束扎等遮盖,防治日灼。易受寒害的产区,在冬季用稻草、塑料地膜覆盖植株可防冻。

十一、催熟果实

菠萝用浓度为 0.06%～0.1%乙烯利溶液喷果,可提早成熟,使果园成熟期较为一致,但会降低果实贮藏性。在植株抽蕾后 100～110 d、果实颜色由深绿色转为浅绿色时喷果,夏季处理后 7～12 d 果皮即转黄色,冬季需 15～20 d 果皮才转黄色。

十二、采收

菠萝成熟的果实果皮由绿转黄,肉色由白变黄,肉质变软,果汁增多,香味变浓。采收成熟度的确定因果实用途不同而异,近地销售的果实在整果 50%的小果变黄色时采收;远销的果实或加工原料用果以整果约 10%的小果呈黄色时采收。鲜销果采收时保留果柄长度 2～3 cm,用利刀割断,冠芽是否保留则根据销售商的要求而定,果实要小心轻放,避免机械损伤。尽可能在晴天采收。加工原料果实采收时直接折断果柄并去掉冠芽。

项目九　黄 皮 生 产

黄皮又称油皮、鸡皮果等，原产于我国南方热带、亚热带地区，至今已有 1 500 多年的栽培历史。我国华南地区均有栽培，其中广东、广西、福建、海南等省(区)栽培较多。国外如印度、马来西亚、越南、泰国、缅甸、斯里兰卡、尼泊尔等国家也有栽培。

黄皮是人们喜爱的岭南佳果之一，具有较高的营养价值，是我国南方的特产水果。果实富含糖分、有机酸、果胶、维生素 C、挥发油、黄酮甙等。黄皮还有较高的药用价值，根、叶、果和种子等都可入药，具有消食健胃、理气健脾、行气止痛等功效，俗有“饥食荔枝，饱食黄皮”之说。黄皮种子富含油分，出油率高达 42%，为优良的润滑剂。黄皮作为一种优质的水果，其果实除鲜食外，还可加工成果冻、果酱、蜜饯及清凉饮料等。

黄皮树势较强壮，对土壤适应性强，粗生易栽，病虫害少，投产较早，丰产稳产，经济寿命长。一般嫁接苗种植后 3 年可结果，在管理良好的情况下，5～6 龄树产量可达 6 000～9 000 kg/hm^2，产值可达 3 万元/hm^2 或更高。是一种非生产期短、投资回收快的热带果树。

任务一　认识主要栽培品种

黄皮为常绿小乔木或灌木果树，属于芸香科黄皮属，共有 30 多个种。我国有 11 个种，各地经过多年的选育，培育出许多地方的优良品种。其中，栽培较多的有以下品种：

一、大鸡心甜黄皮

因果形似鸡心而得名，果皮较厚，蜡黄色，充分成熟时呈蜜蜡色，果肉黄白色，质地结实，味特甜，有香味，汁多，耐贮藏。有种子 1～3 粒。果穗大，产量中上。有许多品系，如甜鸡心黄皮、大鸡心黄皮、细鸡心黄皮、黄毛鸡心黄皮、白毛鸡心黄皮等，其中黄毛鸡心甜黄皮是上品。7 月下旬成熟，但成熟期遇雨易引起裂果，果实成熟期不够一致。

二、无核黄皮

果实鸡心形，平均单果重 13 g，最大可达 30 g。成熟时呈橙色，果皮较厚，不易裂果，果肉橙色，肉质结实嫩滑，无核率可达 75%以上，少数具退化种子 1 粒，味甜微酸，风味佳，品质好，是加工果脯的最佳品种，产量比大鸡心黄皮低。

广西、广东等地发现了不少无核黄皮优良单株或品系，如广西农校无核黄皮、郁南无核黄皮、揭阳龙山无核黄皮等。

三、独核甜黄皮

果形近鸡心形，皮薄，金黄色，果实中等大，单果重约 8 g，果肉厚，浅黄色，清甜有香味，核小，独核率 70%以上，间有无核的，也有 2 个核的，产量中下。树势壮旺，适应性强。7 月中旬成熟，但成熟期不一致，成熟期遇雨易裂果。

四、大圆头甜黄皮

果实圆形，平均单果重 8.5 g，果皮薄，呈鲜黄色，成熟时变蜡黄色，果肉淡白色，味甜不酸，每果有种子 2～4 粒，果穗大，重达 0.5 kg 以上，产量中等。7 月上旬成熟，成熟期遇雨易裂果、落果。

从实生苗中选出多个优良单株和品种，如大圆头酸黄皮、黄毛大圆头甜黄皮、白毛大圆头甜黄皮等，其中以白毛大圆头甜黄皮为上品。

此外，广西还有卵形黄皮、水晶黄皮、白糖黄皮、牛奶黄皮、长圆黄皮、赤马黄皮、少核黄皮、鸡嘴黄皮、特早熟黄皮、特晚熟黄皮等；广东有鸡子黄皮、绿田黄皮、红嘴鸡心黄皮、岐山甜黄皮、甘皮黄皮等；福建有牛心黄、圆梨黄皮、白蜜黄皮、尖尾黄皮等地方品种。

任务二　了解生物学特性

一、生长发育

(一)根生长习性

黄皮的根系生长没有明显的休眠期，只要温湿度适宜，周年都能生长。

(二)枝梢生长习性

黄皮幼树一年可抽发 3～4 次梢，即春梢、夏梢、秋梢和晚秋梢。结果树一般可抽发 2～3 次梢，第 1 次为春梢，即当年结果枝，萌发期在 2～3 月；第 2 次为夏梢，萌发期在 5～6 月(一般极少萌发夏梢，只有挂果量少，或当年不挂果的植株才会萌发夏梢。若树势较弱可保留夏梢作营养枝培养)；第 3 次为秋梢，在采果后萌发，为次年主要的结果母枝。生长壮旺的树，或秋梢经摘心处理后，在 10 月中下旬前萌发二次秋梢，同样可培养成次年的结果母枝。结果树一般不会抽发冬梢，若天气反常(冬季温暖湿润)，或树势过旺的树，会出现冬梢，此时要及时抹除。

枝梢生长特点：顶端生长优势强，连续生长不分枝，枝条生长可长达 50～60 cm，若经短截或摘心处理后，可激发剪口下的芽萌发而分枝。

(三)开花结果习性

1. 花芽分化

黄皮的花芽分化时期一般在当年 12 月至次年 1 月份进行。黄皮花芽分化期需要充足的光照、适度的低温和较为干燥的天气。一般黄皮的成花率较高,但若树体养分积累少,枝条长势弱,叶片早落,顶芽不饱满,或氮肥施用过多,或修剪过重,生长过旺,也难于成花。

秋梢是黄皮次年主要的结果母枝,秋梢生长健壮、老熟,并在花芽分化前停止生长,花芽分化才能顺利进行。

2. 开花结果

黄皮的花穗为顶生圆锥花穗,由上年生长充实的结果母枝抽出。花期因品种而异,一般1～2月抽花穗,早熟种在3月中下旬开花,中熟种在3月下旬至4月上旬开花,花期3～4月份,单穗花期20～25 d,单株花期30～55 d,穗基部的花先开,小花多在上午7～9时开放,坐果率1.5%～2%。开花至果熟70～100 d。有3次生理落果现象:第1次花果齐落,主要是发育不全的花和受精不良的果;第2次生理落果是在小果如绿豆大时,果柄齐落;第3次生理落果在果实长至花生米大时。发育不正常的果,多数会在生理落果时自然脱落。生理落果是树体的一种自疏现象,但与树体养分积累相关,因此,在开花坐果期及果实膨大期,进行根外追肥及时补充树体养分,可以减少生理落果。

果实的种子发育后,果实会迅速膨大。果皮由绿色转蜡黄色时果实开始成熟,此时遇雨,或水分供应过于充足会出现裂果现象。

二、对环境条件要求

1. 温度

黄皮原产中国南部热带、亚热带地区,喜温暖、湿润的环境。以年平均气温在20℃以上、1月平均温度在12℃以上的地区为最适宜区,气温在0℃以下成年树有受冻害的危险,幼年树的耐寒能力较差。

2. 水分

黄皮是周年常绿的果树,生长量大,开花结果多,需要湿润的环境和充足的水分,在年降雨量1 500 mm以上且分布均匀的地区,黄皮生长良好。如早春遇旱,会影响花器的发育,影响开花坐果;夏季遇旱,会影响果实发育;秋季遇旱,会影响秋梢的抽生,影响次年的产量。但水分过多,降雨过于集中对黄皮生长和结果也不利,如春雨绵绵,影响开花和坐果;夏季暴雨会造成落果、裂果。

3. 光照

黄皮是喜光作物。光照充足,光合效能高,可增加树体养分的积累,提高果实的品质和产量;光照不足,树体养分积累少,不利于植株的生长发育。

4. 土壤

黄皮对土壤要求不高,平地、山地、房前屋后的黏壤土、沙壤土、砾质土都可种植。但不同的土壤对黄皮植株寿命和产量有不同的影响,在排灌良好、土壤肥沃、土层深厚的沙壤土上种植,树势强健,寿命长,高产稳产;而在土壤瘦瘠、排灌水不良、有积水的黏重土壤上种植黄皮,则黄皮寿命短、产量低。因此,若在瘦瘠的山地上种植黄皮,要挖大坑,增施有机肥,改良土壤后方能种植;在地下水位较高的平地或水田种植黄皮,则要起高畦种植。

任务三 掌握生产技术要点

一、培育种苗

黄皮以嫁接繁殖为主，砧木以酸黄皮为好。种子随采随播，需保存的，须于低温下保湿贮藏。种子切勿在阳光下暴晒，否则会丧失发芽力。砧木苗嫁接部位粗度达到 0.6 cm 以上时即可嫁接，生产中多用切接法嫁接，成活率较高。嫁接苗接口以上高度达到 40 cm 以上，嫁接口以上 2 cm 处的茎粗达 0.8 cm 以上，即可出圃。

二、果园建立

(一)种植规格

黄皮进入结果期早，树冠生长匀称，提倡采用计划密植，以提高前期产量。即前期采用株行距为 2 m×3 m 或 2.5 m×4 m，收获 3～5 年后，隔株间伐，最终保留 3 m×4 m 或 4 m×5 m 的株行距。

(二)种植时间

在华南地区，黄皮一年四季都可种植。但以 2～4 月份种植为最好，此时气温逐渐回升，雨水较多，种植后容易恢复生长，成活率高。

(三)种植技术

1. 挖种植坑

定植前 2～3 个月，按照规划的株行距挖种植坑，新垦果园，坑长、宽为 1 m，深 0.8 m，耕作层比较松厚的地块，坑长、宽为 8 m，深 0.6 m，表土和底土分开放置。种植前 1 个月左右回填，坑底放入绿肥、杂草和适量石灰，回填部分表土至 1/3，然后放基肥，每坑放腐熟的猪牛粪或土杂肥 50 kg、磷肥 0.5～1 kg，与表土搅拌均匀后回填至近平地面，上层放底土，并做成高出地面约 20 cm 的树盘。

2. 种植技术

黄皮苗须根发达，种植成活率高，生产中多采用裸根苗种植。种植前用新鲜黄泥浆蘸根，有条件的可在黄泥浆中加入生根粉，可提高种植成活率，缩短缓苗期。种植时应注意苗木的根系不能直接与肥料接触，以免烧根，影响生长和成活。种植时苗木要直立，根系要向四周自然舒展，以细土覆盖至 2/3 时，轻轻上下提动苗木，促进细土与根系紧密接触，最后回土至根颈处，稍加压实。整理好树盘，淋足定根水，在树盘盖稻草或杂草保湿。

三、果园管理

(一)幼龄树管理

幼龄树指从定植到初结果时的树，历时 2～4 年。此阶段的管理目标是：尽快扩大树冠和根群，促进早结果。

1. 施肥

幼龄生长发育旺盛，迅速形成根系和树冠，每年能抽发3～4次梢，生长壮旺的植株，尤其是早结、丰产园往往在植后1～2年开始挂果，因而需要大量的养分供给才能满足植株生长发育的需要。幼龄树根系尚未发达，分布较浅，吸收力弱，施肥宜以勤施薄施为原则。种植后第一次施肥应在种植的苗木抽出新梢转绿后开始抽第二次梢前进行。施肥应施水肥为宜，用腐熟的稀粪水+0.3%～0.5%尿素淋施，每株施用3～5 kg。以后按"一梢二肥"原则施肥(新梢萌芽前和新梢转绿后)，施肥时以氮肥为主，适当加入磷、钾、镁肥。秋季增加钾肥的施用量，以提高植株的越冬能力。冬季，结合深翻改土，深施有机肥。

2. 土壤管理

(1)松土　松土可以使土壤疏松透气，促进根系生长发育。黄皮幼龄果园结合除草和间种作物，一年要松土多次。在雨季，下雨后要松土，防止土壤板结。在根际范围松土深度宜浅，以5～10 cm为好。

(2)改土　通过改土，加厚耕作层，增加有机质含量，提高土壤肥力，为根系的生长创造良好条件。定植后第二年开始，于秋冬季枝梢停止生长时进行，方法是：在原种植坑外围开环状沟，或在行间(株间)各挖一条状沟，深40～50 cm，宽30 cm，分层施入草料、作物茎秆、垃圾和适量石灰等，每年轮换位置，在2～3年内，全园深翻改土一次。地下水位较高的平地果园或水田果园，采用客土、培土方式加厚耕作层，增施腐熟有机肥。

3. 水分管理

黄皮适宜在湿润环境下生长，但忌积水。幼龄树生长旺盛，根系浅而少，容易受土壤水分变化影响。定植后至第一次新梢老熟时期，要注意保持土壤湿润。植株成活后，根据土壤湿润度和枝梢生长发育状况及时排灌水，使土壤既不积水又保持湿润，以利于植株正常生长。

4. 幼龄树整形修剪

黄皮以矮干、枝条紧凑、末级梢多而壮的圆头形树冠有利于早结丰产稳产。幼苗定植成活后，在苗高60 cm以上时，于40～50 cm处摘心或短截定干，促进截口下的芽萌发，选留3～4条分布均匀的枝条培养成主枝；待主枝老熟后，在15～20 cm处进行摘心或短截，促剪口下的芽萌发，每条主枝上选留2～3条健壮的、分布合理的枝条培养成副主枝。如此反复修剪，培养圆头形树冠。

(二)结果树管理

1. 施肥

(1)催花壮花肥　目的是促进花芽分化，补充抽发花穗需要的养分。在春梢萌发前或抽花穗前，每株施0.5～1 kg复合肥。

(2)壮果肥　目的是促进果实膨大，增进品质。在果实迅速膨大期(生理落果后)施用，每株施1～2次经堆沤腐熟的有机肥或复合肥150～200 g，期间，可用0.3%尿素+0.3%磷酸二氢钾进行叶面喷施2～3次，可以提高产量及果实品质。

(3)促梢肥　目的是恢复树势，促发秋梢，培养适时、健壮的结果母枝。采果后立即施下，肥料以腐熟的人畜粪尿或腐熟的麸肥水，配以氮为主的速效肥料。水肥可用腐熟麸肥水10倍液，每株淋施15 kg，在树冠滴水线附近开浅沟淋施或直接在树盘上淋施；也可在树冠滴水线附近开浅沟，每株施三元复合肥200～300 g+施尿素200 g。

2.修剪和结果母枝的培养

黄皮结果树修剪目的是减少病虫害、迅速恢复树势、促发秋梢、培养健壮的结果母枝。具体措施:①冬季修剪。结合冬季清园进行,主要是剪除枯枝、病虫枝、阴枝、弱枝,改善树体通风透光,促进秋梢生长和花芽分化,为次年的丰产打基础。②生长季节修剪。结合采果或在采果后及时回缩或短截结果母枝,促发秋梢,培养健壮的结果母枝。此外,结合疏花疏果在春季和夏季进行适当的修剪。

3.水分管理

每年12月份至次年1月份是黄皮花芽分化期,此时期要减少灌溉,适当控水,使土壤稍微干旱,利于花芽分化的进行;2～4月份是开花坐果期,此时期春梢萌发,花穗生长发育、开花坐果,春雨绵绵,空气湿度大,要注意大雨后排除积水,保持土壤湿润;5～6月份是果实膨大期,此时期水分供应要充足,如遇长时间干旱,要及时灌水。此时期也是暴雨季节,要注意排水,防止烂根和裂果;7～10月份是果实采收期和秋梢抽放时期,保证充足的水分供应,以利于植株生长,下雨时要排积水,防止裂果和烂根。

4.土壤管理

(1)松土　黄皮进入结果期后,随着树冠的扩大,一般不间种作物,为了保持土壤的疏松、透气,平时要结合施肥或除草进行松土。

(2)改土　丘陵坡地果园和未完成全园深翻改土工作的地下水位较低、耕作层浅薄的果园,要继续进行深翻改土,提高土壤肥力。

(3)地下水位高的平地果园和水田果园要加强培土工作　秋冬季在畦面上平铺有机肥或土杂肥,再覆盖塘泥或客土,以增厚耕作层,降低地下水位,提高土壤肥力。

5.花果管理

(1)疏花　黄皮花穗大,小花多,每穗达千朵以上,开花期长,尤其是初结果树,往往同一穗花的花期长达15～20 d,坐果率3%～6%,较高的达10%左右。为了减少养分消耗,促使同穗花期和成熟期趋于一致,可适当疏花或短截花穗,即在花穗开花后至盛花前,将顶部花穗剪去总量的1/3左右。若花穗带小叶,应同时将小叶摘除。

(2)疏果　疏果可以增大果实,使果实大小及成熟期趋于一致。一般在生理落果后进行,先疏去畸形果、病虫果、小果,然后根据植株营养水平和挂果量,酌情疏去部分密生果。

(3)保果　果实膨大期至成熟期,要注意防病虫、防鸟啄食果肉、防裂果。具体措施:①果实套袋。用专用果袋或旧报纸制成圆筒形的纸袋,长约35 cm,宽约25 cm,套上果穗,上部束缚。②树盘盖膜。果实成熟期是多雨季节,常有暴雨发生,树盘覆盖地膜,可以防止雨水渗入根群分布最多的土壤中,减少雨后裂果现象。③加强土壤水分管理。在果实发育期,旱时淋水喷水,涝时排水,保持环境和土壤湿润,避免水分骤变引起裂果。④做好病虫害预测工作,发现为害及时喷药防治。在采果前1个月内不宜施药,若有病虫发生要及时剪除病虫果,减少传播来源。

四、主要病虫害防治

(一)主要病害及其防治

1.炭疽病

为害果实、果柄、叶片、枝梢和苗木,也为害大的枝条、主干和花器。高温多湿时易发病。

防治方法：①农业措施。加强栽培管理，增施钾肥；彻底清园，清除杂草、病枝、病叶、病果；改善树冠通风透光状况。②化学防治。常用的杀菌剂有1%波尔多液，40%多菌灵200倍液，25%代森锌（或代森铵）400倍液，75%百菌清500倍液，70%甲基托布津1 000～1 500倍液。在花蕾期每10～15 d喷1次，连续2～3次；在春梢抽出期及谢花后的小果期，各喷1次。

2. 煤烟病（黑霉病）

为害枝梢和果实。春季至晚秋间发病，其中以5～6月份发病较严重；在蚜虫、介壳虫等为害严重或栽培管理不善、荫蔽潮湿的环境条件下易发病。防治方法：①加强栽培管理，增强树势，合理修剪，改善树冠通风透光条件，减少发病。②及时喷药防治蚜虫、介壳虫等害虫。③发病初期，喷洒0.3%～0.5%石灰倍量式波尔多液，或50%多菌灵可湿性粉剂800～1 000倍稀释液，或硫磺胶悬剂300倍液，或40%灭病威500倍液，或30%氧氯化铜悬浮液600倍液，可控制病情。

3. 霜疫霉病

为害花穗、果实和叶片。春夏季高温高湿、果园种植过密、树冠荫蔽时易发病。防治方法：①加强栽培管理，适时修剪，不偏施氮肥，改善树冠通风透光条件。②田园清洁，及时剪除病枝条、病果，减少病原。③适时施药防治。在花蕾期、幼果期及转黄期各喷1～2次药剂，预防发病。药剂可选用40%乙膦铝300倍液，或58%瑞毒霉锰锌600～800倍液，或64%杀毒矾500～600倍液。

4. 梢腐病

为害梢、叶、果和枝条。高温高湿易发病，4～8月份为高峰期。防治方法：①冬季清园，做好田园清洁。清除病枝叶残体，集中烧毁，减少病原。②加强管理，及时修剪，防止偏施氮肥，适当增施磷钾肥，提高植株抗病力。③新梢萌发期及时施药保护新梢。药剂可用50%多菌灵可湿性粉剂500～600倍液，或40%灭病威500倍液，或70%托布津可湿性粉剂1 000倍液，或硫磺胶悬剂300倍液。

此外，一些黄皮果园还有流胶病、溃疡病、日灼病和根结线虫病等。

(二)主要虫害及其防治

1. 木虱

为害嫩芽和嫩梢，导致被害芽梢、嫩叶干枯萎缩，新叶畸形扭曲；排出的蜜露可诱发煤烟病。防治方法：①避免与柑橘等芸香科果树同园混栽或相邻种植，减少虫源。②加强管理，合理施肥，统一放梢，减少木虱食物供给时间。③及时喷药防治。新梢抽放前后各喷药1次，药剂可用40%水胺硫磷乳油1 000倍液，或50%敌敌畏乳油1 000倍液。

2. 介壳虫

主要是堆蜡粉介，为害嫩芽、嫩梢，导致幼芽扭曲变形，不能正常抽发，被害幼果脱落。防治方法：①做好田园清洁，减少虫源。②注意保护和利用天敌，在虫口密度较低的情况下，采用人工捕杀。及时修剪带虫新梢，并拿出果园销毁。③药剂防治。春梢抽发期，重点施药防治，尽量控制虫口密度。药剂可用40%水胺硫磷1 000倍液，或50%敌敌畏乳油2 000倍液。

3. 白蛾蜡蝉

为害枝条和嫩梢，导致树势衰弱，严重时枝条枯干、落果，果实品质变劣；其排泄物可诱发煤烟病。防治方法：①适时修剪有虫枝条，集中烧毁。②在若虫盛发期，喷洒80%敌敌畏乳剂1 000～1 500倍液。

4.蚜虫

主要有橘蚜、二叉蚜，以成虫、若虫群集于新梢、嫩叶、嫩茎上刺吸汁液危害。叶片受害后表现为皱缩，凹凸不平，不能正常伸展；新梢受害后弯曲变形。防治方法：①保护和利用天敌。主要天敌有瓢虫、草蛉、食蚜蝇、寄生蝇、寄生菌等。②改善果园和植株的通风透光条件，可在一定程度上抑制蚜虫的发生。③清除零星夏梢和严重受害枝梢。④及时喷药防治。全园有25%～30%的新梢上有蚜虫时，应喷洒80%敌敌畏1 000倍液等药。在药液中加入少量黏着剂，如柴油、肥皂粉、面粉等，可提高药效。

5.星天牛

以幼虫蛀害树干、主枝，影响水分和养分的输导。受害植株成株发黄，叶片黄化，树势衰弱。严重时整株死亡，幼龄树最为常见。防治方法：①加强栽培管理，冬季认真清洁田园，树干涂白，减少虫源。②6～7月份在天牛幼虫盛孵期，在树干上喷洒农药。可用25%天牛灵250倍液，或25%喹硫磷乳油500倍液喷施。③人工捕捉。成虫发生期可组织人力进行人工捕捉。幼虫发生期可以根据危害部位，用铁丝钩捕。也可以用棉球蘸敌敌畏等农药堵塞虫孔，杀死幼虫。钩捕幼虫之后，会造成树干伤口，可用1∶1∶20的波尔多液或50%多菌灵可湿性粉剂100倍液进行伤口涂抹，防止病菌侵染。

此外，一些黄皮果园还有卷叶蛾、夜蛾、潜叶蛾、凤蝶类、吸果夜蛾类、红蜘蛛和卷叶虫等为害。

项目十　番木瓜生产

任务一　认识主要栽培品种

番木瓜俗称木瓜，原产美洲热带地区，广泛分布于世界热带、亚热带地区。我国广东、广西、云南、海南、福建及台湾等省区均有栽培。但以广东、台湾栽培最多。

番木瓜营养丰富，含有多种维生素，特别是维生素 A 含量较高，还含有丰富的番木瓜素和凝乳蛋白酶，具有助消化作用。成熟的果实主要用做鲜食，青果可用作蔬菜食用，还可加工腌渍或制成蜜饯、果酱和果汁等。

番木瓜生长迅速，结果早，产量高，容易栽培。一般播种后 6 个月就可开花结果，株产可达 150 kg，每公顷产量可达 75 000 kg 以上，具有较高的经济价值。

番木瓜属于番木瓜科番木瓜属植物，本属共有 40 种，生产栽培的主要是番木瓜种。

一、穗中红 48

1972 年广州市农科所以“穗中”做母本，“泰国红肉”为父本杂交选育而得。具有花期早、坐果率高、早熟、丰产、抗病性好等特点。但抗寒力较弱。

二、泰国红肉

从泰国引入，果中等大，两性花结的果长圆形，果肉红色，肉厚嫩滑，味清甜，产量中等。

三、美中红

美中红是广州市果树科学研究所选育出的小果型番木瓜优良品种。两性花所结的果实纺锤形或倒卵形，单果重 0.5～0.7 kg，果肉红色，肉质嫩滑清甜，品质佳。花性较稳定，两性株在高温期趋雄程度较轻，坐果较稳定。但对环斑花叶病的抗性较差。

此外，还有日升、红妃、香蜜红肉等优良品种。

任务二 了解生物学特性

一、生长结果习性

1.根

番木瓜的根为肉质根，主根粗大，侧根强壮，须根多。大量根系分布在表土下 10～30 cm，最深可入土层 70～100 cm。在平地或低洼地起畦种植，有利于根系生长。番木瓜根系生长的起始温度在 18℃左右，在华南地区，3 月份才有新根生长。随着温度的升高，根系生长加快，以 5～6 月生长最旺盛，12 月以后，新根生长缓慢。

2.茎

番木瓜幼苗时茎干为实心，随着植株的生长茎干逐渐出现空心现象，成年番木瓜茎干表层半木质化，中层肉质性，中央空心，易折断。番木瓜茎干直立，一般不分枝，主干生长点受到伤害后，可促生侧枝。茎干上着生叶片，叶片脱落后茎干上留有明显的叶柄痕。成年树在夏、秋生长迅速的季节所形成的茎，在叶柄部形成"膈"，两膈之间中空形成节，冬季生长缓慢，茎伸长极少、节密，"膈"已连在一起，所以茎中空现象不明显。茎干的高矮、粗细，因品种、环境条件、树势、树龄、栽培管理不同而异。环境条件好、栽培管理水平高，植株长势强壮，株高与茎粗的比值小，植株矮壮，有利于早结果，抗风能力强；定植时斜植有利于抑制植株长高，增粗树干，提早结果。在同一条件下，雌株生长慢，雄株长快，两性株介于两者之间。

茎干每个叶腋处都有一个潜伏芽，一般不萌发，但老树风折或人为砍断，上端的数个潜伏芽即可萌发，生长成为侧枝。如果植株生长过高，所结的果较小，也不便管理，可在离地面 100 cm 或更低处切断茎干，促进潜伏芽萌发，继续结果。

3.叶

叶片为 5～7 出掌状深裂，叶片自树干顶部抽出，互生，叶柄中空，长可达 100 cm。颜色因品种而异。由种子萌芽抽出的第 1 对子叶，呈椭圆形，第 2、3 片真叶呈三角形，第 4、5 片开始呈三出掌状深裂，第 9、10 片真叶出现 5 出掌状深裂。随着幼苗的生长，叶片的缺刻逐渐加深。从叶片抽出至成熟，夏季需要经过 20 d 左右，冬季在 30 d 以上。在广州附近全年均可抽新叶，全年抽叶 60 片左右，若肥水条件好，一年可抽生 90 片以上。随着新叶不断抽发、生长，先发生的叶片不断衰老、枯黄脱落，叶子寿命一般 4 个月左右。在阳光充足条件下，树冠成圆头形，叶面积指数大，叶片也不会过早脱落；如过于荫蔽，则树冠呈伞形，叶面积指数小，容易早黄。

丰产树结果多，一片叶要供两个以上的果实发育所需的养分，生产中要尽可能保证叶片正常发育，防止过早黄落。

4.花

(1)花芽分化 植株生长到一定的叶片数，有了一定的营养物质积累后，便开始花芽分化。一旦进入生殖生长，便能在营养生长的同时，不断地分化花芽而不受季节变化、气温和土壤干湿的影响。花着生于叶腋处。出现第一朵花的部位，因品种而不同，24～59 片不等。

(2)花性 番木瓜的花主要有 3 种类型：①雌花。花型大，花瓣 5 个，基部连生，子房上位，肥大，雄蕊完全退化，结的果实多数近圆形，果腔大，种子较多。②雄花。花型小，花瓣上部 5

裂，下部成管状，10枚雄蕊，子房退化成针状，无柱头，不能结果。③两性花。依花朵大小和雌蕊、雄蕊的发育情况又分为3种：一是长圆形两性花。花中等大，发育的果实长圆形，果肉厚，果腔较小，价值高；二是雌型两性花。花大，发育的果实有棱或畸形，价值不大；三是雄型两性花。花小，发育的果实圆柱形，较细小，呈牛角形，果腔小，种子少，价值也不高。番木瓜的花性会随气候的改变而变化。

(3)株性　一般可分为雌株、雄株和两性株3种。①雌株。只开雌花，花性稳定，受外界环境条件的影响小，结果能力强。但所结的果实果肉比较薄，单果轻。温度低时子房发育不良。雌株花朵经授粉受精才能发育良好，未经授粉受精，则发育的果实细小，果肉薄，无商品价值。②雄株。多开雄花，着生在叶腋抽出的长花梗上，数量多，为总状花序。不能结果或很少结果。③两性株。主要开两性花的植株，花性往往受外界条件的影响而变化。一般随着温度逐渐升高，由雌型两性花转而出现长圆形两性花、再出现雄型两性花和短柄雄花。相反，温度从高逐渐降低时，花性的出现由雄型两性花和短柄雄花转为出现长圆形两性花、再出现雌型两性花。7～8月份温度高且偏于干旱，两性株都出现趋雄现象，即由雌型的两性花逐步向短柄雄花过渡，出现间断结果现象。

5.果实

果实为浆果，含水量90%～92%。未成熟的果实富含白色乳汁，乳汁中含有大量的木瓜蛋白酶。割取木瓜蛋白酶是番木瓜生产的另一个目的。

花朵授粉受精后果实开始发育。开花后60～70 d是果实重量增长高峰。影响果实发育的主要因素是温度、授粉受精以及肥水条件。温度高有利于果实发育，低温则延迟成熟并影响品质，在每年1～2月份低温条件下成熟的果实，由于形成多量的糖苷，具有明显的苦味，影响食用价值。

6.种子

种子多少与雌蕊发育、授粉受精及外界环境条件有关。充分受精的果实有1 000多粒种子，有的果实则只在基部有少数种子或无种子。种子多且发育良好，坐果率高，果实发育也正常。11～12月份，在成熟果中，往往有已发芽的种子，如取出遇干燥即丧失发芽力。

二、对环境条件的要求

1.温度

番木瓜是热带果树，喜炎热的天气，忌低温霜冻。适宜在年平均温度22～25℃、最低月平均温度16℃以上地区作经济栽培。生长最适宜的气温为25～32℃，15℃是番木瓜生长的最低温度，10℃时生长停滞，气温下降到5℃以下时，地上部即会遭受不同程度的冻害，0℃时健壮叶片受冻枯死。但温度高于35℃时，会出现趋雄现象，引起落花落果。

2.水分

番木瓜花果期长，雨水充足，有利于植株生长和果实发育。但如地下水位高或积水，容易引起烂根。

3.光照

番木瓜是喜光植物，强光照有利于提高果实品质。若环境荫蔽或种植过密，则植株徒长，茎干纤细，节间长，花芽分化不良，果小，产量低。

4. 土壤

番木瓜在土质疏松、排水良好、pH 6～6.5 的微酸性土壤中生长良好。一般番木瓜不宜连作，以减少病害的发生。

任务三 掌握生产技术要点

一、育苗

1. 苗圃地选择

番木瓜苗期怕低温霜冻，忌积水。为预防番木瓜环斑花叶病，圃地应选在远离老番木瓜园 1 000 m 以上的地方，选择地势稍高、不易有霜冻、南向、阳光充足、排水良好的地方做育圃地。

2. 培养袋和营养土的准备

生产中一般采用培养袋育苗。常用的培养袋为黑色或白色塑料袋，直径 12 cm，高 16～18 cm，底部开 2～4 个直径约 1 cm 的小孔排水。营养土主要以肥沃的沙壤土为主，加入 5% 左右充分腐熟的有机肥和 1%左右过磷酸钙。营养土装满袋后，紧靠排列，畦宽不超过 1 m，长度依场地而定，但亦不超过 20 m，以便于管理。培养袋四周围填土保湿。

3. 采种与种子处理

番木瓜一般直接用种子繁殖。留种用的果实要充分成熟（黄熟过半）时采收，后熟转黄后剖开，取出种子，把种子外表的胶膜除去，洗净，漂洗去除不充实的种子，阴干备用。种子可随采随播。播种前，用 70%甲基托布津 500 倍液浸泡 3～5 min 消毒，洗净后再用 1%小苏打（$NaHCO_3$）液浸种 4～5 h，取出洗净后用清水浸种 20～24 h，再用洁净的湿毛巾或棉纱布包裹，置于 35～37℃的恒温箱中催芽，或用自制灯箱（内置电灯泡）提高箱内温度催芽。每天翻拌和湿水 1 次。种皮裂开见白时播种。

4. 幼苗管理

播种后 10～20 d 出苗。出苗后要注意间拔弱苗和保持培养土湿润，但忌水分过多，当幼苗长出 2～3 片真叶以后，要适当控制水分，以促根深生，防止幼苗徒长。长出 4 片叶时，可开始施 10%腐熟稀薄粪尿水，每隔 15 d 施 1 次。幼苗在长出 5 叶之前容易遭受冻害和感病，要加强管理。长出 5 叶以后要进行炼苗，控制肥水供应，以促进根系生长，防止茎叶徒长。于次年春季气温回暖后即可移苗定植。

二、建园

1. 选地

新植番木瓜园最好与旧园有一定的距离，旧园不宜连种。以背西北向东南、土壤疏松肥沃、地势高爽、排灌便利的地块为好。

2. 定植

番木瓜可春植或秋植，以春植较多。如两广地区秋、冬育大苗，次年 3 月上旬至 4 月上旬定植，植后气温逐渐回升，雨水也渐增，植株生长快。定植的株行距可根据不同品种的树冠幅度和各地的自然条件来决定:树冠幅度大的品种宽一些,幅度小的密一些;在光照偏少的平地略宽一些,山地、坡地密一些。一般株行距 1.5 m×2.5 m,种植前挖长宽深为 70 cm×70 cm×70 cm 的植穴,每穴施优质腐熟的有机肥 5~10 kg。选择茎秆粗壮、叶片厚而阔、缺刻少、叶柄略下垂、生长壮旺的苗种植。植后淋足定根水,并保持土壤湿润,遇倒春寒天气,要稍加遮盖物防寒。定植后 3~5 d,如果发现幼苗的老叶柄(起苗时去掉叶片留下的叶柄)触碰时容易脱落,表明幼苗已经成活,可逐渐减少浇水。如果老叶柄不易脱落,顶芽凋萎下垂,立即切除下垂的顶芽,促进苗木重新抽发新芽。

三、生产技术

(一)肥水管理

1. 施肥

番木瓜在营养生长期的施肥应以氮肥为主,适当配合磷、钾肥,开花结果期对氨、磷、钾需要的适宜比例是 2∶4∶4。

(1)催苗肥　定植后的 3、4 月份,是促进番木瓜速生和提早开花的关键时期。此时小苗根浅生,施肥应少量多次为宜,由稀渐浓、由少至多,以氮肥为主,每 10 d 施 1 次,共施 5 次:在定植后 10~15 d,叶片正常伸展后,每株施尿素 10 g,撒施或兑水淋施;再过约 10 d 追施第二次。此后每隔约 10 d 追施第三、第四和第五次肥,每株施用尿素量由 20 g 增到 30 g。结合喷洒杀菌剂,每 7~10 d 喷施 0.2%~0.3%的尿素液或磷酸二氢钾液,两者交替喷施更好。

(2)促花肥　番木瓜定植后抽生出一定叶片数后便出现花蕾。现蕾前后要增加磷、钾的施用量。在 5 月上旬和下旬,每株追施三元复合肥 100 g 各一次,促进花芽分化。为预防番木瓜缺硼症的发生,每株配施硼砂 5 g,同时结合喷药或单独叶面喷施 0.2%的硼酸或 0.3%的硼砂溶液,每 7 d 喷 1 次,共喷 4~5 次。

(3)壮果肥　6~10 月份是番木瓜大量开花坐果的时期,对肥料的需要量大。6 月上旬和下旬各施一次复合肥,每次每株 100 g。7~10 月份施用 4 次复合肥,每次每株 150 g,其中,8 月份加施腐熟的花生麸肥,每株 500 g,以便提高果实品质。

2. 水分管理

番木瓜生长迅速,需水量大。果园内用塑料膜或干草、土杂肥覆盖地面,有良好保水效果。但土壤不能过湿或积水,否则会造成烂根。雨季要注意排水。采用深沟高畦种植时,低地要保持一定的水位。有根系裸露现象,要及时培土。番木瓜根系浅生,故可在树干周围进行覆盖,也可在树冠下开深、宽为 30 cm 的环沟进行压青,诱导根系深生,提高抗旱能力。

(二)防寒

番木瓜不耐低温,冬季常受霜冻为害。所以,每年 12 月前,应做好防寒准备工作。霜冻天气时,可将成束稻草一端捆扎,下端张开成伞状,覆盖于植株生长点和幼叶幼果之上,树头则培土、树盘盖草,在日出之前全株喷水洗霜。

对挂果多的植株,应疏除部分果实,可以在一定程度上提高植株抗寒能力。

(三)砍伐雄性株

番木瓜雄性株不能结果,生产中,在植株能辨别株性时,要及时砍伐雄性株,并补植大小相仿的雌性株或两性株。即使砍伐后未能补植,也可以让周边的植株得到更多生长空间。

（四）疏花、疏果、除枯叶

番木瓜营养生长到一定叶片数后，每一个叶腋均能成花，有的是单花，有的是数朵花组成的花序。一般中大果型品种，每一叶腋保留 1～2 个果：雌性株坐果率高，每一叶腋留 1 个果；对长果形两性株，若间断结果的情况明显，则可酌情留 2 个果。优质小果型番木瓜果小，为保证产量，在不降低商品果质量的前提下可多留果。对多余的花、果要及早疏除，以节省养分。两广地区，计划只收当年果实的果园，一般留果至 9 月份即可，单株留果 20～25 个，以后抽出的花果全部疏除。疏花在开花后进行，疏果则在幼果期进行，越早越好。疏去畸形果、病虫果、过密的弱势果，确保留存的果实分布均匀，发育良好。

（五）采收

番木瓜由开花至果实成熟的时间和品种、气候、营养水平有关，短的 110 d 即可，长则 210 d 以上。如过早采收，果实难以后熟。过熟采收则不耐贮运。生产中可以通过以下标准来判断果实成熟度。

1. 果皮颜色

番木瓜果皮色泽的变化：幼果为粉绿（嫩绿）色，随着果实的生长逐渐变为浓绿、绿、浅绿，近成熟时一果端黄绿色、黄色。在果实中部的两个心皮间出现黄色条纹斑后，果皮部分变黄时采收为宜。如远销外地，可在黄色条斑出现稍前采收。

2. 果汁

随着果实趋于成熟，乳汁颜色由白变淡。果实成熟时，果汁为轻微混浊的半透明状，汁液数量少，流速慢，较易凝集，果实在树上完全成熟时，乳汁基本消失，此时采收可供就地食用。就地销售的果园可在此时采收。

采收果实要轻拿轻放，避免碰伤果皮。采果后，要削平残留在茎上的果柄，以免影响其他果实的生长。

对采收后果皮为浅绿色的果实，可用乙烯利进行人工催熟，使用浓度为：7～8 月份 500～600 mg/kg，10～11 月份 1 000～2 000 mg/kg。

项目十一　西番莲生产

西番莲又称百香果、鸡蛋果等，是热带、亚热带常绿藤本攀缘果树。自20世纪初进行人工引种栽培以来，通过引种驯化和杂交选育出诸多优良品种，并在印度、肯尼亚、几内亚、澳大利亚、巴西、南非、乌干达、斯里兰卡、美国、中国推行了商业化栽培。目前，我国福建、广东、广西、海南、江西、四川、云南、重庆等地均有栽培。

西番莲果汁风味独特，酸甜适中，营养丰富，富含人体所需的蛋白质、维生素、钙、铁、磷等营养物质，含有多种水果的香味，是良好的天然植物香精，所以又称"百香果"。其果汁饮料在国际市场上享有"饮品皇后"之美誉，市场前景好，是极具发展潜力的饮料果品。

任务一　认识主要栽培品种

西番莲是西番莲科西番莲属植物，全属有400余种。栽培的西番莲主要有黄果种和紫果种两类，紫果西番莲成熟果皮为紫红色，枝蔓青绿色，适合于夏季凉爽，海拔300～500 m的地区种植，不适宜夏季高温的珠江三角洲或以南地区栽培；黄果西番莲成熟果皮为黄色，果实较大，产量较高，品质优，出汁率较高，适应性较强，但耐寒性较差，有些品种还有自花不实现象，需要人工辅助授粉才能获得高产。目前，华南地区以种植黄果西番莲为主。

主要品种有两类：一类是需人工授粉才能获得高产的品种，如华杨、汕黄、长黄、选1等；另一类是可自花结实的品种，如选511、紫香1号等。广西种植较多的品种有紫香1号、华杨1号等。

任务二　了解生物学特性

西番莲为多年生常绿攀缘木质藤本植物。有卷须；单叶互生，叶缘深裂，具叶柄，其上通常具2枚腺体；聚伞花序，有时退化仅存1～2朵花，花两性，单性，偶有杂性，萼片5枚，常成花瓣状，背面绿色，内面白色，其背顶端常具一角状附属器；花瓣5枚，白色稍带紫晕，有时无；花冠与雄蕊之间具一至数轮丝状或鳞片状副花冠，紫红色和白色相间，有时无；内花冠各异；雄蕊通常5枚；雌蕊由3～5枚心皮组成，子房上位，着生于雌雄蕊柄上，1室，具数枚倒生胚珠。夏季开花，花大，淡红色，微香。果为蒴果，室背开裂，或为肉质浆果。果实卵形，形似鸡蛋，成熟时果皮黄色或紫色，果汁色泽类似鸡蛋黄，故得别称"鸡蛋果"。生长快，开花期长，开花量大。

西番莲属于喜阳果树，喜欢温暖至高温湿润的气候，不耐寒，在全年无冻害地区生长良好。适宜于北纬24°以南的地区种植。对土壤要求不是很严格，但在土壤疏松肥沃、有机质丰富、排水良好、灌水方便的环境下生长最佳。

任务三 掌握生产技术要点

一、育苗与果园建立

西番莲可通过实生繁殖、扦插繁殖和压条繁殖的方法培育种苗。用种子繁殖出来的实生苗，根系强大，抗逆性强，但是变异较大，结果较迟，产量不稳定，果实大小不均匀，可溶性固形物含量低，香味变淡，出汁率变低；扦插繁殖或压条繁殖出来的苗木基本可以保持母本的优良特性，生长整齐，结果早，果实均匀，品质优，丰产性好，但是根系生长较浅，抗逆性略差。

（一）实生繁殖

1.种子采集

在果实成熟期，从丰产、优质、抗病力强、生长健壮的母株上选择完全成熟、果大、汁多、皮薄、无病虫的果实，取出种子，洗净晾干备用。当年种子当年育苗出苗率高，可达95%以上，育苗时间一般在9月到次年5月。

2.催芽

播种前，种子用水浸泡2～3 d，用手搓洗脱净种子外层胶质。每千克种子用10～15 g多菌灵或甲基托布津拌种，拌种20～30 min后即可把种子均匀撒在催芽苗床上，覆盖一层1～2 cm的细河沙，再盖一层5 cm的干草，浇透水。在催芽床周围用塑料薄膜围成布墙，高60 cm，以保湿防鼠。搭建荫棚或装置遮光网，保持50%左右的荫蔽度。播种后每3 d浇一次水，打开荫棚通风1 d，傍晚封棚，7～10 d后种子萌动，并有部分出土时，可除去盖草和塑料布墙。

3.移栽苗圃

移栽前，苗圃应盖好遮光网或搭好荫棚，保持50%左右的荫蔽度。催芽床的幼苗长出子叶稳定时，即可移栽。起苗前应先浇透水，起苗过程中注意保持根系完整，主根折断的苗不能用。移栽时用0.5 cm粗小棍按株行距5 cm×10 cm的规格在苗床插出小孔，将苗放入孔内回细土轻压。幼苗随取随栽，移栽后浇足定根水。

4.苗圃管理

移栽后，每2 d浇一次水，保持苗圃湿润。清除园内杂草，每15 d用15 kg水+15 mL敌敌畏和15 g甲基托布津进行喷雾，以防治病虫为害。移栽后10 d内，发现缺株及时补栽。幼苗长出2片真叶后，可薄施氮磷肥，用0.1%尿素和0.2%磷酸二氢钾溶液进行喷施，每7 d喷施一次，促进苗的良好生长。

5.出圃

幼苗生长60～80 d，茎粗达到0.3～0.5 cm，高度达到30～40 cm时，即可出圃。出圃前

20 d 要逐渐减少苗圃荫蔽度，在出圃前 10 d 除去遮光网，以锻炼苗木。在起苗前，苗床要浇透水，以易于起苗。起苗后及时剪除部分叶片(一般剪除 1/3)和过长根系，及时浆根，提高定植成活率。

如果利用营养杯育苗，幼苗长到 4～5 片真叶时，就可以出圃定植。

(二)扦插繁殖

西番莲扦插繁殖一般采用带叶绿枝扦插。在优良母株上选取老熟、充实的枝蔓作扦插材料，每条插枝以两节或 3 节为宜，上切口在顶芽上方 2 cm，下切口离节间约 1 cm，这样最易生根。如果材料少，也可剪留一节为插穗，不过这样生根较慢。扦插时插条留半片至一片叶，把卷须全部剪去，有利于节约养分。扦插前用 100～300 mg/L 吲哚丁酸溶液浸插条下部 0.5～2 min，有利于促进生根。

搭建塑料薄膜小拱棚或大棚育苗，插后要保持苗床的湿度，并保持棚内较高的空气湿度；苗床温度控制在 18～20℃，25～30 d 可生根。在冬季和早春要注意苗床的防寒，除了在晴天需打开散热外，其余时间应盖好薄膜。

如果采用营养袋育苗，出圃时苗木伤根少，定植后可很快恢复生长。

此外，还可以采用压条法进行波状压条繁殖，一次可得多棵新植株。

二、栽培技术

(一)果园建立

植距规格可根据自然环境条件和管理水平选用 3 m×4 m、3 m×3 m 或 2 m×3 m。种植前，挖长、宽、深为 50 cm×50 cm×40 cm 的种植坑，用优质腐熟有机肥与表土充分拌匀后回坑。选择生长势健壮的苗木，剪去过长的根和蔓，留蔓长度不超过 15 cm。种植时，在坑中央挖一种植穴，放入苗木后，用不含肥料的细土回盖，稍加压实，定植深度与苗木原生长深度基本一致，定植后浇足定根水，整理好树盘，做好树盘覆盖。

一般情况下，2～3 月份种植，如果采用优质扦插苗定植，水肥管理水平高，整形、防虫等管理适当，约在 5 月底开始陆续开花，经自然授粉或人工辅助授粉后，果实经发育 50～60 d，大约在 7 月底成熟；如果采用实生苗于 2～3 月份种植，大约在 9 月份以后才会有少量的花朵开放，11 月份有少量的果实成熟。

(二)搭架

西番莲是藤本果树，需要搭架栽培。架式有棚架、人字架和篱架 3 种，这些架式各有优缺点。

采用棚架的果园，可遮荫地面，减轻蒸发，在棚架下形成一个相对湿度较高的小环境；可用竹木资源搭架，减轻搭建棚架的成本。但棚架的有效绿叶层薄，结果容量较小，产量较低，修剪、喷药难度较大；在平地果园或雨季时，园内湿度偏高，容易诱发病害；由于枝叶的遮挡，成熟时较多果实留在棚面上，不利于果实的采收。

采用人字架和篱架的果园，有效绿叶层厚，结果容量大，通风受光合理；方便整形修剪、喷药、人工辅助授粉、果实采收等操作；缺点是需用较多的铁丝等材料搭架，搭架成本较高。

人字架(设高为 2 m 的立柱，每隔 4 m 立 1 根，在立柱横向两侧各 1.25 m 地面打矮桩，自矮桩向立柱顶端斜拉铁丝，立柱之间纵向拉几道铁丝连接，使架面成为“人”字形)需用材料较多。从高产稳产、方便栽培管理和兼顾搭架成本等方面综合考虑，提倡采用单线篱架型栽培西番莲。即按照行向每间隔一定距离设立柱桩，在柱桩顶部只拉一条铁丝，铁丝的规格是 8 号或 10 号，如果柱桩较密(如每隔 1 株立 1 柱桩)，则可以使用 12 号铁丝，铁丝的高度离地面约 1.8 m，西番莲的主枝沿着铁丝生长，以充分利用空间和光能。搭架用的柱桩可用钢筋混凝土柱桩、木桩或竹桩等，也可钢筋混凝土柱桩与竹桩或木桩配合使用，交替立柱，这样可以兼顾成本低与耐久性这两方面的优势。

(三)整形修剪

幼苗期的整形修剪以培育主蔓、侧蔓为主。在小苗恢复生长后，每隔 5 d 抹一次侧芽，促使主蔓速生、粗壮，当主蔓长 30 cm 时，用竹子或木条绑扎牵引枝蔓上架。当主蔓长到铁丝时，进行摘心，促发分枝，萌芽后，仅留 2 条作为侧蔓，其余全部抹除，并分别将 2 条侧蔓引向铁丝两侧生长，要经常性地牵导侧蔓成螺旋状在铁丝架上缠绕生长。侧蔓满架后(相邻两株侧蔓交接)，在超出相邻植株 30 cm 处，打顶并绑扎。随着侧蔓的生长，分生出许多二级侧枝，即为结果枝。此后经常修剪交叉枝、病虫枝、弱枝、枯枝，保持园内通风透光，对生长旺盛的枝蔓可将其向下引缚，抑制生长，促进成花。

对进入结果期的果园，采果后冬季及时修剪，剪除病虫枝、枯枝等无效枝蔓，对头年的结果枝蔓仅留基部的 2～3 个叶节短截，促使 2 月份重新抽生枝蔓。3 月下旬，对新抽生的、长度达 1 m 以上的枝蔓，留 60 cm 进行回缩。5 月份以后，对接近地面或拖地枝蔓在离地 20 cm 处短截，保持枝蔓不拖地生长。3～6 月份随时疏理枝蔓，避免枝蔓相互缠绕和横向生长，强制性地使枝蔓垂直向下生长。

修剪以轻剪为主，或选择性修剪，切忌重剪，否则会影响次年产量。

(四)土肥水管理

在旱季来临前，对株行间的土壤深翻一次，并用杂草等覆盖树盘，以利于保温、保湿和增加土壤有机质含量，有利于根系生长。平时根据杂草生长情况，经常性清除园间杂草，保持行内无杂草，行间杂草不超过 50 cm。长时间不降雨要酌情灌水；雨季做好排水工作，防止果园积水。

西番莲枝蔓生长迅速，结果量多，对肥料的需求量也较大。定植前要施足基肥。追肥以麸肥、尿素、复合肥为主。结果树一般每年施肥 3 次：在开花前，每株施用有机肥 10 kg，尿素 0.2～0.3 kg；4～6 月份和 8～9 月份分两次施促花壮果肥，施用三元复合肥每株 0.5～1 kg。此外，结合病虫害防治，2～5 月份叶面喷施 0.2%尿素 3 次，6 月份喷施 1 次 0.2%～0.3%磷酸二氢钾或其他叶面肥。

(五)保花保果

1. 施足促花保果肥

在施促花保果肥的基础上，在盛花期(6 月下旬至 7 月上旬)叶面喷施 0.2%～0.3%磷酸二氢钾、在果实迅速膨大期(7 月下旬至 8 月初)喷施云大-120 6 000 倍液＋0.2%硼砂进行保果。

2. 引入大体型昆虫和人工辅助授粉

黄果西番莲属异花授粉植物，有多次开花习性，自花不孕，自然授粉主要依靠蜂类等传粉昆虫，自然授粉结实率低。究其原因，可能是黄果西番莲的花朵比较大，一些体型较小的昆虫在采集花粉过程中，不一定能把花粉传到柱头上。因此，保护果园内大型昆虫，引入体型较大的蜜蜂，可能会在一定程度上促进自然授粉率的提高。

采用异株人工辅助授粉，可以明显提高产量。人工辅助授粉以下午 2～3 时进行为宜，在雄蕊充分成熟、花粉散开的花朵上采集花粉，点授到柱头上。实验证明，如果采用多株花粉均匀混合后再授粉，坐果率会更高。花粉最好随采随授，并要保持花粉的干燥。

（六）病虫害防治

西番莲的病害较少，生产上主要存在根腐病、疫霉病和炭疽病等。防治病害的主要措施：首先是做好排水工作，防止果园积水，尤其是部分水田和低洼地区果园，需防止局部积水导致烂根和诱发病害；其次是在果实采收完毕后，结合修剪清园，将病枝、病叶、病果清出园外烧掉，减少病源；第三是在发病初期，及时喷药控制，用敌克松 800 倍和多菌灵或甲基托布津 1 000 倍防治根腐病和炭疽病，用瑞毒霉锰锌 1 000 倍喷雾或涂抹防治疫霉病。

西番莲的主要害虫有咖啡木蠹蛾、白带斑尾坡天牛、红蜘蛛、蚜虫等。咖啡木蠹蛾幼虫蛀食枝条，导致虫口上部所有枝条花果逐渐干枯。平常应留意检查，在发现蛀入口及其下方有虫粪时，应及时用注射筒将 100 倍的敌敌畏药液注入后用棉花及黏性黄泥密封蛀口，即可杀死害虫；白带斑尾坡天牛幼虫钻蛀枝蔓，为害处常有虫粪排出，受害部呈肿瘤状，可用药棉堵塞虫孔，毒杀幼虫；其他害虫可选择适宜的农药，在发生初期及时喷药防治。

项目十二　毛叶枣生产

任务一　认识主要栽培品种

毛叶枣又称印度枣、台湾青枣，是热带、南亚热带常绿或半落叶性灌木或小乔木。植株粗生易长，是木本果树中生长结果最快的树种之一。其适应性强，耐旱、耐瘠，早结丰产稳产，无大小年结果现象，栽培条件好的果园，单株产量可达 250 kg，经济寿命达 40 年以上。果实香甜清脆，风味独特，营养丰富，具有帮助消化、养颜美容等保健作用，因而有"热带小苹果"、"维生素丸"之美称。果实上市时间正是冬春鲜果供应淡季，因而是极具开发利用价值的经济果树之一。

毛叶枣原产中国的云南和印度。印度是世界上的毛叶枣生产大国，此外，泰国、越南、缅甸、马来西亚等也有规模生产。我国台湾、广东、广西、海南、云南、福建是大青枣的主要产区。

毛叶枣属鼠李科枣属果树。本属共有 100 种，我国有约 13 种，其中栽培上最重要的有枣和毛叶枣两种。毛叶枣按其出产地分为印度品种群、台湾品种群、缅甸品种群。当前，生产中栽培的主要品种有：

一、五十种

又称高朗 1 号。是台湾选育的品种。果实呈长椭圆形，果重 100～160 g，果皮颜色鲜绿，皮薄光滑，果肉白色，肉质脆嫩、细致，清甜多汁无酸味，可溶性固形物含量 10%～13%，贮运性好，品质优良。开花期 5 月下旬至 11 月上旬，成熟期 11 月上旬至次年 2 月中旬。树势旺盛，枝条粗壮，枝条刺少。易栽种管理，抗白粉病。

二、脆蜜

从五十种中选出。果实椭圆形，果重 130～160 g，果皮鲜绿，皮薄，果肉白色，肉质脆嫩，清甜多汁，果实成熟后果肉不易变松软，可溶性固形物含量 15%左右，品质特优，商品性好。开花期 5 月份开始，果实成熟期 12 月份到次年 2 月份。

三、世纪枣

世纪枣因其品质可与"世纪梨"媲美而得名。果实长卵圆形，单果重约 300 g，果皮薄但较粗糙,呈青绿色。果肉细嫩、清甜多汁无酸味,果实完全成熟后仍清甜可口,品质优良。果实成熟期10月中旬至次年2月上旬。抗白粉病,枝条无硬刺,便于管理。

四、大世界

单果重130～200 g,果实味甜、质略粗,比脆蜜皮厚,耐贮运,但外观不及脆蜜。成熟期10月份至次年2月份,可留果到3月份,晚熟。

此外,还有蜜思枣、苹果蜜等优良品种。

任务二 了解生物学特性

一、生长结果习性

1. 植物学特征

毛叶枣根系发达,侧根较多。枝干发达,主干直立粗壮,树皮厚且粗糙,常有纵裂纹。叶为单叶互生,呈椭圆形或长椭圆形,有3条明显叶脉,叶面光滑,叶背生灰白色茸毛。花为聚伞花序,腋生于当年生枝条上,每花序着生小花多朵,小花白色,是完全花。果为核果,果形有卵圆形、长椭圆形、扁圆形等,果皮绿色,果肉白色,脆甜多汁,种核壳坚硬,种子有短暂休眠特性。

2. 生长发育特性

毛叶枣枝梢斜向生长,一年内抽生新梢3～8次,且呈连续生长,即顶芽向上生长,并随抽发侧枝,萌芽力强。枝梢耐修剪,生长强旺的树在肥水充足时,春季对主枝回缩修剪,半年内就可恢复树势。新梢当年生长量达1 m以上,一年生的幼树高达1.5 m以上。枝条长、软、脆,生产需立柱或架支撑,防止断裂。

毛叶枣花芽分化与枝梢生长同步进行,花芽分化快,且能连续分化,枝梢长到哪里,花就开到哪里。毛叶枣成花容易,花量大,花果同枝,一年可多次开花,多次结果。8月份以前开花坐果率极低,9～10月份开花坐果率高。幼苗定植后2～3个月就能开花结果。

毛叶枣白天开花,主要通过蜜蜂、苍蝇、蚂蚁等昆虫和微风传粉,坐果率高,一般每个花序可坐果3～5个。花后40 d内是果实快速生长期,此期生理落果较多。花后90 d左右果核硬化,果实膨大又明显加快,花后120 d左右,果实开始由青绿转至浅绿或黄绿,果实成熟。从开花至果实成熟需110～150 d,早熟品种需110～120 d,晚熟品种需130～150 d。成熟期9月份至次年3月份,但多集中在12月份至次年2月份。

二、对环境条件的要求

1. 温度

毛叶枣原产于热带地区,却比许多原产于热带的果树都更耐寒。在-5℃条件下短时间不会受冻害,但忌霜害。在1 200 m海拔下,年平均温度18℃以上,基本无霜的热带、亚热带地区生长快,投产早,品质优。一般在气温14～16℃时,即可开始萌芽,17℃抽梢展叶,19～20℃现蕾,20～22℃开花。

2. 光照

毛叶枣为阳性树种，光照充足时生长快，树势强健，花芽分化良好，花量大，坐果率高。反之，坐果率低，落花落果严重。但适当的遮荫有利于果实膨大，外观好，但口感风味稍差。

3. 水分

毛叶枣喜干燥环境，不耐阴湿气候，忌浸水。花前 1 个月、幼果期需保持干燥，其他时期需保持湿润。花期遇雨或转冷，结果不良；果实发育期遇干旱，果实变小，变硬；忽干忽湿的天气，落果严重。

4. 土壤

毛叶枣对土壤适应力强，可在沙土、石砾土、黏土和壤土等多种类型的土壤生长。但以土层厚、肥沃、疏松、排水良好、pH 6～6.5 的沙质壤土栽培好，植株生长旺盛，果实品质好。

任务三　掌握生产技术要点

一、育苗

毛叶枣可用嫁接、扦插等方式繁殖。目前，生产上多用嫁接繁殖。

1. 砧木

一般选用酸枣即野生的毛叶枣和滇刺枣作砧木。为了提高种子发芽率，促进发芽整齐均匀、出苗快、出土幼苗生长健壮，播前应用清水浸种 36～48 h，或用 5% 的石灰水浸种 24 h，有杀菌作用，有利于种子发芽。

2. 嫁接

实生苗长到径粗 0.5～0.8 cm 时即可嫁接，嫁接高度离地面 10 cm 左右，砧木保留叶片 2～3 张，嫁接方法常用切接、枝腹接和芽片腹接，适宜嫁接时期为 4～9 月份，以 5 月份为最好。

二、栽植

1. 种植密度和种植时期

毛叶枣生长迅速，植株寿命长，枝条斜生、有刺，新植园初期可密些，如株行距为 2 m×5 m、3 m×4 m、3 m×5 m，第三年再行间移到适宜密度，依次为 4 m×5 m、6 m×4 m、6 m×5 m。营养袋苗全年均可种植，裸根苗宜在 2～4 月份种植，而在雨热同期的云南省，则大都选择在 6～8 月份种植。

2. 品种选择和配种授粉树

毛叶枣优良品种繁多，各地应根据实际情况选择品种。毛叶枣为异花授粉果树，种植时需配种授粉品种。授粉品种宜选择与主栽品种花粉亲和力强、花量多、开花期与主栽品种相吻合的品种。主要授粉品种有黄冠种、世纪枣、碧云等。主栽与授粉品种比例为(6～7)∶1，两者距离不宜超过 50 m。

三、施肥

毛叶枣生长快，生长量大，花期长，花量大，结果多，必须有较高的肥水条件方能获得高产优质。新定植的幼苗长出第一次新梢后，每隔 7～10 d 淋一次 0.2%～0.3%尿素水肥，连续追肥 3～4 次；以后每隔 40～50 d 施一次复合肥，每次每株树施肥 0.2～0.3 kg。10 月中、下旬至 11 月上旬每株施约 1～1.5 kg 的腐熟麸饼肥，提高果实甜度。

二年以上的果园施肥，应掌握好 3 个时期施肥。第一次施肥在春季(4～5 月份)主干回缩修剪后、新梢抽生时，以恢复树势，促新梢生长。重施有机肥，配合适量化肥，每株施腐熟有机肥 20～30 kg＋0.5～1 kg 石灰＋0.5～1 kg 复合肥，沟施。第二次在盛花期前(7～8 月份)施用，以促花芽分化和提高花的质量，以氮、钾肥为主，适当施用磷肥。每株施复合肥 0.5～1.5 kg，施后淋水。第三次在果实发育期(10～11 月份)施用，以促进果实增大和改善品质，每株施复合肥 1～1.5 kg，若遇干旱，需结合灌水。

毛叶枣对微量元素的需求量比一般果树大，特别是开花挂果期(8～12 月份)，容易缺硼、缺镁、缺锌，需通过叶面施肥补充。在抽梢期和开花坐果期，每隔 15 d 左右喷施一次 0.2%磷酸二氢钾＋0.2%尿素；在果实膨大期 10～11 月份，喷施 0.2%硼酸＋0.2%硫酸镁＋0.2%硫酸锌等叶面肥 3～4 次；在果实采收前 10～15 d 再喷一次 0.2%磷酸二氢钾＋0.5%葡萄糖液，增加果实的甜度。

四、整形修剪

当苗长到 50～60 cm 高时，在离地面 30～40 cm 处剪断(嫁接口以上 15～20 cm)，促使抽生侧枝。当侧枝抽发后，选留 3～4 条分布均匀、生长健壮的侧枝作为主枝，用竹竿向四周引缚，使之成为开心形树冠。在主枝上交错抽生侧枝，侧枝上抽出的新梢当年能开花结果。主枝上抽生的直立枝梢应及时剪除，适当剪除密生枝、徒长枝和纤细枝，有利于通风透光。

毛叶枣枝梢木质软，丰产结果后，往往连果带枝垂落到地面甚至折断，须及时设立支架加以固定。架子材料可以选用竹竿或木棍，架子高度 1～1.5 m，支撑枝条，防止主枝因叶果重量过大下沉造成主枝分叉处劈裂。

毛叶枣在枝干修剪上与其他果树明显不同的是需要年年进行主枝更新。由于生长快，挂果多，容易老化，需要年年进行更新，否则来年所结果实小，品质差，产量低。

主枝更新方法：果实采收后，经 1～2 个月树势恢复，3～4 月份在离地面 30～40 cm(嫁接口上 15～20 cm)处锯断主枝。截后抽发新梢，选留生长良好、位置适中的一条新梢作当年的新主枝，其余抽发出的枝、芽应全部及时剪除，以后的整形修剪按一年生幼树整形修剪方法。新主枝长 1 2～1 5 m 时重新搭架支撑各主枝。

五、花果管理

1. 疏花疏果

毛叶枣花果量很大，每个节位一般自然挂果 2～5 个。如果任其自然生长，果小，果实品质差。为了增加单果重，提高品质和商品性，需进行疏花疏果。在 9 月下旬至 10 月上旬，果径约 0.5 cm 时疏果，每节选留一个果或每间隔一节选留一个果实，其他全部摘除，强壮枝多留，弱细枝少留。留果节位尽量靠近枝条基部，枝条末端的幼果、花穗一般不留。

2.果实套袋

为了减少病虫害和机械伤，提高果实的商品性，可在11月中下旬，果径约1 cm时进行套袋，套袋工作可结合疏果进行。目前的套袋材料多用塑料袋，也有纸袋的，规格为用宽8～10 cm、长12～15 cm，底部两端各剪一斜口，有利于透气排水的纸袋或塑料薄膜袋。

六、果实采收

毛叶枣收获要及时，过熟不耐贮运，且品质下降；过早采收，果实品质差。果实成熟时果皮由青绿色转为淡绿色或黄绿色，果实外观饱满、皮滑有光泽。毛叶枣花期长，收获期也长。果实成熟期不一致，因此要分批采收。采果时注意避免果实受伤，果实要带果柄采收。

项目十三　板栗生产

任务一　认识主要栽培品种

一、双季板栗

原产于江西省德安县。该品种树形紧凑，枝条粗壮，树冠较矮小，适于密植；种植当年即可少量挂果，比其他品种提早2～3年投产；第一季8月下旬成熟（特早熟），第二季11月中旬成熟（特迟熟），填补了板栗上市空档，价格高，效益好；果大，单粒重20～45 g，是目前较大果形品种之一，果肉细腻，质糯味甜，品质佳。

二、九家种

原产于江苏吴县洞庭山。该品种产量高，成熟早，品质优良，深受群众欢迎，有十家中九家种之称，故名九家种。该品种树形较小，树冠紧凑，直立，树势强；枝条粗短，节间短，嫁接苗适合密植，结果早，连续结果能力强，丰产；坚果9月下旬成熟，果皮赤褐色，果面有短茸毛，果中等大，单果重12 g，果肉质地细腻，甜糯，较香，品质佳；抗病虫及抗干旱能力较差。

任务二　了解生物学特性

一、生长习性

1.根系

板栗的根系再生能力很弱，根受伤后愈合与萌发新根的能力较弱，需要较长时间才能萌发新根，因此，移苗种植时应避免伤根过多，尽量保留侧根和细根。

2.芽

（1）花芽　板栗的花芽是混合花芽，芽体最大，钝圆形，着生于结果母枝的顶端和中上部，萌发后抽生带雌花序的结果枝或仅有雄花序的雄花枝。抽生结果枝的芽称为雌花芽（又称完全混合花芽),抽生雄花枝的芽称雄花芽(又称不完全混合花芽)。

(2)叶芽　叶芽芽体稍小,近圆锥形,着生于生长枝的叶腋或结果母枝中下部,萌发、抽生为生长枝。

(3)休眠芽　休眠芽最小,着生于枝梢基部,一般不萌发,呈休眠状态,寿命很长,遇刺激如折伤、修剪等才抽生新梢。故老树、弱树可进行重回缩修剪,促发新枝更新树冠。

3.枝

(1)结果母枝　着生有完全混合花芽的枝条称为结果母枝。通常由生长健壮的果前枝或普通生长枝转化而成,其数量及质量是来年产量的重要指标。强壮的结果母枝长度在15 cm以上,着生3～5个雌花芽;弱的结果母枝一般在15 cm以下,仅有1个雌花芽。

(2)结果枝　由结果母枝上完全混合花芽萌发而成。全枝分为4段,基部数节着生叶片和小芽,中部约10节的叶腋着生雄花序,往上1～3节叶腋的雄花序基部着生雌花序,最先端一段称果前枝,发育健壮者可成为来年的结果母枝,连续结果。

(3)雄花枝　只着生雄花序的枝条称为雄花枝,由不完全混合花芽抽发而成,多发生于弱树弱枝或结果母枝中下部。

(4)生长枝　生长枝也称发育枝。生长充实健壮,长度在10～30 cm者为普通生长枝,易转化为结果母枝,应充分保留利用;徒长枝,如位置适当者,可保留并利用其培养为结果枝组,否则应及早疏除,以免徒耗养分,扰乱树形;对生长纤弱、长度10 cm以下的细弱枝,应及早疏除或重短截促发强壮枝。

二、结果习性

1.花芽分化

板栗雄花序、雌花序分化的时期不同,一般雄花序先分化,在雄花序形成的基础上再分化雌花序。雄花序分化期长,从6月中下旬开始,一直延续到休眠之后。越冬后,雌花序才在新形成的雄花序基部开始分化。一般4月初的花轴伸长期(托叶包合期)是雌花序分化的关键时期,到4月底已完成分化。因此,在花轴伸长期可采取相应栽培措施,促成雌花序的形成。

2.开花

板栗为雌雄异花同株树种,雄花序为葇荑花序,雌花序球状,1个雌花序有2～7朵雌花,以3朵居多,着生于有刺总苞内。且雌雄异熟,同一结果枝上,雄花先开,雌花后开。板栗为典型的异花授粉树种,品种内授粉的结实率比其他品种授粉的结实率低得多,因此,要认真选择授粉品种,以提高产量、品质。板栗花粉很小,属风媒花。据报道,300 m以内可捕到花粉,以50 m以内为最多,这可作为授粉树配置的参考。

3.果实发育

在果实的生长发育过程中,由于授粉不良或树体营养供给不足,常导致栗苞早期脱落,称为生理落果。阴雨天气时间长、日照不足而引起授粉受精不良,这是造成生理落果的一个重要原因。在果实的生长发育过程中,常出现栗苞内无坚果或仅留种皮的现象,称为空苞。空苞成因:一是雌花花期发育不健全或花期长期阴雨天,影响授粉受精;二是树体营养供给不足,特别是树体内硼素含量过低。春季施硼、花期喷硼或人工辅助授粉可明显降低空苞率。

任务三 掌握生产技术要点

一、深翻扩穴，熟化土壤

板栗园多数土层浅薄，土质硬实，而种植时多数植穴不大，限制了板栗根向深广处生长，根系分布较浅窄。故随着树龄增长，要逐年轮换位置，扩穴深翻改土，不断扩大土层范围，改善土壤理化性状，增强积蓄肥水能力，诱导根系向纵深生长。深翻结合施有机肥，可增加土壤有机质，提高土壤熟化程度和肥力。

二、施肥

1. 秋施基肥

秋季施肥在采果后进行，最迟应在落叶前 1 个月施下。以速效有机肥为主，混合磷肥和少量速效性氮肥，以延长根系吸收和增强叶片光合机能，促进树体贮藏养分的积累，有利于来年的生长和开花结果。

2. 花前追肥

在芽萌动期，即雌花序分化前期(3 月上中旬)施速效性氮肥，以促进雌花序分化。对增加雌花数和增产均有良好效果。但花前追施氮肥不宜过量，否则枝条徒长。

3. 果实膨大期追肥

在果实迅速膨大前期(6～7 月份)施速效完全肥料，促进幼果膨大，枝梢生长良好。株施三元复合肥 1.5 kg，或相应数量的氮、磷、钾肥。

三、培养结果母枝

板栗进入结果期后，要通过修剪等手段促进强壮结果母枝的形成，还要控制结果部位外移，达到内膛结果，实现高产稳产和提高品质。培养和保持一定数量的结果母枝是丰产稳产的关键措施。培养结果母枝主要从两方面着手。

1. 保持结果母枝连续形成

结果母枝都是强壮枝。弱枝都是雄花枝，不但不能结果而且还消耗养分。结果母枝多数在枝条的前端，由于枝条越分越多，生长势越来越弱，为了不使前端枝很快转弱，需要对前端枝进行疏剪和短截。通过疏剪和短截，使保留的结果母枝营养集中而能连续结果，一般可连续结果 4～5 年。

2. 回缩弱枝，促发强枝

通过前端长枝的部分疏剪和短截，可使枝前端连续结果，但是由于枝梢越来越长，数量也越来越多，几年以后枝头还是衰弱下来，这就需要进行回缩修剪。一般 4～5 年后全树枝条循环更新一次，使弱枝变强，保持结果母枝旺盛，这是丰产稳定的重要措施。

四、防治板栗空苞

1.空苞对产量的影响

板栗空苞(或叫空棚)率较高一直是阻碍板栗生产的重要原因之一。据调查,板栗正常生长的地区平均有10%～20%的空苞率,高的地区空苞率达50%～90%,有的几乎整株为空苞。空苞已成为板栗生产上的一个严重问题,急需解决。

空苞的特征是:总苞(刺苞)在发育过程中中途生长停滞,形成核桃大小的圆球形总苞,一直保持绿色,不易脱落,甚至比叶片脱落还要晚。总苞中的栗子是干瘪的,只有蚕豆大小,在发育过程中消耗大量营养。

2.空苞产生的原因

空苞产生的原因归纳起来主要有3种观点:第1种观点认为是营养问题,由于营养不良,满足不了坚果生长发育所需的营养,因此有一部分胚停止发育而产生空苞;第2种观点认为空苞是开花期授粉受精不良引起的,从胚胎发育的过程看出,引起空苞的胚是在早期败育的,似乎是没有完成受精而栗实干瘪,花期在连续阴雨的情况下,空苞率比较高;第3种观点认为空苞是板栗品种固有的特性,表现为有些品种空苞很少,甚至不产生空苞,而有些品种空苞率很高。

3.空苞防治措施

(1)合理选配授粉树　板栗是异花授粉植物,自花授粉结实率比较低。在生产上应注意避免单一品种种植,要配置适当的授粉树。

(2)合理施用硼肥　施硼肥能明显地抑制板栗空苞的形成,但是施硼肥的量必须合适。一般3～4年生幼龄树,每株施用硼砂0.1 kg左右为宜,大树适当多施些,但不可超过0.25 kg/株,如果施硼量过多,就会发生药害。施硼肥时,要求施在树冠外围须根分布较多的区域。

叶面喷硼是一种见效很快的方法,但其效果不如土施好。在花期喷0.3%硼砂溶液,如果连年喷硼肥其效果更加明显,说明喷硼肥后树体内硼的含量可不断增加,对以后减少空苞率有一定的作用。叶面喷施硼肥通常结合喷施其他肥料,如0.2%硼砂+0.3%尿素+0.25%磷酸二氢钾。叶面喷施以在展叶期、初花期、盛花期各喷施1次较好。

五、衰老树更新

板栗树的萌芽力及成枝力强,更新容易,即使大部分枝条已枯死,但只要部分枝干有潜伏芽萌发,就能重新生长并开花结果。对衰老树更新修剪时,应剪截去大部分枝条,使养分集中供应少量枝芽,促发强旺的更新枝,培养、形成新的树冠。树势越弱,更新的程度越重,截去的部分越多,对树体的刺激越大,萌发的枝条越粗壮。更新修剪后,截口附近萌发的强壮枝或徒长枝,可选留方位适当的培养为骨干枝,并疏除过密枝。一般在更新后的第3年即可恢复较高产量。也可结合更新复壮,高接换上优良品种。

项目十四　柿　生　产

任务一　认识主要栽培品种

柿果实色泽鲜艳，果肉柔软或松脆，味美汁多，具有较高营养价值和保健价值。柿果除鲜食外，可制作柿饼、柿汁、柿酒、柿霜等。柿果具有医疗作用，可治胃病、止血、解酒毒等，对降低血压也有一定的疗效，柿霜可治喉痛、咽干及口舌生疮等；柿叶含有丰富的维生素C及芦丁、胆碱等物质，可以作柿叶茶。鲜果和柿饼是我国传统出口创汇的果品。

柿树在我国广泛栽培，主产山东、河南、陕西、山西、河北5省，湖南、湖北、浙江、江苏、安徽、江西、四川、云南、福建、广东、广西等地也有栽培。柿树适应性强，易栽易管，产量高。一般栽后3～4年结果，10～15年株产200～300 kg，每公顷产量达75 000 kg以上。

柿属于柿树科柿属植物。本属全世界有250多种，原产我国的有柿、君迁子、油柿、短柄粉叶柿、野柿5种，其中果实最有食用价值的仅有柿一种。依照果实在树上能否自然脱涩可分为涩柿和甜柿两大类。

一、涩柿类

1. 恭城水柿

又名月柿。主产广西恭城、阳朔等地。果大，单果重150～250 g；果扁圆形，橙红色，果顶广平、蒂小，萼片分离；果无核或少核，汁多味甜，品质优良，最宜制饼，也可鲜食。10月下旬成熟。适应性强，丰产。

2. 高脚方柿

主产于浙江、江西。果极大，平均单果重250 g；橙黄色，高方形，顶部方圆形；果肉致密，汁多味甜，品质中等，无种子或有种子，适于硬柿鲜食。11月上旬成熟。适应性强，丰产、稳产、抗病力强。

3. 元宵柿

主产广东、福建，以鲜果能贮存至元宵节而得名。果大，单果重200 g以上；果实略高，近扁方形；果皮橙黄色，肉质细软，味浓甜，品质上等，最适宜制饼，也可鲜食。在广东9月下旬至11月上旬成熟。

4. 阳朔牛心柿

主产广西阳朔。果中等大，平均单果重125 g；果实为心脏形，向顶部渐尖，果面橙红色；肉质脆嫩，汁多味甜，有香气，作为硬柿鲜食品质极佳，亦可加工成柿饼。10月上、中旬成熟。适应性强，较丰产、稳产。

5. 安溪油柿

主产福建安溪。果实大，平均重280 g；果实扁圆形，橘红色；果肉致密。柔软，汁多味甜，质优，鲜吃、制饼兼用。用其制成的柿饼，个大，油光透亮，深受欢迎。10月中旬成熟。

6. 大红柿

产于广东花都、东莞等地。果中等大，平均重127 g；椭圆形，成熟时橘红色，软化后为红色；果肉柔软，汁多味甜，无核或少核，品质上等，最宜鲜食，是广东出口水果之一。8月下旬至10月成熟。

二、甜柿类

1. 罗田甜柿

主产湖北罗田。果中等大，平均单果重100 g；扁圆形，果面广平微凹，无纵沟，无缢痕；果皮粗糙，橙红色；肉质细密，味甜，含糖量19%～21%，核较多，品质上等，最适鲜食，亦可制饼。成熟期在10月上中旬。

2. 伊豆

原产日本。树势开张，成花容易，无雄花，单性结实。果中等大，平均单果重200 g；果形扁平，果皮光滑亮泽，橙红色，外观美；果肉几乎无褐斑，肉质细，多汁，有香味，味极甜，品质上乘。但成熟的软果不耐贮运。

3. 次郎

原产日本。树势强，嫩叶淡黄绿色，落叶晚；无雄花，单性结实力强。平均单果重270 g；果扁圆形，成熟时橙红色；果肉致密且脆，果汁较少，极甜，少核，品质上等。适应性极强，丰产、稳产。生产中配置授粉树可提高产量。

4. 前川次郎

原产日本，系次郎的早熟枝变。果近方圆形，单果重150～200 g；果皮橘红色，果粉多，外观漂亮；果肉橘黄色，肉质致密、脆甜，品质上等。需配置授粉树，适宜授粉品种为西村早生。

5. 西村早生

原产日本。果实扁圆形，平均果重190 g；果皮橙红色，肉质较粗而脆，味甜，品质中等，属不完全甜柿。果实成熟期在8月下旬至9月上旬，是甜柿最早熟的栽培品种。单性结实能力强，丰产，稳产，较耐贮运。

任务二　了解生物学特性

一、生长结果特性

1. 根系

柿为深根性果树，主根发达，细根较少。根系生长活动较晚，一般在展叶后，新梢即将“自剪”时根系才开始生长。一年中有3次生长高峰，分别在5月上旬、5月下旬至6月上旬、7月中旬至8月上旬。根系的生长高峰与新梢及果实的迅速生长期交替进行，10月份随着温度的降低根系停止生长。柿树根系喜肥沃、疏松、透气的土壤环境。根系含单宁，受伤后不易愈合。

2. 芽

花芽为混合芽，位于结果母枝上部的2～4个芽，肥大饱满，萌发为结果枝或雄花枝；叶芽位于结果母枝中部和结果枝顶部，发育为营养枝；潜伏芽位于枝条的下部，芽片平滑；副芽位于枝条基部鳞片下。

3. 枝

柿树干性强，幼年树生长旺盛，顶部芽萌发力强，有明显的层性。枝条生长以春季为主，成年树一般一年抽生一次梢；幼树及旺树可抽生2～3次梢。新梢顶端有“自剪”特性，枝条的生长期很短，约20 d。

当年的春梢、夏梢是翌年主要的结果母枝。粗壮的结果母枝抽生结果枝多，坐果量大。顶花芽抽生的结果枝生长势及结实能力最强，其下的侧芽所生的结果枝依次减弱，因此应尽量保护结果母枝的顶芽。结果枝自第三叶腋起着生雌花，以枝段中部坐果率高，上部抽生4～5片叶后自剪。着生花的节无腋芽，不能抽生枝梢，结果枝大多一般是隔年结果，这与营养不足有关。

4. 开花与坐果

柿为多性花果树，有雌花、雄花、两性花3种类型，柿树绝大多数栽培品种属雌性品种，植株只着生雌花。

柿属单性结实，坐果率低，生理落果严重，主要有两个落果高峰期，第一次在盛花后3～5 d，第二次在盛花后25～30 d。落果主要原因是：树体养分不足或过多、授粉不良、不良天气（如阴雨天、干旱及阳光不足）及病虫危害等。

二、对环境条件的要求

1. 温度

柿喜温暖，但耐寒力强，冬季能耐短期的－18～－20℃低温，在年平均温度13～20℃的地区作经济栽培较好。甜柿宜在长江以南栽培，而涩柿除严寒地区外，南北均可栽培。

2. 光照

柿喜光，光照充足，植株生长发育良好，果实品质优良；光照不足，不利形成花芽，且落花落果严重，果皮厚而粗，含糖量少，水分多，着色差，风味淡，品质差，成熟较晚，但较耐贮藏。

3. 水分

柿树喜湿润气候，但耐旱力也较强，在年降雨量450 mm以上的地区均可栽培。雨量充沛、分布均匀、土壤比较湿润的环境对柿的生长有利。南方品种群耐湿性较强，但在果实成熟期喜干燥晴天，雨多、气温低会影响果实成熟和自然脱涩；生长季雨量过多，常引起新梢徒长和生理落果加重，影响花芽分化。

4. 土壤

柿树对土壤的适应性较强，在多种土壤上均能生长。柿树在土层厚、排水良好的坡地栽培果实含糖高，品质优，以沙质壤土或砾质土最为理想。适宜的土壤pH 5～8，但以pH 6～7最好。

任务三 掌握生产技术要点

一、育苗

1. 砧木

生产上常采用本砧、君迁子作砧木。本砧(野柿或栽培柿)根系发达,耐旱,耐湿,嫁接亲和力强,是南方柿的主要砧木;君迁子种子发芽率高,根系发达,嫁接后苗木生长迅速,与涩柿嫁接亲和力强,是我国北方常用砧木,也可作恭城月柿、阳朔牛心柿的砧木。

2. 嫁接

嫁接方法有单芽切接、腹接、劈接和芽接。单芽切接、劈接适于春季砧木已萌动而接穗尚未萌动时进行。芽接、腹接适于夏季和秋季嫁接。由于柿树含较多单宁,因此,嫁接操作速度要快,并随时用干净的布擦去刀上的单宁。

二、栽植

1. 栽植时期

柿树一般在落叶后至萌芽前栽植。南方气候温暖,可在柿树落叶后秋植,秋植根系伤口愈合早,利于早春生长。亦可在萌芽前春植。

2. 合理密植

柿属高大落叶乔木果树,从幼树栽植到大树定形,需要 7～8 年甚至更长时间。计划密植是获得单位面积高产的前提,种植株行距为(2～2.5) m×(2～3) m,以后依实际情况间移。

3. 配置授粉树

柿多数品种可单性结果,可不必配置授粉品种。但有些无核品种虽能单性结果,但落果极严重,若混植有雄花的品种,产量可以提高;有核品种应配置 10%～15%的授粉树,以提高结实率。如伊豆、富有甜柿,需用禅寺丸作授粉树。

三、施肥

柿树的需肥特点是氮肥需要量较多,其次为钾、磷。氮、磷、钾的比例为 100∶27∶86。

1. 幼树施肥

为了加大枝梢的生长,促进树冠形成,应在每次新梢生长期,施萌芽肥和壮梢肥。萌芽肥在萌芽前 7～10 d 施下,每株施尿素 0.1 kg;壮梢肥在自剪期施下,每株施复合肥 0.1 kg。

2. 结果树施肥

施肥是柿树丰产、克服大小年结果的关键措施。施肥位置在树冠冠径 1/2 至滴水线范围内。以广西恭城月柿(以株产 50 kg 计)为例,主要在 4 个时期施肥:第一次在谢花 2/3 时施稳果肥,减少生理落果,株施复合肥 0.5～0.75 kg;第二次是壮果和促花芽分化肥,在 7 月中旬、8 月下旬各施一次,每次每株施复合肥 0.75～1 kg,制饼用的果树,9 月中旬再施肥一次,使其着色慢;第三次在采果前后施采果肥,以恢复树势和增加树体营养积累,每株施 50 kg 饼麸水+

0.25 kg 尿素;第四次在落叶后至树体萌芽前施基肥,提高树体内贮藏的营养水平,基肥以迟效性的有机肥为主,如厩肥、堆肥等,用肥量占全年的 80%,一般每株施麸肥 3～5 kg,厩肥 50～100 kg,堆肥 100～200 kg。

四、整形修剪

1. 整形

柿树常用的树形为自然圆头形和疏散分层形。

(1)自然圆头形　适用于生长较弱、树势开张的品种及密植园。恭城月柿常用此树形。主干高 40～50 cm,主枝 3～5 个,错落着生,主枝角度为 50°左右,主枝间距 10～15 cm,每主枝着生副主枝 2～3 个。

(2)疏散分层形　适用于生长健壮、枝梢直立性强的品种及稀植柿园,阳朔牛心柿可用此树形。此树形有中心干,主枝 6～8 个,分 3～4 层。第一层 3～4 个主枝,基角 50°～60°;第二层两个主枝,基角 45°;第三层 1～2 个主枝。每主枝着生 1～3 个副主枝。层间距离 60～80 cm。

2. 修剪

柿树修剪以冬季修剪为主,适当进行夏剪。冬季修剪主要疏除枯枝、弱枝、密枝和交叉枝,大伤口要削平并涂蜡保护;生长枝过密的酌量疏除;生长适中的短截 1/3,促其抽生新梢形成结果母枝;徒长枝一般从基部疏除,若需利用填补空间则留 20 cm 短截;较弱的结果枝落花,留 1～2 个芽重短截。夏季修剪主要采用除萌、疏梢、扭枝、摘心等技术。

五、保花保果

1. 合理修剪与疏花疏果

在春梢自剪期,花蕾全部展现,部分花朵开放时,每一结果枝选留第 4～6 节叶腋内发育健壮的花蕾(花朵),其余的花蕾全部疏去;结果枝在花蕾以上留 5 片叶摘心;春梢营养枝每枝保留 8 片叶左右摘心;在第二次生理落果前,疏去畸形果和部分小果;对内膛的弱小无效枝条从基部疏删,并注意抹除夏梢,减少养分的无效消耗,缓解梢果矛盾,减少生理落果。

2. 配置授粉树及人工辅助授粉

单性结实力弱、种子形成力强的品种,须配置授粉树或人工辅助授粉。

3. 花蕾期环割

树势过强、营养生长过旺的柿树于花蕾露白期,对结果母枝或枝组作螺旋状环割,割断韧皮部,对生长势特别旺的树,3～5 d 后再割一次;也可在主干或主枝上环剥,环剥的宽度为 0.3～0.5 cm,并保留周径的 1/4～1/3 的皮层。环割或环剥后立即用 75%甲基托布津 800 倍液对伤口进行消毒,用干净的薄膜包扎割口,防止感染炭疽病。弱树不宜环割(剥)。

4. 适时喷施叶面肥和生长调节剂

花蕾露白时,喷 0.2% 硼砂+0.2%磷酸二氢钾+0.03%钼酸铵;生理落果高峰前的 5 月中下旬喷一次 15 mg/L 的 GA_3;幼果期及果实膨大期各喷一次 1 000 倍的绿旺 1 号。

5. 加强病虫害防治

引起柿树落花落果的主要病害有角斑病、炭疽病,主要虫害有柿绵介、柿蒂虫。在开花期及幼年期要做好病虫害的预防工作。

六、采收与脱涩

1.采收

依品种和用途不同采收期不同。作为硬柿鲜食的，应在着色后陆续采收，同时应根据市场情况来决定采收期，但要求果实必须软硬适当，脱涩后能保持脆硬的肉质，汁多味甜。用于制柿饼的果实必须达到充分成熟，但尚未软化，颜色由橙黄转红时采收。作为软柿食用的，当果实呈现该品种固有的颜色时采收，再进行人工催熟，软化后可食用。甜柿品种采下便可鲜食，以果实变红但肉质未软化时采收最佳。采摘和运输地必须轻拿轻放，严禁碰撞、划伤和挤压。

2.脱涩

涩柿含有可溶性单宁，涩味很重，采后不能立即食用，必须使单宁物质凝固成不溶性，涩味才能去除。脱涩的方法因硬柿、软柿而不同。软柿脱涩只需用一竹签从萼部插入，经 3～4 d 即可变软变红，供鲜食用。硬柿常见的脱涩方法如下：

(1)石灰水浸泡法　将柿果倒入 3%～5%的石灰澄清液中浸泡 3～4 d 即可脱涩。脱涩后果肉特脆，缺点是果面粘有石灰痕迹，有碍美观，有时还会出现裂果。

(2)冷水浸泡法　将柿果装入缸或池内，加水淹没柿果，在柿果上铺盖稻草或柿叶，牛心柿需 3～4 d，月柿子需 5～6 d，脱涩后品质、外观较好。

(3)乙烯利法　将涩柿用 500～1 000 mg/L 乙烯利溶液浸湿后，放置室内，经 3～5 d 即可脱涩。

(4)盐水浸泡法　将果浸入 3%盐水中。如气温高于 25℃，7～8 d 即可脱涩；如气温低于 25℃，10～15 d 可脱涩。此法脱涩后的柿果肉脆、风味好。

项目十五　李　生　产

任务一　认识主要栽培品种

一、三华李

该品种具有适应性强，生长快，结果早，丰产稳产，品质优的特点。其树势健壮，树形开张，叶色浓绿，树冠外围枝条较硬直，极易成花，内膛短果枝较多，坐果率高；果大，近圆形，单果重一般 35～60 g；缝合线较明显，皮红褐色，果面被灰白色果粉；肉厚，紫红色，清甜爽脆，带蜜味，核小肉厚，可食率高达 96% 以上，可溶性固形物 12%左右。种植 1 年可成园，2～3 年可挂果投产，4～5 年树即可进入丰产期。成熟期从 5 月上旬至 6 月上旬。

二、柰李

柰李又名桃形李。果形似桃，离核，核至果顶处有空腔。有花柰、青柰、油柰 3 种，其中以油柰最为果大质优，单果重 50～100 g；广西 7 月上中旬成熟，硬熟脆甜爽口，软熟甜滑多汁，品质优，风味上乘。本品种树势强健直立，生长速度快，长、中、短果枝均有较好结果性能，丰产潜力大。但由于枝条直立，如不注意整形修剪易出现幼树不易成花，成年树枝叶过密而影响产量的形成。

三、布朗李

布朗李是 20 世纪 80 年代以来从国外引进的外国优质品种群的统称，由于多数从美国引进，也叫美国布朗。据不完全统计，约有 20 个品种。该品种群的共同特点是果大，外观品质好，更重要的是较国内品种耐储存，例如玫瑰皇后、黑宝石、紫琥珀等品种在冷藏条件下均可周年供应，既丰富全年鲜果市场品种，又可缓解成熟期的销售压力。

任务二　了解生物学特性

一、枝梢

李每年一般抽生3～4次新梢，春梢1次，夏梢1～2次，秋梢1次，冬梢0～1次。春梢于立春前后抽生，数量较多而发生较整齐，生长较弱的春梢一般不再抽生新梢，但在基部可以形成花束状短果枝，于次年开花结果；生长健壮的春梢一般能抽生秋梢。夏梢于立夏前后抽生，同一株上夏梢可发生1～2次，夏梢发育成的长果枝和中果枝是幼龄李树的主要结果枝；秋梢于立秋前后抽生，以春夏梢为基枝，生长量中等，一般能成花。冬梢于立冬前后抽出，多发生在生长强壮的幼龄树，一般不能老熟。

二、花芽分化

李树极易形成花芽。当年生的各次梢上的腋芽均可分化成花芽。二年生枝的腋芽往往形成花束状短果枝，着生花芽极多。生长较旺盛的春梢分化花芽较少。

花芽分化一般是8月上旬开始，11月下旬完成。花芽分化的先后与株条的生长势有关，花束状短果枝和生势较弱的枝条先分化；生长势相同的枝条的，早抽生的枝梢花芽分化较早；同一条枝条上，一般是枝条中部的芽先分化，然后到枝条顶部和下部的芽分化。

三、结果习性

李树的结果枝有长、中、短和花束状果枝等四种。幼龄树主要结果枝是长果枝（大于30 cm），中果枝（约15 cm），这些结果枝多数是由第一次夏梢发育而成，花多且坐果率较高，秋梢和冬梢坐果率极低；年生枝条极易形成花束状短果枝，结果较可靠。随着树龄增长，以花束状短果枝结果的比例亦随之增加。成年树的主要结果枝有中、短果枝及花束状短果枝。

任务三　掌握生产技术要点

一、幼树整形

李树枝梢顶端延长生长性能很强，如果任其生长，往往长达100 cm以上，树冠枝疏，开张、下垂。因此，定植后宜在植株高50 cm时进行摘心，促其抽发第二次新梢；在第二次新梢中选留3条分叉角度好、分布均匀的枝条，培养成为一级主枝；在一级主枝长出30 cm时又摘心，促进分枝。经一年整形后，培养成一个紧凑的、冠内外都能结果的自然开心形的丰产型树冠。

二、土壤管理

1. 间种

要求一年四季在行株间间种豆科作物或豆种绿肥，如花生、黄豆、绿豆等，在肥料上做到以园养园，改良土壤；在资金上，做到以短养长。

2. 深翻改土

李树定植后4～5年开始封行，所以在定植后的3年内，每年都要扩坑深翻重施有机肥进行改土。一般在每年夏剪后或冬季落叶后，收割绿肥，结合清园，在树冠垂直下挖深宽各40～50 cm的环沟，然后将绿肥、杂草、表土、猪牛粪以及每株0.5 kg石灰粉填入沟内，回完土即可。

三、施肥

1. 萌芽肥

李树萌芽开花早，正常情况下是谢花后抽春梢（以后梢果同时生长），萌芽开花所需养分全靠上年贮存在树体的养分，尚未有功能叶光合作用养分的供给，因此必须及时施肥补充，应在萌芽前15 d施下最宜，可以促进萌芽、开花以及春梢萌发整齐，坐果率高。

这次施肥要求及时、速效、优质。以株产30 kg为例，每株施沤制腐熟的花生0.5 kg、尿素0.2 kg、氯化钾0.2 kg，施后淋水并覆土，减少肥料挥发损失。对老树和上年结果多的树，应加大施肥量。

另外，在花蕾期喷0.3%尿素+0.1%硼酸两次，每隔7 d喷一次。促进花器发育，使开花整齐，坐果率高；谢花后喷0.1%尿素+0.4磷酸二氢钾一次，促进梢老熟，减少落果；如果在开花时气候不利授粉精的，还应在谢花70%～80%时喷一次20 mg/L的“九二〇”进行保果。

2. 壮果肥

在谢花后10 d左右喷一次20 mg/L的“九二〇”+0.1%尿素+0.4%+磷酸二氢钾，促进果的发育。

3～4月份是果实迅速长大期，而春梢继续延长生长，需要大量养分，如养分不足，会造成大量的生理落果，影响春梢生长，所以应及时进行追施速效性的、优质的肥料一次，以株产30 kg为例，每株施0.5 kg花生麸沤粪水或一担粪水+尿素0.2 kg，氯化钾0.5 kg、复合肥0.25 kg。

3. 采果肥

采果后7 d左右施用，目的是尽快恢复树势，促进夏梢（结果枝）的健壮和花芽分化，为第二年丰产打下基础。以株产30 kg为例，可挖沟深施腐熟农家肥25～30 kg，外加过磷酸钙、氯化钾、复合肥各0.5 kg。

对树势弱、结果多的老树、应在采果前施一次肥，一般每株施尿素、氯化钾各0.3～0.4 kg。

4. 越冬肥

一般在11月份结合冬季清园挖深沟重施一次有机肥。方法是在靠近树冠滴水线下的地面，挖宽深各40 cm，长度根据树冠而定的，每株树挖两条相对称的沟，每株树施农家肥25～40 kg、麸肥、磷肥骨粉、石灰各1 kg，待肥与土充分混匀，连同杂草、绿肥一起填满沟内。第二年施肥沟的方向与第一年的方向垂直，依此类推，直至全园深挖改土为止，但施肥量随着树龄的增加而增加，进入盛产期以后应保持一定的施肥量。

四、结果树修剪

结果树每年进行夏剪和冬剪两次。其他时间是对每次梢保留 20～25 cm 进行打顶即可。

1. 夏剪

夏剪是在采果后进行，具体剪法是：对超 25 cm 长梢进行剪顶，以促进形成短果枝或花束状果枝；疏剪过枯枝、密生枝、纤细枝、过于下垂枝、病虫枝，使树冠通风透光良好，但生长健壮的内膛枝和一年生枝易抽生花束壮结果枝，其坐果率高，不应剪除。

2. 冬剪

冬剪是在落叶后进行，主要是剪除病虫枝、过密枝、过于下垂枝、枯枝、纤细枝以及冬梢。

3. 修剪应注意的问题

不要剪除健壮的内膛枝和健壮的二年生枝。李容易从伤口侵染流胶病，所以每次修剪后要马上全面喷药和对大剪口进行涂白。喷药是用 500 倍的托布津。涂白是用 5 kg 生石灰＋0.5 kg 硫酸铜＋0.2 kg 食盐配水制成浆液对大伤口和大树干进行涂白，可防流胶病的发生。

五、保花保果

(1)要及时施夏梢的梢前和梢后肥，培养健壮的、数量多、质量好的夏梢作为结果枝。

(2)要促进冬季正常落叶，防止开翻花，特别是南亚热带地区，常因冬季温暖，在元旦前后不能落叶，且有开花现象，影响养分的累积和花器的发育，造成次年春季先叶后花或花叶同展、造成花而不实。因此在 10～11 月份进行全园翻土晒土，造就一个干旱的土壤条件，促进按时落叶。

(3)正常落叶后就要重施有机肥，并在萌芽前及时施肥，为萌芽、开花、结果及春梢的抽生打下良好的营养基础。

(4)花蕾期喷 0.1％硼酸一次，促进花器发育。

(5)谢花 70％～80％后，喷 20 mg/L“九二〇”＋0.1％尿素＋0.4％磷酸二氢钾一次，促进幼果发育，但要先抹春梢然后才喷，否则会促进春梢的快速生长，造成大量落果。

(6)花期放蜂帮助授粉，提高坐果率。

(7)如果花前和花后气温一直都较高，春梢生长过旺，要及时抹除春梢或进行短截，并喷 0.4％磷酸二氢钾一次，促进春梢老熟，减少养分的争夺，保证果实正常发育。

(8)在花前、花后以及整个果实发育期都要注意喷药，防止蚜虫为害。

(9)在生理落果期，要及时施肥，防止缺肥而引起落果。

(10)要注意防止果园积水、根系生长不良而引起落果。

六、主要病虫害防治

1. 流胶病

防治方法：①加强管理，雨季注意排水，修剪时剪口要平滑；②感病树用 800 倍代森铵溶液喷洒，并刮除病部胶状物，然后用波尔多液涂抹病部。

2. 炭疽病

为害嫩梢、叶片和果实。防治方法:①加强树体管理,多施有机肥和增施磷钾肥,增强树势;②冬季清园,减少病源;③春夏梢的嫩梢期,用70%甲基托布津兑水800～1 000倍液喷1～2次,每次间隔15～20 d。

3. 吸果夜蛾类

防治方法:①频振式杀虫灯或黑光灯诱杀成虫;②糖醋液(红糖5～8份,醋1份,水90份)诱捕成虫;③在果实近成熟期开始每15 d左右树上喷1次5.7%的百树得或保得2 000倍液,共喷3～4次。

4. 蚜虫

主要为害新梢嫩叶。防治方法:在新梢萌发后及时喷洒90%敌百虫800倍液,每10 d喷1次,也可用80%敌敌畏乳油800～1 000倍液喷杀。

5. 金龟子

主要是为害新梢嫩叶。防治方法:用80%敌敌畏800～1 000倍液于傍晚喷洒。根据该虫的趋光性特点,采用频振式诱虫灯和人工捕杀相结合,效果很好。

项目十六 核桃生产

任务一 认识主要栽培品种

核桃原产于亚洲西部的伊朗，汉张骞出使西域时传入我国。核桃的药用价值很高，核桃仁有“补气养血，润燥化痰，益命门，处三焦，温肺润肠，治虚寒喘咳，腰脚重疼，心腹疝痛，血痢肠风”等功效。核桃中的磷脂，对脑神经有良好保健作用。核桃油含有不饱和脂肪酸，有防治动脉硬化的功效。核桃仁中含有锌、锰、铬等人体不可缺少的微量元素。

核桃适应性广、抗逆性强，北至辽宁、新疆，南至广东、广西、云南均可栽培。核桃抗旱耐瘠，管理粗放，无论山区、丘陵、平原或沙荒地区都可栽培。

核桃属核桃科，共7属44种，与生产有关的有3个属，即核桃属、山核桃属和枫杨属。生产上栽培种有核桃属的核桃和山核桃，其他多用做砧木。

一、漾濞核桃

又称大泡核桃。树势中等，树姿开张，树冠圆头形。果圆形或扁圆形，缝合线窄且明显隆起，壳面光滑。果大，单果重13.8 g，核壳极薄，壳厚仅1 mm左右，仁饱满，取仁容易，可取全仁，出仁率55.7%。丰产性好，品质极上等，9月上旬成熟。该品种为南方地区最优良的核桃品种之一，也是我国出口的当家品种。

二、中林1号

中国林科院林业研究所育成。果实中等大，圆形，平均单果重10.5 g，最大13.1 g，壳面较光滑，壳厚1.1 mm，缝合线微凸，结合紧密，9月上中旬成熟。单果仁重6.6 g，可取整仁，出仁率57.4%，仁色浅，风味香，品质上等。该品种连续结果能力强，但果个变小。较抗寒，耐旱，抗病能力差。

三、辽核4号

晚熟品种，平均单果重6.6 g，丰产性强，3年生株产5.5 kg，出仁率57%，抗病能力强。

此外，还有元丰、丰辉等优良品种。

任务二 了解生物学特性

一、生长结果习性

核桃为落叶乔木，根系深广，干性较强，枝条顶端优势现象特别明显，中下部侧芽多呈休眠状态或萌发后自行干枯脱落，故树冠中枝条较稀疏。

根据着生芽的种类，可将休眠期一年生的枝条分成生长枝、结果母枝、雄花枝等种类。凡枝上仅着生叶芽（偶尔也着生雄花芽）的为生长枝，其中位于树冠外围、生长充实者是扩大树冠和形成结果母枝的基础；凡枝条顶部1～3节（有的品种可更多）着生混合芽（雌花芽），第二年能抽生结果新梢开花结果者为结果母枝，结果母枝上除混合芽外，其下还着生叶芽和雄花芽；凡枝条上只着生雄花芽和叶芽，第二年只产生雄花序而不能结果的称雄花枝，这种枝条一般生长短而弱，多在老弱树及树冠内膛郁闭处着生，雄花序脱落后，顶芽以下即成光秃枝。

核桃枝条中上部的侧芽常为复芽，呈上下叠生排列。有雌花芽与叶芽叠生、叶芽与雄花芽叠生、雄雌花芽叠生、双雄花芽叠生和双叶芽叠生等多种形式。枝条基部的芽多为隐芽。

枝条一年中可有两次生长高峰，形成春梢和秋梢。枝条分枝角较大，树冠开张。成年树下部弱枝易横向生长，形成强势的背后枝，扰乱树形。

核桃始果年龄与品种和繁殖方式有关。嫁接繁殖的早实核桃栽植后2～3年即可结果，实生繁殖的晚实核桃则需5～10年才能开始结果。一般20～30年进入盛果期，经济寿命很长。

核桃雌雄同株异花，属于风媒花。雌花着生在结果新梢的顶部，单生或2～3花簇生。雄花聚集成葇荑花序。同一植株上雌、雄花花期常不一致，有雌、雄异熟现象。花粉生活力较低，有效授粉时间短，是造成低产原因之一。果实生长期较长，前期主要增长体积，中后期是果壳硬化和种仁充实时期。果实外包有肉质总苞，成熟后自然开裂。个别品种具有一定的单性结实能力。

多数品种生理落果较严重，自花后10～15 d开始，到果壳硬化期基本结束。由健壮结果母枝顶芽所抽生的结果枝坐果率高，且能连续结果多年；由短弱结果母枝或侧混合芽所抽生的结果枝坐果率较低。目前我国已选育出侧芽坐果率高达60%以上的品种。

二、对环境条件的要求

1. 温度

核桃属于喜温树种，适宜生长的温度范围及无霜期是：年平均温度9～16℃，极端最低温度-2～-25℃，极端最高温度38℃以下，有霜期150 d以下。

2. 光照

核桃喜光。进入结果期以后更需要充足的光照条件，全年日照时数要在2 000 h以上，才能保证核桃的正常生长发育，如低于1 000 h，核壳、核仁均发育不良。

3. 土壤

核桃喜土质疏松和排水良好的环境，在地下水位过高和黏重的土壤上生长不良。而在含钙的微碱性土壤上生长最佳。对土壤 pH 适应范围为 6～8。要求肥沃、有机质含量高的土壤。

4. 水分

核桃耐干燥的空气，而对土壤水分状况却比较敏感，土壤过旱或过湿均不利于核桃的生长与结果。所以，山地核桃园需采取水土保持工程措施，而在平地果园则要解决好排水问题。

任务三 掌握生产技术要点

一、育苗及栽植

嫁接繁殖常用本砧或野核桃。种子秋播或经沙藏后春播。沙藏时间需 60～90 d。如种子干藏春播时，播种前需用温水浸种 5～7 d，每天换水 1 次，以促进种子吸胀，果壳裂口，提高出苗率。嫁接方法以春季枝接（皮下接或劈接）为主。核桃树在休眠期有伤流现象，嫁接的物候适期宜比其他果树推迟，否则影响成活。通常掌握砧木萌芽后至展叶期 10 d 左右进行。但接穗应提前剪取，并保湿贮存于 0～5℃的低温处。芽接在 7～9 月间进行，多用方块芽接法。核桃枝皮内单宁较多，易形成接口的隔离层，故嫁接操作迅速，削面平滑，有利于提高嫁接成活率。

近年提倡室内嫁接，可控制伤口愈合的温湿度条件。砧木苗落叶后挖出假植，接穗也在近落叶时剪取贮藏备用。嫁接前 10～15 d，将砧穗双方都放入盛有湿锯木屑的贮藏箱内，置于 25～30℃的室内 2～3 d，促进复苏。然后进行舌接、绑扎、涂蜡保湿，再置于贮藏箱内促进伤口愈合。待愈合组织生成后，即移至田间假植，气温回升后栽于苗圃。如春暖后在室内嫁接，则不必再经“复苏”。

核桃秋植或春植均可。栽植株行距依品种特性及土壤肥瘠而定，以(4～5) m×(5～8) m 为宜。要求栽植地土层深厚，过于瘠薄的地块容易形成“小老树”，不宜栽种。栽植时还要注意配植一定量的授粉树。核桃苗木侧根少，不耐移栽，起苗后应迅速定植，苗根不可暴露太久，栽植前后都要注意保湿。

二、整形修剪

核桃是喜光树种，尤其是进入结果期后，更需要充足的光照。树形一般采用疏散分层形或自然开心形。干性强的品种和立地条件好的采用疏散分层形。树冠开张、干性弱的品种和立地条件较差的情况下可采用自然开心形树形。

幼树修剪时，主要对干扰树形的一些枝条进行处理。如早实核桃容易产生大量二次枝和雄花枝，有时还容易发生徒长枝，需留用的二次枝和徒长枝应及时摘心或短截，培养成结果枝组，其余应及早疏除。对容易喧宾夺主的背后枝，位于第一层主枝和副主枝上的一律从基部疏除，位于第二、三层主枝和副主枝上的，根据需要和长势强弱决定去留，留用的背后枝长势旺时可行摘心或重回缩，改造成枝组。

成年大树要及时疏除外围过密枝、下垂枝，并缩剪占空间较大的辅养枝，以改善树冠内的光照条件。当树冠中短枝和雄花枝比例增多时，表明树体已渐趋衰弱，应及时进行更新复壮。对结果枝组可去弱留强，回缩更新，并充分利用树冠中发生的徒长枝，加以改造利用，以增加壮旺枝的比例。当出现焦梢或大、中枝枯死时，表明树体已趋衰老。可逐年回缩更新各级骨干枝，利用核桃隐芽寿命长的特点，重新形成新树冠，恢复结果能力。

核桃休眠期修剪常因剪口愈合不良而发生伤流现象，严重时影响树势。因此，以秋季采果后、叶片变黄前为修剪适期。此外，春季发芽后也可适当修剪。

三、土肥水管理

核桃成年树根深叶茂，对肥水的需要量很大。每年落叶后深翻一次，扩大树盘，并结合施用基肥。生长期间则在雨后挖深沟和翻压杂草。追肥掌握在发芽前、落花后及硬核期进行2～3次。前期以氮肥为主，促进春梢生长和幼果的发育，后期氮、磷、钾三元素配合施用，促进花芽分化、核仁充实，改进核仁品质。旱季施肥后要结合灌溉。核桃对干旱比较敏感，缺乏水源的地区需要树盘或株行间覆盖。雨季则需排除田间积水。在春梢停长后到秋梢停长前要注意控水，以控制新梢后期的生长。

四、疏雄

成年核桃树雄花数量很大，消耗过多树体养分。当雄花芽开始膨大时，采取疏雄措施(盛果期树可疏除75%～80%的雄花穗)，有利于增加产量。

五、采收和贮藏

核桃果实以总苞由绿转黄、部分自然开裂时为采收适期。采收过早，总苞不易剥离，出仁率和出油率均降低。采后总苞未自行脱落的需堆沤脱皮，即将核桃堆积于场地上，堆高30～50 cm，上用湿润草席等覆盖，经3～5 d后，用木棍敲打，青皮即可脱落。也可用40%的乙烯利500～1 000倍液浸泡带总苞的核桃，然后堆放24 h后，后木棍敲打脱皮。

脱皮后的湿核桃应及时用水清洗，出口外销的核桃要经过漂白，以增进外观美感。用80倍的漂白粉液浸泡核桃，并不断搅拌，8～10 min后捞出用清水冲洗干净，摊放于席箔上晾干，晾干过程中要经常翻动，以防背光面发黄，影响外观品质。当核仁变脆、断面发白，隔膜易破裂时，即可置于冷冻干燥通风处贮藏。贮藏期间要经常检查，注意防潮和防鼠害。发现有个别腐烂变质时，要取出晾晒。

学习情景五　果品安全生产

知识目标

- 了解果品安全生产的意义及无公害果品、绿色果品和有机果品的定义。
- 熟悉果品安全生产标准及其认证程序。

技能目标

- 能开展果品安全生产,具备制定当地主要果树安全生产技术规程的能力。
- 能够组织无公害果品认证的申报工作。

随着科学技术的进步和环境保护意识的增强，世界农业正向生态农业、环保农业和可持续农业方向发展。减少污染，净化环境，保护地球，保护人类已成为世界各国的共识。根据农产品的生产条件和对产品的质量要求，将优质、安全果品分为无公害果品、绿色果品和有机果品3个等级。

一、果品安全生产的意义

1.有利于保护生态环境

现代果树生产对化肥、农药的广泛使用，可以大大提高水果的产量，但如果使用不当或过度滥用，农药在杀死病虫害的同时，也会对有益生物特别是鸟类和益虫产生危害，原有的生态系统平衡被破坏；大量化学肥料的施用和农家肥用量的减少，使土壤有机质耗竭，土壤保水、保肥能力下降，加剧了水土流失和旱涝灾害。据研究，施入果园的化学氮素肥料有一半以上不能被植物利用而流入环境。绿色果品和有机果品生产在肥料使用上强调农业废弃物如作物秸秆、人畜粪便等的综合利用，在病虫害防治上强调生物防治和物理防治，减少了化肥、农药等外部物质的投入，有利于改善生态环境条件，有利于农业的持续发展。

另外，化学肥料和合成农药的生产均需要消耗能源，通常是石油、煤炭等不可再生能源，果树生产中减少化肥、农药的施用量，可以从根源上降低人类对不可再生能源的消耗，减轻化肥、农药在生产过程中所产生的工业污染。

2.向社会提供优质安全的果品

生产过程过多使用化肥、农药会造成果品的严重污染，当人们食用这些受污染的果品后，轻则引起腹痛、呕吐、头晕等不适感，重则诱发一系列病变，甚至死亡。果品安全生产强调按照标准化生产技术规程开展生产活动，在提高果品质量的同时，减少果品中农药等有害物质的残留，为社会提供优质、安全的果品。

3.提高果品的市场竞争力

随着我国社会主义市场经济体制的建立和逐步完善，对我国果品生产提出了更高的要求。不仅要满足国内消费需要，更要面对国外市场，参与国际竞争。同时，随着我国经济的快速稳定增长，人民生活水平不断提高，食品安全意识大大增强。迫切要求发展果品安全生产，满足人们绿色消费的需要。发展果品安全生产，可以提高果品的质量，增强果品的市场竞争力，提高我国果品生产适应市场经济的能力。

另一方面，果品是我国传统的出口农产品，果品作为劳动密集型产业在国际市场上具有明显的竞争优势。但是，我国的果品无论外观和内质均同国际水平有明显差距，农药、重金属残留超标现象比较严重。安全性已成为制约我国果品及其加工品出口创汇的最大障碍，只有大力发展果品安全生产，才能提高我国果品的品质，增强国际竞争力。

4.提高果树生产的经济效益，促进农民增收

随着我国人民生产水平的不断提高，人们对果品营养和安全方面的要求越来越高，在选择果品的时候不再是以外观和口味为主要标准，更注重的是果品的营养及其安全性。国内外市场表明，无公害果品、绿色果品和有机果品的价格与常规果品相比，一般高20%～30%，有的高50%以上，而且市场需求量大。因此，发展果品安全生产对提高果树生产经济效益、增加农民收入有重要的现实意义。

二、果品安全生产现状及发展趋势

在全球可持续发展战略指导下，农业生产必须走可持续发展的道路。目前世界上已有包括我国在内的100多个国家和地区研究和生产无污染、高营养、品质优的绿色食品。例如美国，2001年仅加利福尼亚州有机农业面积达6.88万hm^2，其中水果、蔬菜种植面积在4.45万hm^2左右，目前仍以每年20%的速度增加。阿根廷是有机苹果和梨的世界主要生产国之一，1999年两项总产量达0.8万t，主要出口美国和欧盟。

我国从2001年开始在全国范围内组织实施"无公害食品行动计划"，果品生产也在计划之列。经过十多年的探索，果品安全生产水平得到了迅速发展，无公害果品认证范围涵盖了绝大部分商品性果品种类，多个果品种类已经开展绿色果品认证，一些农业生产企业和科研部门也已经进行有机果品生产探索。2009年我国《食品安全法》正式颁布，进一步规范了我国食品安全生产，对促进我国食品安全生产的良性发展具有重要的意义。

中国的优质安全果品生产潜力很大，我国本身就是一个广阔市场，同时有望成为世界优质安全果品的主要供给国。

三、无公害果品生产标准

无公害果品指产地环境、生产过程和产品质量符合无公害果品标准和规范的要求，经认证合格，获得认证证书，并允许使用无公害食品标志的、未经加工或初加工的果品。

无公害果品标准是无公害果品认证的技术依据和基础，是判定无公害果品的尺度。为了使全国无公害果品生产按照全国统一的技术标准进行，消除不同标准差异，树立标准一致的无公害果品形象，农业部组织制定了一系列产品标准以及包括产地环境条件、投入品使用、生产管理技术规范、认证管理技术规范等通则类的无公害果品标准，其中，标准系列号为"NY 5×××"的为强制性标准，系列号为"NY/T 5×××"的为推荐性标准。

我国农业部于2001年6月颁布了第一批无公害食品行业标准，涉及种植业、水产、畜牧业三大产业，共有75项，其中，果品标准有12项，包括柑橘、香蕉、杧果、苹果4种果品的产地环境条件、生产技术规程和产品质量要求。除农业行业标准外，国家质量监督检验检疫总局于2001年组织制定了两项有关无公害果品的国家标准，即《农产品安全质量 无公害水果安全要求》(GB/T 18408.2—2001)和《农产品安全质量 无公害水果产地环境要求》(GB/T 18407.2—2001)。此后，农业部陆续出台新的无公害食品标准，并对原标准进行不断修改和完善。至今，无公害果品标准涵盖了绝大部分商品性果品种类。

(一)环境质量标准

在环境质量方面，无公害果品生产主要对大气、土壤、灌溉水等环境指标提出了质量要求。我国农业部颁布了主要果树的无公害食品产地环境条件标准(表5-1)。

1. 空气质量标准

无公害果品产地空气质量涉及总悬浮颗粒物、二氧化硫、二氧化氮和氟化物等4项技术指标。总悬浮颗粒物、二氧化硫和氟化物是几乎所有无公害果品共同关注的因素。在指标值的设定上，不同果品间基本上一致。如在《无公害食品 林果类产品产地环境条件》(NY 5013—2006)中，对无公害果品产地的空气质量的这4项指标作出了规定(表5-2)。

表 5-1 主要果树无公害果品生产产地环境条件标准

标准名称	标准代号
无公害食品 林果类产品产地环境条件	NY 5013—2006
无公害食品 热带水果产品产地环境条件	NY 5023—2002
无公害食品 鲜食葡萄产地环境条件	NY 5087—2002
无公害食品 草莓产地环境条件	NY 5104—2002
无公害食品 猕猴桃产地环境条件	NY 5107—2002
无公害食品 桃产地环境条件	NY 5113—2002

表 5-2 无公害果品生产产地环境空气质量要求

项目	限值	
	日平均	1 h平均
总悬浮颗粒物(标准状态),mg/m^3	≤0.30	—
二氧化硫(标准状态),mg/m^3	≤0.15	≤0.50
二氧化氮(标准状态),mg/m^3	≤0.12	≤0.24
氟化物(标准状态),$\mu g/m^3$	≤7	≤20

注:1. 引自《无公害食品 林果类产品产地环境条件》(NY 5013—2006)。

2."日平均"指任何一日的平均浓度;"1 h平均"指任何 1 h 的平均浓度。

2.灌溉水质标准

医药、生物制品、化学试剂、农药、石化、焦化和有机化工等行业的废水(包括处理后的废水)不应作为无公害果品生产灌溉水。

无公害果品产地灌溉水质量涉及 pH、化学需氧量、氯化物、氰化物、氟化物、石油类、总汞、总砷、总铅、总镉、六价铬、总铜、挥发酚、粪大肠菌群数等 14 项技术指标。其中 pH、总汞、总砷、总铅、总镉等 5 项指标是所有无公害果品共同关注的因素。

在《无公害食品 林果类产品产地环境条件》(NY 5013—2006)中,对无公害果品产地灌溉水质量的 pH、总汞、总镉、总砷、总铅、六价铬、氟化物、氰化物、石油类等 9 项指标作出了规定。灌溉水的这 9 项指标应在规定的限值以内(表 5-3)。

表 5-3 无公害果品生产灌溉水质量要求

项目	限值
pH	≤5.5～5.8
总汞, mg/L	≤0.001
总镉,mg/L	≤0.005
总砷,mg/L	≤0.1
总铅,mg/L	≤0.1
铬(六价),mg/L	≤0.1
氟化物,mg/L	≤3.0
氰化物,mg/L	≤0.5
石油类,mg/L	≤10

注:引自《无公害食品 林果类产品产地环境条件》(NY 5013—2006)。

3. 土壤质量标准

无公害果品产地土壤质量涉及农药六六六、滴滴涕，类金属元素砷，重金属元素镉、汞、铅、铬、铜等 8 项技术指标。其中镉、汞、铅、砷 4 项指标是所有无公害果品最基本的因素。

在《无公害食品 林果类产品产地环境条件》(NY 5013—2006)中，对无公害果品产地的土壤质量的镉、汞、砷、铅、铬等 5 项指标作出了规定。产地土壤的这 5 项指标应在规定的限值以内(表 5-4)。

表 5-4 无公害果品生产产地土壤环境质量要求

项目	限值		
	pH＜6.5	pH6.5～7.5	pH＞7.5
镉，mg/kg	≤0.3	≤0.3	≤0.6
汞，mg/kg	≤0.3	≤0.5	≤1
砷，mg/kg	≤40	≤30	≤25
铅，mg/kg	≤250	≤300	≤350
铬，mg/kg	≤150	≤200	≤250

注：1. 来源于《无公害食品 林果类产品产地环境条件》(NY 5013—2006)。

2. 以上项目均按元素量计，适用于阳离子交换量＞5 mol(＋)/kg 的土壤，若≤5 mol(＋)/kg，其标准值为表内数值的半数。

(二)生产技术标准

无公害果品与常规果品在生产技术上有许多相同点，这里主要阐述无公害果品不同于常规果品的特殊生产技术要求。

1. 园地选择

无公害果品生产园应远离城市和交通要道，距离公路 50～100 m 以外，周围无工矿企业。园地空气质量、灌溉水质量和公害食品产地环境质量标准要求。龙眼、杧果、荔枝、菠萝、杨梅、桃、香蕉等热带水果均应符合农业行业标准《无公害食品 热带水果产地环境条件》(NY 5023—2002)的规定。

2. 施肥标准

果园施肥原则是将充足的有机肥料和一定数量的化学肥料施入土壤，以保持和增加土壤肥力，改善土壤结构及生物活性，同时要避免肥料中的有害物质进入土壤，从而达到控制污染，保护环境的目的。

生产无公害果品应根据土壤肥力、果树需肥特点和肥料性质确定施肥种类和施肥量。施肥以有机肥为主，化肥为辅。所施用的肥料应为农业行政主管部门登记的或免于登记的肥料，对环境和果实无不良影响。无公害果品生产中允许使用农家肥料(堆肥、沤肥、厩肥、沼气肥、绿肥、作物秸秆、泥肥、饼肥等)、商品有机肥、微生物肥、腐殖酸类肥、有机复合肥、无机(矿质)肥料和叶面肥；禁止使用未经无害化处理的城市垃圾或含有重金属、橡胶和有害物质的垃圾；禁止使用含氯复合物、硝态氮肥和未经腐熟的人粪尿；禁止使用未获准登记的肥料产品。

化肥必须与有机肥配合施用，有机氮与无机氮之比不超过 1∶1。最后一次追肥要在收获前 30 d 进行。

3. 整形修剪

无公害果品生产中的整形修剪与常规栽培无多大区别。强调培养合理树形，并采取适宜的修剪措施，增加树冠内的通风透光度，减少病虫发生，减少农药的使用。

4. 果实管理

对于大果型果品，提倡果实套袋，以减少防治果实病虫害农药的使用，降低或避免果实中农药残留，并改善果实外观品质。

5. 病虫害防治

坚持“预防为主，综合防治”的植保方针。以农业防治和物理防治为基础，提倡生物防治，根据病虫害的发生规律科学使用化学防治技术，有效控制病虫危害。

在农药使用上，按 GB 4285(农药安全使用标准)和 GB/T 8321(农药合理使用准则)执行，严格按照规定的浓度、每年使用次数和安全间隔期要求施用，农药混剂执行其中残留性最大的有效成分的安全间隔期。注意不同作用机理农药的交替使用和合理混用，以延缓病菌和害虫产生抗药性，提高防治效果。

(1)提倡使用生物源农药、矿物源农药

生物源农药：

A. 微生物源农药：农用抗生素(如春雷霉素、多抗霉索、井冈霉素、农抗 120、中生菌素、浏阳霉素、华光霉素等)、活体微生物农药(如蜡介轮枝菌、苏云金杆菌、蜡质芽孢杆菌、拮抗菌剂、昆虫病原线虫、微孢子、核多角体病毒等)。

B. 动物源农药：昆虫信息素(如性信息素)、活体制剂(如寄生性、捕食性的天敌动物)。

C. 植物源农药：杀虫剂(如除虫菊素、鱼藤酮、烟碱、植物油等)、杀菌剂(如大蒜素)、拒避剂(如印楝素、苦楝、川楝素等)、增效剂(如芝麻素)。

矿物源农药：无机杀螨杀菌剂(如石硫合剂、波尔多液等)、矿物油乳剂(如柴油乳剂等)。

(2)允许使用低毒、低残留化学农药　如吡虫啉、马拉硫磷、辛硫磷、敌百虫、双甲脒、尼索朗、克螨特、螨死净、菌毒清、代森锰锌类(喷克、大生 M-45)、新星、甲基托布津、多菌灵、扑海因、粉锈宁、甲霜灵、百菌清等。

(3)有限制地使用中等毒性农药　主要有：乐斯本、抗蚜威、敌敌畏、杀螟硫磷、灭扫利、功夫、歼灭、杀灭菊酯、氰戊菊酯、高效氯氰菊酯等。

(4)禁止使用剧毒、高毒、高残留、致畸、致癌、致突变和具有慢性毒性的农药　无公害果品生产禁止使用的农药品种：福美甲胂、福美胂、五氯硝基苯、六六六、滴滴涕、三氯杀螨醇、二溴氯丙烷、二溴乙烷、毒杀芬、杀虫脒、除草醚、草枯醚、艾氏剂、狄氏剂、汞制剂、甘氟、毒鼠强、氟乙酸钠、毒鼠硅、敌枯双、氟乙酰胺、甲胺磷、甲拌磷、乙拌磷、久效磷、甲基对硫磷、对硫磷、磷胺、甲基异柳磷、特丁硫磷、甲基硫环磷、氧化乐果、治螟磷、地虫硫磷、灭克磷、水胺硫磷、氯唑磷、硫线磷、杀扑磷、内吸磷、涕灭威、克百威、灭多威、丁硫克百威、丙硫克百威、灭线磷、硫环磷、蝇毒磷、苯线磷等。

我国农业部已发布了柑橘、苹果、梨、桃、鲜食葡萄、草莓、猕猴桃、香蕉、荔枝、龙眼、杧果、菠萝、杨桃、火龙果、红毛丹等 15 种果树的无公害食品生产技术规程标准(表 5-5)。

表 5-5 无公害果品生产技术规程

标准名称	标准代号
无公害食品 香蕉生产技术规程	NY/T 5022—2006
无公害食品 杨桃生产技术规程	NY/T 5183—2006
无公害食品 火龙果生产技术规程	NY/T 5256—2004
无公害食品 红毛丹生产技术规程	NY/T 5258—2004
无公害食品 苹果生产技术规程	NY/T 5012—2002
无公害食品 柑橘生产技术规程	NY/T 5015—2002
无公害食品 鲜食葡萄生产技术规程	NY/T 5088—2002
无公害食品 梨生产技术规程	NY/T 5102—2002
无公害食品 草莓生产技术规程	NY/T 5105—2002
无公害食品 猕猴桃生产技术规程	NY/T 5108—2002
无公害食品 桃生产技术规程	NY/T 5114—2002
无公害食品 荔枝生产技术规程	NY/T 5174—2002
无公害食品 龙眼生产技术规程	NY/T 5176—2002
无公害食品 菠萝生产技术规程	NY/T 5178—2002
无公害食品 杧果生产技术规程	NY/T 5025—2001

(三)产品质检验标准

无公害果品质量标准一般包括感官和卫生两个方面的要求，只有个别树种规定了理化方面的要求。

1. 卫生要求

卫生要求是无公害果品安全性的保障，其内容包括两方面：一是无公害果品中二氧化硫、氟、砷和汞、铬、镉、铅、铜等金属元素的含量不能超过规定的限量标准；二是无公害果品中农药的残留限量应控制在标准规定范围内。

2. 感官及理化要求

(1)理化要求　仅无公害苹果和柑橘有这方面的要求。无公害苹果的理化指标应符合国家标准《鲜苹果》(GB/T 10651)的规定。无公害柑橘则应符合《无公害食品柑橘》(NY 5014)的规定。

(2)感官要求　无公害果品的感官要求通常只纳入与食用安全性有密切关系的内容(如腐烂、霉变、病害等)，较常规果品产品标准简略，且无分等分级方面的内容。

我国农业部已制定绝大多数果树的无公害果品产品标准，但这些标准还在不断完善之中，2014 年 1 月 1 日起有《无公害食品 香蕉》(NY 5021—2008)等 17 项现行的无公害果品标准被废止，将颁布更完善的标准替代。

四、绿色果品生产标准

绿色果品指遵循可持续发展原则，按照特定生产方式生产，经专门机构(中国绿色食品发展中心)认证，许可使用绿色食品标志，无污染、安全、优质、营养类果品。我国的绿色果品分为

A 级和 AA 级两种。

A 级绿色果品指产地环境质量符合 NY/T 391 的要求，生产过程中严格按照绿色果品生产资料使用准则和生产技术操作规程要求，限量使用限定的化学合成生产资料，产品质量符合绿色果品产品标准，经专门机构认定，许可使用 A 级绿色食品标志的果品。

AA 级绿色果品指产地环境质量符合 NY/T 391 的要求，在生产过程中不使用化学合成的肥料、农药和其他有害于环境和人体健康的物质，按特定的生产操作规程生产、加工，产品质量符合绿色果品标准，经专门机构认定，许可使用 AA 级绿色食品标志的果品。

我国到 2013 年 3 月绿色食品标准体系中现行有效标准 126 项，包括绿色食品产地环境质量标准、生产技术标准、产品标准和包装贮藏运输标准 4 部分，贯穿绿色食品生产全过程。其中，与果树栽培有关的有 7 项（包括产地环境质量标准、农药使用准则和肥料使用准则），与水果加工产品及其包装有关的有 10 项。

1. 环境质量标准

农业部于 2000 年颁布了《绿色食品 产地环境质量标准》（NY/T 391—2000），对绿色食品产地的环境空气质量、农田灌溉水质、渔业水质、畜禽养殖水质和土壤环境质量的各项指标及浓度限值、监测和评价方法作出了规定。适用于绿色食品 AA 级和 A 级生产的农田、蔬菜地、果园、茶园、饲养场、放牧场和水产养殖场。

（1）空气质量标准　绿色果品产地空气中各项污染物含量不应超过表 5-6 所列的浓度值。

表 5-6　绿色果品生产产地环境空气质量要求

项目	限值	
	日平均	1 h 平均
总悬浮颗粒物（标准状态），mg/m^3	≤0.30	—
二氧化硫（标准状态），mg/m^3	≤0.15	≤0.50
氮氧化物（标准状态），mg/m^3	≤0.10	≤0.15
氟化物（标准状态），$\mu g/m^3$	≤7	≤20

注：①日平均指任何 1 日的平均浓度；②1 h 平均指任何 1 h 的平均浓度；③连续采样 3 d，一日 3 次，晨、中和夕各一次；④氟化物采样可用动力采样滤膜法或用百灰滤纸挂片法，分别按各自规定的浓度限值执行，石灰滤纸挂片法挂置 7 d。

（2）灌溉水质量标准　绿色食品产地农田灌溉水中各项污染物含量不应超过表 5-7 所列的浓度值。

表 5-7　绿色果品生产灌溉水质量要求

项目	限值
pH	≤5.5～5.8
总汞，mg/L	≤0.001
总镉，mg/L	≤0.005
总砷，mg/L	≤0.05
总铅，mg/L	≤0.1
铬（六价），mg/L	≤0.1
氟化物，mg/L	≤2.0

(3)土壤质量标准　将土壤按耕作方式的不同分为旱田和水田两大类，每类又根据土壤pH的高低分为3种情况，即pH<6.5，pH 6.5～7.5，pH>7.5。绿色食品产地各种不同土壤中的各项污染物含量不应超过表5-8所列的限值。

表5-8　绿色果品生产土壤质量要求

项目	旱地限值			水田限值		
	pH<6.5	pH 6.5～7.5	pH>7.5	pH<6.5	pH 6.5～7.5	pH>7.5
镉，mg/kg	≤0.3	≤0.3	≤0.4	≤0.3	≤0.3	≤0.4
汞，mg/kg	≤0.25	≤0.3	≤0.35	≤0.3	≤0.4	≤0.4
砷，mg/kg	≤25	≤20	≤20	≤20	≤20	≤15
铅，mg/kg	≤50	≤50	≤50	≤50	≤50	≤50
铬，mg/kg	≤120	≤120	≤120	≤120	≤120	≤120
铜，mg/kg	≤50	≤60	≤60	≤50	≤60	≤60

注：①果园土壤中的铜限量为旱田中的铜限量的1倍；②水旱轮作用的标准值取严不取宽。

2. 生产技术标准

绿色果品生产技术标准是在无公害果品生产技术标准的基础上，生产过程中还要严格执行《绿色食品 农药使用准则》(NY/T 393—2000)和《绿色食品 肥料使用准则》(NY/T 394—2000)的规定，在生产环境方面要符合《绿色食品 产地环境技术条件》(NY/T 391—2000)的要求。

3. 产品质量检验标准

在2013年3月现行的绿色果品产品标准(表5-9)中，对柑橘类水果、热带和亚热带水果、温带水果、坚果等四大类果品的产品标准作了规定。包括果品的卫生、感官和理化等方面的要求。

表5-9　绿色果品产品标准

标准名称	标准代号	适用树种
绿色食品 柑橘类水果	NY/T 426—2012	宽皮柑橘类、甜橙类、柚类、柠檬类、金柑类、杂交柑橘类
绿色食品 热带、亚热带水果	NY/T 750—2011	荔枝、龙眼、香蕉、菠萝、杧果、枇杷、黄皮、番木瓜、番石榴、杨梅、杨桃、橄榄、红毛丹、毛叶枣、莲雾、人心果、西番莲、山竹、火龙果、菠萝蜜、番荔枝、青梅
绿色食品 坚果	NY/T 1042—2006	核桃、山核桃、松子、榛子、杏仁、腰果、白果、开心果、香榧、巴西胡桃、槟榔、板栗、扁桃、芡实(米)、莲子、菱角、其他鲜或干的坚果；经蒸煮工艺加工熟制的上述坚果(除执行《绿色食品 坚果》外，微生物要求还应符合《绿色食品 烘炒食品》(NY/T 1889—2010)标准要求)
绿色食品 温带水果	NY/T 844—2010	苹果、梨、桃、草莓、山楂、柰子、越橘、无花果、树莓、桑葚、猕猴桃、葡萄、樱桃、枣、杏、李、柿、石榴、其他温带水果

五、有机果品生产基本要求

有机果品指来自有机农业生产体系，采取有机农业生产规范即在生产和加工过程中不使用化学合成的农药、化肥、生长调节剂、添加剂等物质，基因工程植物及其产物，而是遵循自然规律和生态学原理，采取一系列可持续发展的农业技术、维持农业生态系统持续稳定的生产方式进行生产，经有机食品认证机构认证，允许使用有机食品标志的果品。

有机果品生产的基本要求：

(1)生产用地在最近三年内未使用过农药、化肥等违禁物质。

(2)种子或种苗来自于自然界，未经基因工程技术改选过。

(3)生产用地应建立长期的土地培肥、植物保护、作物轮作和畜禽养殖计划。

(4)生产用地无水土流失、风蚀及其他环境问题。

(5)果品在采收、清洁、干燥、贮存和运输过程中应避免污染。

(6)从常规生产系统向有机生产转换，通常需要 2 年以上的时间；新开荒地、撂荒地需要至少经 12 个月的转换期才有可能获得颁证。

(7)在生产和流通过程中，必须有完善的质量控制和跟踪审查体系，并有完整的生产和销售记录档案。

六、果品安全生产认证程序

(一)无公害果品认证程序

无公害农产品认证分为产地认证和产品认证，产地认定由省级农业行政主管部门组织实施，产品认证由农业部农产品质量安全中心组织实施，获得无公害农产品产地认定证书的产品方可申请产品认证。凡所生产的产品在《实施无公害农产品认证的产品目录》内的企业或个人均可以申请无公害农产品产地认定和产品认证。2006 年农业部农产品质量安全中心出台了《无公害农产品产地认定与产品认证一体化推进实施意见》，把无公害农产品产地认定和产品认证工作合二为一，从根本上解决无公害农产品产地认定与产品认证脱节问题，提高了无公害农产品认证工作效率。

无公害农产品认定申报业务通过县级工作机构、地级工作机构、省级工作机构、部级工作机构各部门的材料审核、现场审查、产品检测、初审、复审、终审完成对无公害农产品的认证工作。

1. 需提交的材料

(1)《无公害农产品产地认定与产品认证申请书》。

(2)资质证明文件(企业营业执照、机构代码等复印件；申请者为个人的提交身份证复印件)。

(3)无公害农产品生产质量控制措施。

(4)无公害农产品生产操作规程。

(5)《产地环检报告》和《产地环境评价报告》或者《产地环境调查报告》。

(6)《产品检验报告》(产品需经农业部授权的农产品质量检测机构检测)。

(7)其他材料："公司＋农户"或"协会＋农户"形式的需提供公司或协会和农户签订的购销合同范本及对农户的管理措施或协议文本 2～3 份、农户花名册；有商标注册证书的，提供商标证书的复印件。

(8)《无公害农产品产地认定与产品认证报告》。

(9)《无公害农产品产地认定与产品认证现场检查报告》。

其中,材料(1)～(7)由申请人提供,材料(8)由县级、地级、省级、农业部专业认证分中心和农产品质量安全中心共同填写完成,材料(9)由地级提供。

2. 办理程序(图 5-1)

(1)申请人到县级工作机构咨询、领取相关申请材料,并按要求完成表格填写和相关申请材料的准备,提交到县级工作机构。

(2)县级工作机构受理申请材料。申请人把申请材料提交到县级工作机构,县级工作机构受理申请,并进行形式审查。

(3)地级工作机构审查。地级工作机构对申请资料进行符合性确认,并实施现场检查,环境检验、产品检测。

(4)省级工作机构初审。省级工作机构进行产地认定审核,通过则颁发产地证书,并上报农业部农产品质量安全中心进行认定产地备案;同时对产品证书申报进行初审。

(5)专业认证分中心复审。专业认证分中心对申请进行复审,如果需要现场审核,委派检查员进行现场核查。

(6)农产品质量安全中心终审。农产品质量安全中心审核并对申报进行终审,报送农产品质量安全中心主任签批。

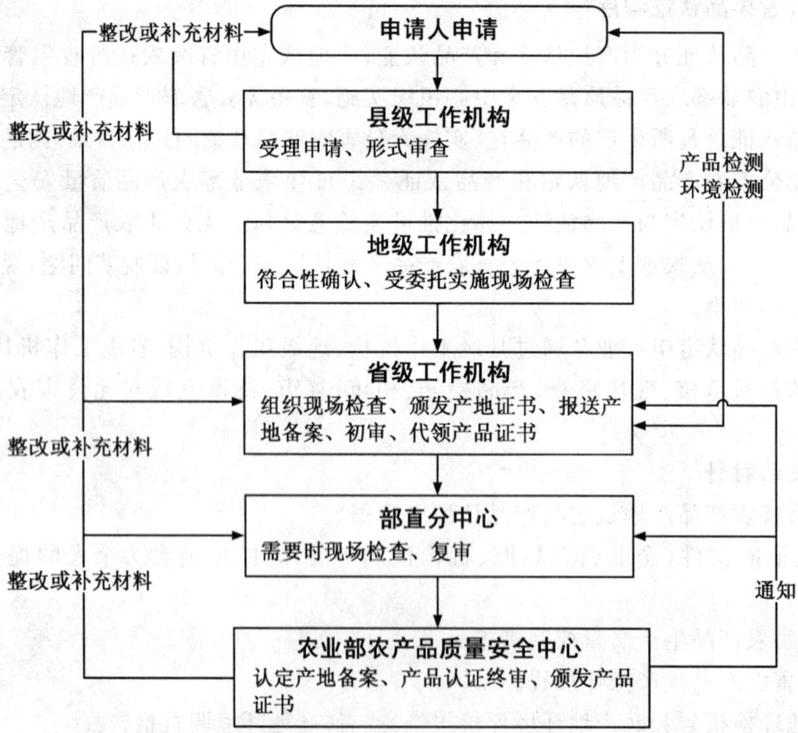

图 5-1　无公害农产品产地认定与产品认证一体化审查流程简图

(引自中华人民共和国农业部网站,2013)

无公害农产品产地认定证书和产品认证证书有效期为3年。期满需要继续使用的，应当在有效期满3个月前按照上述程序重新办理。

无公害果品产地应定期进行环境监测，确保果园及其周围环境不受污染。如果无公害果品产地被污染或者产地环境达不到标准要求的，将受到省级农业行政主管部门的警告，并责令限期改正，逾期未改正的，将撤销其无公害农产品产地认定证书。

(二)绿色果品认证程序

绿色食品产品认证包括：认证申请、受理及文审、现场检查及产品抽样、环境监测、产品检测、认证审核、认证评审、颁证共8个环节。

1.需提交的材料

(1)《绿色食品标志使用申请书》。

(2)《企业及生产情况调查表》。

(3)保证执行绿色食品标准和规范的声明。

(4)生产操作规程(种植规程、养殖规程、加工规程)。

(5)公司对“基地＋农户”的质量控制体系(包括合同、基地图、基地和农户清单、管理制度)。

(6)产品执行标准。

(7)法定资质文件复印件(包括营业执照、使用商标注册证、国家强制要求办理的有关证书等)。

(8)企业质量管理手册。

(9)申请产品预包装标签或其设计样张。

(10)产地环境质量监测报告。

(11)产品检验报告。

(12)现场检查评估报告(附现场检查照片)。

(13)环境质量现状调查报告(附环境质量现状调查表)。

(14)其他材料。其中(1)～(9)由申请人提供，(10)、(11)由绿色食品定点检测机构提供，(12)、(13)由省级工作机构提供。

2.办理程序(图5-2)

(1)申请人到省级工作机构咨询、领取申请表格材料，并按要求填写表格材料，进行相关材料的准备，提交给省级工作机构。

(2)省级工作机构对申请人提供的申请材料进行审查。

(3)省级工作机构组织有资质的检查员对申请材料审查合格的申请人实施现场检查。

(4)现场检查合格的，省级工作机构书面通知现场检查合格的申请人，并由申请人委托绿色食品定点产品和环境检测机构对申请产品和相应的产地环境进行检测。

(5)检测机构进行抽样检测，出具产品质量检验报告和产地环境监测报告，提交省级工作机构和申请人。

(6)省级工作机构收到产品检验报告和产地环境监测报告后提出初审意见。

(7)初审合格的，省级工作机构将初审意见及相关材料报送中心。

(8)中心对省级工作机构报送的申请材料进行书面审查，并组织专家进行评审。

(9)中心根据专家评审意见作出是否颁证的决定。

(10)中心与申请人签订绿色食品标志使用合同,颁发绿色食品标志使用证书,并公告。

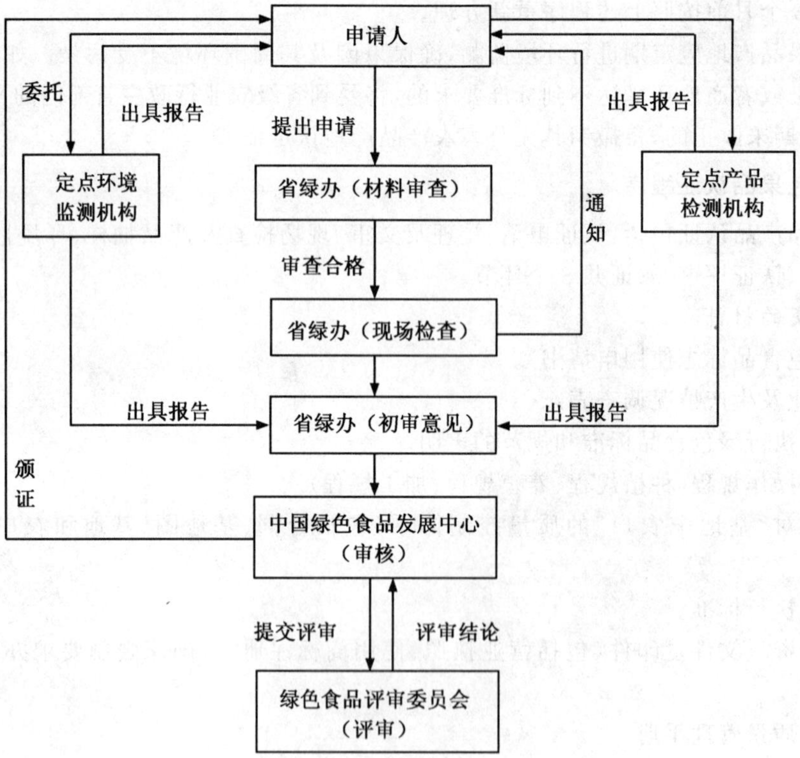

图 5-2 绿色食品认证程序示范图

(引自中华人民共和国农业部网站,2013)

绿色食品标志使用证书有效期为 3 年。证书有效期满,需要继续使用绿色食品标志的,标志使用人应当在有效期满 3 个月前向省级人民政府农业行政主管部门所属绿色食品工作机构书面提出续展申请,如果不重新申请,则不能继续使用该标签。

(三)有机果品认证程序

有机食品认证的初次申请业务过程包括:企业提交有机食品认证申请,由中绿华夏有机食品认证中心一部对企业提交的申请进行文件审核,如果审核通过则委派检查员进行实地检查并进行形式检查。然后由中绿华夏有机食品认证中心二部的人员进行综合评审,再进行颁证决议和制证发证。

1. 需提交的材料

(1)申请人向中绿华夏有机食品认证中心提出正式申请,填写《有机食品认证申请书》和《有机食品认证调查表》,并按照《有机食品认证书面资料清单》准备文件;若缩短、免除转换期则需要同时填写《缩短、免除转换期申请书》。

(2)申请人与中绿华夏有机食品认证中心签订《检查合同》、《标志使用合同》。

2. 办理程序

(1)代办申请。中绿华夏有机食品认证中心一部根据申请企业或个人的申请信息为其代办申请。

(2)文件审核。中绿华夏有机食品认证中心一部按照《有机食品认证合同评审及文件审核》进行审核并委派检查员进行实地检查。

(3)综合评审。中绿华夏有机食品认证中心二部根据申请人的《申请表》、《调查表》等相关材料以及检查员的《检查报告》和样品检验报告等进行综合审查评估，编制《有机食品认证综合评审报告》，报经部长审批后办理批件。

(4)颁证决议。认证决定人员对申请人的《申请书》、《调查表》及相关文件、检查员的《检查报告》和中绿华夏有机食品认证中心的《有机食品认证综合评审报告》等材料进行全面审查，客观地做出同意颁证、有条件颁证、有机转换颁证或拒绝颁证的决定。

有机食品认证证书有效期为1年。

【技能训练】5-1 无公害果品产地认定和产品认证的申请

一、实训目的

通过实训，了解无公害果品认证的申报程序，掌握无公害果品认证申报材料的填写方法。

二、材料与用具

材料：无公害申请相关表格、材料。

用具：笔、相关技术资料。

三、实训提示

以当地某果品生产企业或个人作为申请对象(申请人)，由学生自行调查申请人的基本情况和生产情况(或由教师提供相关材料)。然后，根据所掌握的情况进行申请材料的填写和准备。模拟协作相关部门开展环境质量检测和产品质量检测等工作。

四、实训内容

1. 实地调研，查询资料

根据申请材料所需信息的要求，对拟申请认证果园的周边环境、土壤条件、灌溉用水、空气状况及其生产基本情况(生产果树品种、生产规模、栽培管理等)进行调查。

2. 填写《无公害农产品产地认定与产品认证申请书》(见附录5-1)

根据所掌握的信息，如实填写申请书。

3. 提交生产质量控制措施和生产操作规程

生产质量控制措施应包括组织措施、技术措施、投入品使用与管理措施、产品质量检测与管理措施、产地环境保护措施等；生产操作规程一般根据国家或地方的生产技术规程，结合当地实际情况，制定出符合当地实施的生产操作规程。

4. 协作相关部门完成环境质量检测和产品质量检测等工作。

五、实训报告

完成无公害果品认证申请材料的填写和相关材料的准备工作。

六、考核评价

考核目标	考核要点	等级分值				考核说明
		A	B	C	D	
态度	时间观念，吃苦耐劳精神，团结协作能力，安全意识，材料用具准备。	20	16	12	8	1. 考核方法：采取过程考核与实训报告相结合的形式。 2. 实训态度：根据学生现场实际表现确定等级。
操作技能	1. 根据申请材料的要求查询资料。 2. 填写申请书格式正确，编写生产质量控制措施和生产操作规程。 3. 协助相关部分进行环境质量检测和产品质量检测工作情况。	50	40	30	20	
实训报告	申请书填写规范、正确；生产质量控制措施和操作规程合理、可行。	30	25	20	15	

附录 5-1 无公害农产品产地认定与产品认证申请书

材料编号：____________________

无公害农产品
产地认定与产品认证申请书
(2013 版)

申请人(盖章)：______________________________

法人代表：(签字、盖章)_______________________

首次认证□ 扩项认证□ 整体认证□ 复查换证□

申请日期：__________年__________月__________日

农业部农产品质量安全中心印制

申请须知

1.申请材料请用钢笔、签字笔填写或用计算机打印,应字迹工整、术语规范、印章清晰,内容需完整真实。

2.种植业产品不需要填写表5、6、7;畜牧业产品不需要填写表3、4、7;渔业产品不需要填写表3、4、5、6。

3.申请材料清单:

*(1)《无公害农产品产地认定与产品认证申请书》。

*(2)附报材料目录(含页码)。

(3)国家法律法规规定申请人必须具备的资质证明文件(如营业执照、食品生产许可证、动物防疫证、屠宰证等)。

*(4)《无公害农产品内检员证书》(复印件)。

(5)无公害农产品生产质量控制措施。

(6)无公害农产品生产操作规程(需涵盖所有申请产品)。

*(7)最近生产周期使用农药(兽药、渔药)的生产记录(复印件)。

(8)《产地认定证书》(复印件)或《产地环境检验报告》及《产地环境现状评价报告》或《产地环境调查报告》。

*(9)《产品检验报告》。

(10)土地使用权证明(整体认证)。

(11)3年内种植(养殖)计划清单(整体认证)。

(12)生产基地图(整体认证)。

(13)其他要求提交的有关材料。

注:申请复查换证的产品只需要提交标注*的5份材料及原《无公害农产品产地认定证书》和原《无公害农产品认证证书》的复印件。

4.申请材料统一以《无公害农产品产地认定与产品认证申请书》的封面作为封面,并按照申请材料清单顺序采用骑马钉、胶钉或者线钉的方式左侧装订。

5.申请人需登陆《中国农产品质量安全网》(www.aqsc.gov.cn)认真阅读《无公害农产品标识征订说明及使用规定》,了解无公害农产品标识征订及使用的相关规定。不适宜使用标识的产品,申请人应在申请材料中附不适宜使用标识的说明及证明材料。适宜使用标识的产品,申请人应在其申请的产品通过认证评审并在《中国农产品质量安全网》公告6个月内,向农业部农产品质量安全中心申订全国统一的无公害农产品标识。

6.法人代表及联系人/内检员手机是各级认证审查机构与申请人及时沟通的重要通道,请准确填写手机号码并保持畅通。

7.联系方式:

(1)农业部农产品质量安全中心

地址:北京市海淀区学院南路59号　邮编:100081

电话:010-62191437;传真:010-62191434

E-mail:shc@aqsc.gov.cn

(2)农业部农产品质量安全中心种植业产品认证分中心

地址:北京市朝阳区朝外大街223号 邮编:100020

电话:010-65520112,65520105;传真:010-65520107

E-mail:ynny2006@yahoo.com.cn

(3)农业部农产品质量安全中心畜牧业产品认证分中心

地址:北京市朝阳区麦子店街20号楼527室 邮编:100026

电话:010-59191485,59191489,59194646,59194645

传真:010-59194646,65928505

E-mail:zbc504@126.com

(4)农业部农产品质量安全中心渔业产品认证分中心

地址:北京市丰台区永定路南青塔150号 邮编:100141

电话:010-68673907,68673913

传真:010-68673907,68673913

E-mail: cffpq@ cafs.ac.cn

承　诺　书

1.我申请无公害农产品产地认定和产品认证所提交的材料和填写的内容全部真实。如有虚假成分,愿负法律责任。

2.我将严格按照《农产品质量安全法》的要求,建立内部农产品质量安全管理制度,健全内部农产品质量安全控制体系,制定切实可行的生产操作规程,落实农产品生产记录制度。申请认证的产品在其生产过程中,保证落实无公害农产品质量控制措施,严格执行该产品生产技术规范(规程)和无公害农产品标准,决不使用违禁投入品和添加物,确保产品质量合格。

3.我已认真阅读《无公害农产品标识征订说明及使用规定》,申请认证的产品通过评审后,对适宜使用无公害农产品标识的产品,在中国农产品质量安全网公告6个月内向农业部农产品质量安全中心申订全国统一的无公害农产品标识,且保证严格按照无公害农产品标志管理的有关规定,在相应产品或产品包装上使用。

4.我接受各级无公害农产品工作机构及有关部门对本单位无公害农产品生产和无公害农产品标识使用情况的监督检查,并对监督检查发现的问题及时整改。

申请人(盖章):

法人代表(签字):

年　　月　　日

表1 申请人基本情况

申请人全称					
单位性质	□企业 □合作社 □协会 □个人 □其他				
是否龙头企业	□是 □否	龙头企业级别	□国家级 □省级 □市级 □县级		
法人代表		联系电话		手机	
联系人/内检员		联系电话		手机	
传 真		E-mail			
通讯地址		邮政编码			
职工人数		管理人员数		技术人员数	
营业执照注册号					
年总销售量(吨)		年总销售额(万元)			
年总出口量(吨)		年总出口额(万元)			
产地基本情况					
产地名称	______省(区、市)无公害________产地				
产地规模(公顷、万头、万只)					
产地详细地址	____省(区、市)___市___县___乡(镇)___村				
生产经营类型	□自产自销型(申请人自有基地、统一生产、统一销售)				
	□公司+农户型	农户数			
	□公司+合作社(协会)+农户型	农户数			
	□合作社(协会)	社员(会员)数			
	□合作社(协会)+农户型	农户数			
	□其他				

内检员(签字)： 内检员证书号： 年 月 日

表 2 申请产品情况

产品名称	商品名称	生产规模*（公顷/万头/万只/立方米水体）	生产周期	包装规格	年产量（吨）	年销售量（吨）	年销售额（万元）

* 存在套作、混养等情况的生产方式，需详细说明套作、混养的品种。

表 3 最近生产周期种植产品农药使用情况

施药作物	农药通用名称	登记证号	农药剂型	防治对象	使用剂量	一个生产周期使用次数	末次施药到收获的间隔天数

表 4 最近生产周期种植产品肥料使用情况

施肥作物	肥料通用名称	登记证号	总施肥量	一个生产周期使用次数

表 5 最近生产周期畜牧产品饲养场情况

<table>
<tr><td colspan="2">饲养场名称</td><td colspan="4"></td></tr>
<tr><td colspan="2">畜禽种类</td><td></td><td>来源</td><td colspan="2"></td></tr>
<tr><td colspan="2">生产规模</td><td></td><td>养殖周期</td><td colspan="2"></td></tr>
<tr><td>饲养方法</td><td colspan="5">□ 散养 □圈养 □分户养殖 □集中集约养殖 □其他</td></tr>
<tr><td rowspan="2">饲料</td><td>名称</td><td>来源与成分</td><td>执行标准和登记证号
（或批准文号）</td><td colspan="2">饲喂方法</td></tr>
<tr><td></td><td></td><td></td><td colspan="2"></td></tr>
<tr><td rowspan="2">饲料添加剂</td><td>名称</td><td>来源与成分</td><td>执行标准和登记证号
（或批准文号）</td><td>使用方法</td><td>用量</td></tr>
<tr><td></td><td></td><td></td><td></td><td></td></tr>
<tr><td rowspan="2">兽药</td><td>名称</td><td>主要防治疾病</td><td>执行标准和登记证号
（或批准文号）</td><td>用药方法</td><td>休药期</td></tr>
<tr><td></td><td></td><td></td><td></td><td></td></tr>
</table>

废污物无害化处理与环境保护情况（废污物无害化处理设施、措施及执行标准）

表 6 屠宰场(厂)生产情况

屠宰场(厂)名称			许可证号		
产品名称		设计年屠宰量 (万头、万只)		实际年屠宰量 (万头、万只)	
屠宰动物来源的饲养场名称(标明产地认定证书号码、附供货合同)					
主要屠宰设施					
执行标准					
屠宰工艺流程					
屠宰检疫单位、检疫员姓名及检疫证书号					
废污物无害化处理及环境保护情况(废污物无害化处理设施、措施及执行标准)					

表 7 最近生产周期渔业产品养殖情况

<table>
<tr><td colspan="2">养殖场名称</td><td colspan="3"></td><td>产品名称</td><td colspan="2"></td></tr>
<tr><td colspan="2">养殖方式</td><td colspan="6">□池塘 □网箱 □水库 □工厂化 □滩涂 □底播 其他________</td></tr>
<tr><td colspan="2">苗种来源</td><td colspan="6"></td></tr>
<tr><td colspan="2">放养日期</td><td colspan="2"></td><td>捕捞日期</td><td></td><td>养殖周期</td><td></td></tr>
<tr><td rowspan="2">饲料</td><td>名称</td><td>来源</td><td>成分</td><td colspan="2">产品标准代号</td><td colspan="2">饲喂方法</td></tr>
<tr><td></td><td></td><td></td><td colspan="2"></td><td colspan="2"></td></tr>
<tr><td rowspan="2">饲料添加剂</td><td>名称</td><td>来源</td><td>成分</td><td>产品标准代号</td><td>批准文号</td><td colspan="2">使用方法与用量</td></tr>
<tr><td></td><td></td><td></td><td></td><td></td><td colspan="2"></td></tr>
<tr><td rowspan="2">渔药及其他化学剂</td><td>名称</td><td>生产厂商</td><td>成分</td><td>主要防治病害（或用途）</td><td>批准文号或进口兽药注册证号</td><td colspan="2">用药方法与休药期</td></tr>
<tr><td></td><td></td><td></td><td></td><td></td><td colspan="2"></td></tr>
</table>

废污物无害化处理与环境保护情况（废污物无害化处理设施、措施及执行标准）

注：除混养产品以外，不同的产品，或同一种产品采用不同的养殖方式，应分别填写此表。

表 8 初级产品加工生产情况

产品名称		加工厂名称	
设计年产量(吨)		实际产量(吨)	

原料

名称	比例	年用量(吨)	来源

食品添加剂

名称	添加比例	作用	来源	执行标准和登记证号(或批准文号)

主要加工设施	

工艺流程

产品自行检验能力(检验机构、人员、设施、检验项目等)

废污物无害化处理及环境保护情况

讨论与思考

1. 简述果品安全生产的意义。
2. 什么是无公害果品、绿色果品和有机果品？它们有何异同点？
3. 无公害果品生产对园地有何要求？
4. 无公害果品生产对肥料有何要求？
5. 生产无公害果品怎样合理使用农药？
6. 如何办理无公害果品认证申请手续？

学习情景六　果树生产职业相关知识

知识目标

- 了解果树生产职业道德规范。
- 了解果树生产安全相关知识。
- 了解果树生产职业相关法律法规。

能力目标

- 能够践行果树生产职业道德规范，遵循职业守则。
- 能够安全开展果树生产活动。
- 能够利用相关的法律法规维护正常的职业活动。

任务一　了解职业道德规范

职业是人们参与社会分工，利用专门的知识和技能为社会创造物质财富和精神财富，获取合理报酬作为物质生活来源并满足精神需求的工作。从社会角度看职业是劳动者获得的社会角色，劳动者为社会承担一定的义务和责任，并获得相应的报酬；从国民经济活动所需要的人力资源角度来看，职业是指不同性质、不同内容、不同形式、不同操作的专门劳动岗位。

职业道德是指从业人员在职业活动中应该遵循的行为准则。涵盖了从业人员与服务对象，职业与职工，职业与职业之间的关系。

职业道德既是从业人员在进行职业活动中应遵守的行为规范，同时又是从业人员对社会所应承担的道德责任和义务。不同职业的人员在特定的职业活动中形成了特殊的职业关系、职业利益、职业活动范围和方式，由此形成了不同职业人员的道德规范。

一、职业道德的作用

1. 促进职业活动的健康进行

职业道德最主要的作用就是通过调节职业关系，维护正常的职业活动秩序。确保职业活动和职业生活的正常进行，同时也促进职业的健康发展。

2. 对社会道德风尚产生积极的影响

职业道德状况本身就是社会道德风尚的一个重要组成部分。人们在职业活动中具有良好的职业道德，对于社会生活秩序的稳定，良好社会风尚的形成，具有积极的作用。

3. 职业道德是企业文化的重要组成部分

职业道德是增强企业凝聚力的手段，可以促进提高企业的竞争力。

4. 职业道德是个人事业成功的重要保证和条件

一个成功的人往往都具有较高的职业道德。

二、职业道德修养

任何职业道德总是随着经济和社会的发展而变化的。因此，职业道德修养过程也应该是每个从业人员心灵深处不断吐故纳新的过程。提高职业道德修养主要通过以下几个途径。

1. 学习

学习是职业道德修养最基本的途径。一是从理论上理解和把握职业道德修养的意义，熟悉职业道德的原则、规范等内容；二是加强自己所从事行业的专业知识和法规知识的学习。通过学习，懂得什么行为是道德的、合法的，什么行为是不道德的、不合法的，并在自己心灵深处培养起趋善避恶的职业道德意向及其情感，从而使自己在职业道德规范和法纪的范围内行动。

只有这样，才能适应职业工作的需要；三是认真学习、深刻领会社会进步和职业对个人的要求，确立职业道德理想，追求完美人格，以先进的职业工作者为榜样，努力做好本职工作。

2.思考

在学习道德理论、树立正确的道德观的前提下，认真思索，开展积极的思想斗争。这种思想斗争包括两个方面的内容，一是反思社会生活，与形形色色的陈腐的职业道德观念做斗争；二是经常与自我进行斗争。对自己的职业思想、行为进行深刻的道德反思，解剖自己，发挥自己思想中的积极因素，克服消极因素，实现自身人格的统一。

3.实践

提高职业道德修养，关键在于付诸行动。职业道德修养只有通过实践才能变成现实，优良品质只有通过实践才能锻造出来。职业道德修养并不是脱离具体生活与实践"闭门思过"的结果，只有在社会生活实践中，才能造就高尚的人格，塑造有道德的新人。品德属于个体的行为心理，是个体进行伦理行为的心理特征。只有通过实践，品德才能形成；只有在实践中，人们才能源源不断地获得精神能源。

三、职业守则

1.敬业爱岗，忠于职守

果树生产从业人员要热爱所从事的工作，热爱自己的工作岗位，干一行，爱一行，树立职业荣誉感，感受自己所从事的职业是高尚的。另外，要忠于所从事的事业，以崇高的使命感和责任感，恪守职责，兢兢业业做好本职工作。这也是我们国家对每个从业人员的最起码的职业道德要求。农业是国民经济的基础，果树生产是我国农业的重要组成部分，果树生产从业人员对提高我国果树生产水平具有重要的作用。只有清楚地认识到自己所从事的职业的社会价值，自觉地履行职业责任，尽心尽力地搞好果树生产，将自己的身心和情感融入到果树生产中，才能体验到工作的乐趣，发挥自己的聪明才智。

2.认真负责，实事求是

要求果树生产从业人员要有强烈的责任意识，在工作中认真负责，积极主动、按时按量地完成果树生产任务。在生产过程中，按照果树生长发育规律和环境条件，实事求是地开展生产活动，不弄虚作假。

3.勤奋好学，精益求精

要求果树生产从业人员要勤奋学习果树生产的专业知识和实际操作技能，掌握当前最新的生产技术和先进管理经验。只有具备较高的科学文化水平和丰富的生产实践经验，并且不断地学习，充实自己，刻苦钻研技术，提高业务能力，才能做好本职工作。

4.遵纪守法，诚信为本

果树生产从业人员要增强自身的法纪意识，遵纪守法，依法规范自己的行为，按照国家的法律法规开展各项生产活动。在果树生产活动中，要诚实守信，不投机取巧。

5.规范操作，注意安全

果树生产从业人员要严格按照果树生产相关技术规程的要求开展生产活动，规范操作。在从事果树生产过程中，要树立安全意识，避免作业过程中农机具伤人、触电、农药中毒等事件的发生。农药的保管和使用要严格按照国家相关规定执行，尽量减少农药对果品和环境造成的污染。

任务二　了解安全生产与相关法律、法规

一、劳动安全常识

(一)安全使用农机具知识

果树生产过程中常用的农机具有拖拉机、旋耕机、喷淋机、喷雾(粉)机、割草机、升降机等，这些农机具大大提高了劳动生产率，但是如果使用不当，容易造成农机具损坏或操作人员伤亡。因此，在使用农机具时，要严格按照相关要求进行操作。

(1)农机具操作者必须持证上岗。使用前认真阅读农机具的使用说明，严格按照农机具的操作规程进行操作。随时观察仪表的读数，水温、油压、电流必须正常。禁止农业机械带病作业，发现有不正常声响时，应立即停机检查。

(2)驾驶员必须保证有足够的睡眠时间，严禁人、机超负荷作业。严禁酒后作业，工作时不准吸烟、吃东西和做妨碍安全的动作。

(3)使用拖拉机进行田间作业时，起步前认真查看周围情况，确认安全后鸣号、平稳放松离合器，同时逐渐加大油门，达到平稳起步；拖拉机不许急转弯；农具提升前不许转弯；作业中，因故停车后需再次起步时，应先倒退后再起步，切忌原地升犁或起步；轮式拖拉机陷车后起步，应使用差速器锁，履带拖拉机起步应使用转向离合器。

(4)禁止在农业机械作业或运转中清除缠草、黏泥或用手在种子、化肥、药粉箱内扒平或捏碎等。

(5)拖拉机在横坡向作业时，坡度一般不得大于 7°，缓坡停车，应选择纵向靠边停车，切不可横向停放，以免侧向翻车。停车后应锁定制动，上坡停车挂前进挡，下坡停车挂倒退挡，并在轮胎下垫石头或木头。

(6)作业或运输时，不准从农业机械上跳上跳下，不准不摘挡、踏着离合器和别人讲话。临时短暂停车，必须挂空挡、刹住车，不能用脚踩离合器不摘挡停车。

(7)在进行固定作业时，机手不准离开农业机械，并随时检查运转情况。

(8)农业机械负荷作业后，不应立即熄火，应使水温下降后再熄火。

(9)使用手扶拖拉机或外置传动带喷淋机具时，操作人员不宜留披头长发或穿着过于宽松的衣裙，避免头发、衣物、手等卷入传动带。

(二)安全用电知识

在果树生产中，电动灌溉设备、喷淋喷雾器具、果园诱虫灯、冷藏库、日常办公、照明等都需要用电。在用电过程中，要严格遵守安全用电规程，避免触电伤人或线路短路引起火灾等事故

的发生。

1. 安全用电规程

(1)执行国家及电力管理部门的电力法律、法规、政策和电力规程中有关安全用电的规定。接受电力管理部门对安全用电的监督管理。接受电力企业依法开展的用电检查。

(2)学习并掌握安全用电知识。必须安装防触、漏电的剩余电流动作保护器，并做好运行维护工作。做好预防事故工作，制定并落实防事故措施。发生事故后必须保护事故现场，配合做好对人身触电伤亡事故的调查和处理工作。

(3)严格执行《电力设施保护条例》，做好对电力设施的保护工作。

(4)电力集体用户，必须配备专职或兼职电气工作人员(以下称用户电工)，并接受当地电力管理部门的监督。应按规定建立健全产权范围内的安全用电的基础资料、用电设施检修和运行的工作台账以及保障安全用电的工作制度。

2. 安全用电须知

(1)用电要申请，安装、维修找电工，不准私拉乱接电线。

(2)自觉遵守安全用电规章制度，低压线路应安装触电保护器，要合理选用熔丝(保险丝)或熔管，严禁用铜、铝、铁丝代替。

(3)不要在电线底下盖房子、打井、打场、堆柴草、栽树，防止触电伤人和引起火灾。

(4)在电线附近立井架、修理房屋或砍伐树木时要采取措施，对可能碰到的线路设备要找电工停电后再进行作业。

(5)不在靠近电杆处挖坑取土，不准在电杆上拴牲口，不准破坏拉线，以防倒杆断线。

(6)晒衣服的铁丝和电线要保持足够的距离，不要绕在一起，也不要在电线上挂晒衣服。

(7)教育儿童不玩弄电器设备，不爬电线杆，不爬变压器，不在电线附近放风筝、打鸟，不准往电线、瓷瓶和变压器上扔东西。

(8)电线断落时不要靠近，要派人看守，并赶快找电工处理。

(9)光着脚或手脚湿时，不要用手摸灯头、开关、插座以及其他家用电器外壳。

(10)不要使用不合格灯头、开关、插座等用电设备。用电设备要保持清洁完好，灯线不要过长，也不要拉来拉去。

(11)发现树皮树枝触碰电线，要马上找电工处理。

(12)发现有人触电，千万不要用手去拉触电人，赶快拉断开关或用干燥木棍、干燥竹竿挑开电线，立即用正确的人工呼吸或胸外心脏按压法进行现场急救。不能打强心针。

(三)防止其他意外事故

使用修枝剪、嫁接刀、砍刀、锄头、铁铲等工具劳动，除了小心自伤外，还应注意前后左右，防止伤了他人或被他人所伤；大树修剪或采收果实时如使用“人”字梯等登高用具，应注意四个支撑点要放置在实地或用硬物垫底，避免梯子倾斜造成坠落伤人；清园开垦时应防范火灾，并小心被毒蛇咬伤或野蜂蜇刺。

二、安全使用农药知识

施用化学农药防治病、虫、草、鼠害，是夺取果树丰收的重要措施。但是，如果使用不当会污染环境和农畜产品，造成人、畜中毒，甚至死亡。为了保证安全生产，农业部、环境保护部于1989年颁布了《农药安全使用标准》(GB 4285—89)，农业部2000—2009年分九部制定了《农药合理使用准则》(GB/T 8321),对为防治农作物病、虫、草害所使用的常用农药的使用浓度、使用次数、最高用药量、最后一次用药与收获期的安全间隔期等指标做了明确的规定。

(一)农药安全性分类

1. 高毒农药

杀螟威、久效磷、磷胺、异丙磷、三硫磷、氧化乐果、磷化锌、磷化铝、氟乙酰胺、杀虫脒、溃疡净、氯化苦、二溴氯丙烷、3911、1059、401 等。

2. 中等毒农药

杀螟松、乐果、稻丰散、乙硫磷、亚胺硫磷、皮蝇磷、毒杀芬、氯丹、西维因、害扑威、叶蝉散、速灭威、混灭威、抗蚜威、倍硫磷、敌敌畏、拟除虫菊酯类、克瘟散、稻瘟净、敌克松、402、福美砷、稻脚青、退菌特、代森铵、代森锌、2,4-D、燕麦敌、毒草胺等。

3. 低毒农药

敌百虫、马拉松、乙酰甲胺磷、辛硫磷、三氯杀螨醇、多菌灵、托布津、克菌丹、福美双、萎锈灵、异稻瘟净、乙膦铝、百菌清、除草醚、敌稗、阿特拉津、去草胺、拉索、杀草丹、二甲四氯、绿麦隆、敌草隆、氟乐灵、苯达松、茅草枯、草甘膦等。

高毒农药容易对人畜产生毒害,引起中毒或死亡。中、低毒农药虽较高毒农药的毒性低,但接触多、抢救不及时也会造成死亡。因此,使用农药必须注意安全。

(二)农药使用范围

凡已列入《农药安全使用标准》(GB 4285—89)和《农药合理使用准则》(GB/T 8321)的品种,均严格按照"标准"和"准则"的要求执行。禁止用农药毒鱼、虾、青蛙和有益鸟兽。

(三)农药使用中的注意事项

(1)配药时,操作人员要戴胶皮手套,必须用量具按照规定的剂量称取药液或药粉,不得任意增加重量。严禁用手拌药。

(2)农药拌种时要用工具搅拌,用多少拌多少。如用手撒施时,必须戴防护手套,以防皮肤吸收中毒。

(3)配药应选择远离饮用水源、居民点的安全地方,要专人看管,严防农药丢失或被人、畜、家禽误食。

(4)使用手动喷雾器喷药时应隔行喷。手动和机动药械均不能左右两边同时喷。大风和中午高温时应停止喷药。药桶内药液不能装得过满,以免晃出桶外,污染施药人员的身体。

(5)喷药前应仔细检查药械的开关、接头、喷头等处螺丝是否拧紧,药桶有无渗漏,以免漏药污染。喷药过程中如发生喷头或滤网堵塞时,应先用清水冲洗后再排除故障。绝对禁止用嘴吹吸喷头和滤网。

(6)施用过高毒农药的地方要竖立标志,在一定时间内禁止放牧、割草、摘野菜,以防人、畜中毒。

(7)用药工作结束后应及时将喷雾器清洗干净,连同剩余药剂一起交回仓库保管,不得携带回家。清洗药械的污水应选择适当地点妥善处理,不准随地泼洒,防止污染饮用水源和养鱼池塘。盛过农药的包装物品要集中处理,不准用于盛粮食、油、酒、水等食品和饲料。

(四)施药人员的选择和个人防护

(1)施药人员应选拔工作认真负责、身体健康的青壮年担任,并应经过一定的技术培训。

(2)凡体弱多病者,患皮肤病和农药中毒及其他疾病尚未恢复健康者,哺乳期、孕期、经期的妇女,皮肤损伤未愈者不得喷药。喷药时不准带小孩到作业地点。

(3)施药人员在施药期间不得饮酒。

(4)施药人员施药时必须戴防毒口罩,穿长袖上衣、长裤和鞋袜。在操作时禁止吸烟、喝水、吃东西,不能用手擦嘴、脸、眼睛,绝对不能互相喷射嬉闹。每日工作后喝水、抽烟、吃东西前要用肥皂彻底清洗手、脸和漱口。有条件的应洗澡。被农药污染的工作服要及时换洗。

(5)施药人员每天喷药时间一般不得超过 6 h。使用背负式机动药械,要有两人轮换操作。连续喷药 3～5 d 后应停休 1 d。

(6)操作人员如有头疼、头昏、恶心、呕吐等症状时,应立即离开施药现场,脱去污染的衣服,漱口,擦洗手、脸和皮肤等暴露部位,及时送医院治疗。

三、相关法律、法规知识

遵纪守法,依法规范自己的行为,保护正当权益是每个公民应有的权利和义务。果树生产从业人员应该进一步增强学法、知法、守法、护法、用法的自觉性,不仅要学习与农业相关的法律法规知识,还要学习宪法、刑法、民法通则、合同法、劳动法、职业教育法、保密法、税法、婚姻法、消费者权益保护法和全国人大常委会关于惩治邪教组织犯罪的决定等国家基本法律知识。通过学习,树立牢固的法制观念,增强遵纪守法、依法维护自身合法权益和民主参与、民主监督意识,自觉做到依法办事。

(一)《中华人民共和国农业法》相关知识

《中华人民共和国农业法》是我国"三农"工作的基本法,1993 年 7 月颁布实施,2002 年经全国人大常委会修订后,于 2003 年 3 月重新颁布实施。农业法的施行,对于进一步加强农业的基础地位,保证粮食安全,稳定家庭承包经营为基础的农业生产经营体制,推进农业生产发展和结构调整,增加农业投入,加强农业科技教育,维护农民合法权益,促进农业生产整体水平的提高,促进农村经济发展,为农业和农村工作的顺利开展提供了有力的法律保障。

新农业法的主要特点:

1.确立了农民专业合作经济组织的法律地位

把农业专业经济合作组织和其他从事农业生产经营的组织如农产品行业协会、龙头企业等也称为农业生产经营组织。这一规定,使农民专业合作经济组织的经营活动有了合法的地位。明确了农产品行业协会的法律地位和职责。农民和农业生产经营组织可以按照法律、行政法规成立各种农产品行业协会,为成员提供生产、营销、信息、技术、培训等服务,发挥协调和自律作用,提出农产品贸易救济措施的申请,维护成员和行业的利益。

农户家庭小生产组织化程度低、效率差、信息不灵,难以把握市场需求,制约了农民的市场参与水平和竞争能力。而农民专业合作经济组织能有效地将分散的家庭经营与市场联结起来,在农业结构调整、产业化经营和增加农民收入中发挥了积极作用。

2.开展多种形式的产业化经营

作为社会主义市场经济的生产经营方式和产业组织形式,农业产业化经营是我国继家庭联产承包责任制之后农村经营体制的又一创新。修订后的《农业法》规定:"鼓励和支持农民和农业生产经营组织发展生产、加工、销售一体化经营,发展多种形式的产业化经营。"通过产业化经营带动更多的农户和生产基地,促进农民收入稳定增长。

3.农业协调发展与粮食安全

近年来我国农产品供求关系发生变化，部分农产品出现阶段性、结构性供过于求，农产品的品种和质量不完全适应市场需求。修订后的《农业法》在第三章“农业生产”强调“种植业、林业、畜牧业和渔业要协调发展”，“国家鼓励和扶持发展优质农产品生产”，又专门新增加“粮食安全”一章，规定国家保护粮食生产能力，对部分粮食品种可以实行保护价制度，建立粮食安全预警制度等。

4.保障农产品质量安全

农产品质量安全，是近年来社会关注的突出问题。提高农产品质量，确保农产品质量安全，不仅是提高我国人民生活质量和增强农产品国际竞争力的需要，也是提高农业效益、增加农民收入的需要。一是建立健全农产品质量标准体系和质量检验检测监督体系；二是建立健全优质农产品认证和标志制度。为从源头上解决农产品质量问题，符合国家规定标准的优质农产品可以依照法律或者行政法规的规定申请使用有关的标志，符合规定产地及生产规范要求的农产品可以依照有关法律或者行政法规的规定申请使用农产品地理标志；三是建立农产品加工制品质量标准；四是建立农业生产资料安全使用制度。

5.促进城乡经济协调发展

新农业法规定，国家坚持城乡协调发展的方针，扶持农村第二、第三产业发展，调整和优化农村经济结构，增加农民收入，促进农村经济全面发展，逐步缩小城乡差别。新农业法还规定，国家逐步完善农村社会救济制度，保障农村五保户、贫困残疾农民、贫困老年农民和其他丧失劳动能力的农民的基本生活。国家鼓励、支持农民巩固和发展农村合作医疗和其他医疗保障形式，提高农民健康水平。国家扶持贫困地区改善经济发展条件，帮助进行经济开发。

6.加大对农业的支持力度

农业是社会效益高、自身效益低的弱质产业，需要支持和保护。新农业法规定，国家逐步提高农业投入的总体水平。此外，新农业法规定，国家逐步建立和完善政策性农业保险制度。鼓励和扶持农民和农业生产经营组织建立为农业生产经营活动服务的互助合作保险组织，鼓励商业保险公司开展农业保险业务。同时规定，农业保险实行自愿原则，任何组织和个人不得强制农民和农业生产经营组织参加农业保险。

7.保护农民权益首次写进农业法

新农业法在“总则”中明确规定“国家保护农民和农业生产经营组织的财产及其他合法利益不受侵犯。”各级人民政府、农村集体经济组织或者村民委员会在农业和农村经济结构调整、农业产业化经营和土地承包经营权流转等过程中，不得侵犯农民的土地承包经营权，不得干涉农民自主安排的生产经营项目，不得强迫农民购买指定的生产资料或者按指定的渠道销售农产品。要求各级政府和有关部门采取措施增加农民收入，切实减轻农民负担。包括禁止非法收费、罚款、摊派；不得向农民集资；不得非法在农村进行达标、升级、验收活动；不得以平摊税款及其他非法方法向农民征税；土地征用应当保护农民权益，任何单位和个人不得截留、挪用征地补偿费用。规定农村集体经济组织或者村民委员会为发展生产或者公益事业向农民筹资筹劳的决定程序，禁止强行以资代劳，单位和个人向农民或者农业生产经营组织提供生产、技术、信息、文化、保险等有偿服务，必须坚持农民自愿原则，不得强迫。当农民的权益受到侵犯时，人民法院和司法行政主管机关应当为农民提供充分的行政或者司法援助。

(二)《中华人民共和国农业技术推广法》相关知识

经第八届全国人民代表大会常务委员会第二次会议审议通过，1993 年 7 月 2 日颁布的《中华人民共和国农业技术推广法》，是我国农业技术推广工作的第一部法律，是中国农业技术推广发展史上的一个里程碑。其立法宗旨是：加强农业技术推广工作，促使农业科研成果和实用技术尽快应用于农业生产，保障农业的发展，实现农业现代化。这部法律的出台，结束了我国农业技术推广工作无法可依的历史，为解决农业技术推广工作中的突出问题，提供了法律依据。为农业技术推广事业的发展起到保驾护航的作用。这部法律颁布以来，加快农技推广体系的建立完善，促使农业科技第一时间、一路畅通来到田间地头，对我国农业技术推广事业的发展起了重大作用。农业技术推广法的一些重要规定如下：

1.农业技术范围及其推广概念

农业技术推广法所称农业技术，是指应用于种植业、林业、畜牧业、渔业的科研成果和实用技术，包括良种繁育、施用肥料、病虫害防治、栽培和养殖技术，农副产品加工、保鲜、贮运技术、农业机械技术和农用航空技术，农田水利、土壤改良与水土保持技术、农村供水、农村能源和农业环境保护技术，农业气象技术以及农业经营管理技术等。农业技术推广法所称农业技术推广，是指通过试验、示范、技术培训、技术指导和技术咨询服务等，把农业技术普及应用于农业生产产前、产中、产后全过程的活动。

2.农业技术推广应当遵循的原则

一是有利于农业的发展；二是尊重农业劳动者的意愿；三是因地制宜，经过试验、示范；四是国家、农村集体经济组织扶持；五是实行科研单位、有关学校、推广机构与群众性科技组织、科技人员、农业劳动者相结合；六是讲求农业生产的经济效益、社会效益和生态效益。

3.农业技术推广体系的构成及社会化服务

农业技术推广体系由三部分组成：一是农业技术推广机构，二是农业科研单位和有关学校，三是农村群众性科技组织与农民技术员。农业技术推广机构拥有一定的专业技术人员和技术设备以及必要的工作场地等，是农业技术推广体系的核心。科研单位和有关学校是农业技术推广的技术依托，是推广体系的重要组成部分。农民技术员是村一级农业技术推广的依靠力量，是配合乡镇农业技术推广站在村中开展农业技术推广工作的得力助手。农村群众性科技组织是指由农民自己组成的各类民间科技组织和乡村集体经济组织设立的推广服务组织。

4.明确各级政府、农业技术推广的行政主管部门以及其他有关部门对农业技术推广工作的职责

规定各级人民政府应当加强对农业技术推广工作的领导，组织有关部门和单位采取措施，促进农业技术推广事业的发展。国务院农业、林业、畜牧、渔业、水利等行政部门按照各自的职责，负责全国范围内有关的农业技术推广工作。县级以上地方各级人民政府农业技术推广行政部门在同级人民政府的领导下，按照各自的职责，负责本行政区域内有关的农业技术推广工作，同级人民政府科学技术行政部门对农业技术推广工作进行指导。

5.鼓励政策

国家鼓励和支持科技人员开发、推广应用先进的农业技术，鼓励和支持农业劳动者和农业生产经营组织应用先进的农业技术。鼓励和支持引进国外先进的农业技术，促进农业技术推广的国际合作与交流。

农业技术推广机构、农业科研单位、有关学校以及科技人员，以技术转让、技术服务和技术承包等形式提供农业技术的，可以实行有偿服务。其合法收入受法律保护。对农业技术推广机构、农业科研单位和有关学校举办的为农业服务的企业，国家在税收、信贷等方面给予优惠。

鼓励农业技术推广的社会化服务。调动各方面力量参与推广服务活动的积极性，一是支持农村供销合作社等物资部门开展以供应生产资料、收购、加工、运销工作为主的服务活动，协助农业技术推广的试验、示范和推广工作，支持农业劳动者应用农业技术；二是发挥农村金融部门优势，为农业技术推广与应用提供信贷方便，筹措资金；三是鼓励有关科研、教育部门及企事业单位和个人在农村开办职业技术学校、举办农业技术培训班，为农业技术推广事业输送技术人才、提供技术服务；四是鼓励共青团、妇联、科协等群众团体到农村开展科教兴农事业等。鼓励和支持发展农村中的群众性科技组织，发挥它们在推广农业技术中的作用。

鼓励农业劳动者学习农业技术知识，农业劳动者在生产中应用先进的农业技术，有关部门和单位应当在技术培训、资金、物资和销售等方面给予扶持。鼓励和支持农业劳动者参与农业技术推广活动。

建立农业技术推广奖励制度，对在农业技术推广工作中做出贡献的单位和个人，给予奖励。

6.保障措施

重点农业技术推广项目应当列入国家和地方有关科技发展的计划，由农业技术推广行政部门和科学技术行政部门按照各自的职责，相互配合，组织实施。国家逐步提高对农业技术推广的投入。各级人民政府在财政预算内应当保障用于农业技术推广的资金，并应当使该资金逐年增长。各级人民政府通过财政拨款以及从农业发展基金中提取一定比例的资金渠道，筹集农业技术推广专项资金，用于实施农业技术推广项目。任何机关或者单位不得截留或者挪用用于农业技术推广的资金。农业技术推广以无偿服务为主。

各级人民政府应当采取措施，保障和改善从事农业技术推广工作的专业科技人员的工作条件和生活条件，改善他们的待遇，依照国家规定给予补贴，保持农业技术推广机构和专业科技人员的稳定。农业技术推广行政部门和县级以上农业技术推广机构，应当有计划地对农业技术推广人员进行技术培训，组织专业进修，使其不断更新知识、提高业务水平。

地方各级人民政府应当采取措施，保障农业技术推广机构获得必需的试验基地和生产资料，进行农业技术的试验、示范。地方各级人民政府应当保障农业技术推广机构的试验基地、生产资料和其他财产不受侵占。

7.推广农业技术的条件

向农业劳动者推广的农业技术，必须在推广地区经过试验证明具有先进性和适用性。向农业劳动者推广未在推广地区经过试验证明具有先进性和适用性的农业技术，给农业劳动者造成损失的，应当承担民事赔偿责任，直接负责的主管人员和其他直接责任人员可以由其所在单位或者上级机关给予行政处分。

8.农业劳动者自愿应用农业技术的原则

农业劳动者根据自愿的原则应用农业技术。推广活动不是政府的强制行为，任何组织和个人不得强制农业劳动者应用农业技术。强制农业劳动者应用农业技术，给农业劳动者造成损失的，应当承担民事赔偿责任，直接负责的主管人员和其他直接责任人员可以由其所在单位或者上级机关给予行政处分。

(三)《中华人民共和国劳动法》相关知识

由中华人民共和国第八届全国大常委会第八次会议审议通过，1995 年 1 月 1 日正式施行的《中华人民共和国劳动法》，是新中国成立以来制定的第一部劳动法规。

在社会主义市场经济体制下，劳动关系发生了重大变化，从计划经济体制下劳动者与国家的直接关系，转向劳动者与用人单位的具有各自独立利益关系的社会关系。劳动法是协调劳动关系的重要法律，是我国法律重要组成部分。劳动法的贯彻实施，是保障劳动者的合法权益，协调劳动关系，构建和谐社会的一项举措。

1.《中华人民共和国劳动法》的适用范围

(1)在中华人民共和国境内的企业、个体经济组织(以下统称用人单位)和与之形成劳动关系的劳动者。

(2)国家机关、事业组织、社会团体的工勤人员。

(3)实行企业化管理的事业组织的非工勤人员。

(4)其他通过劳动合同(包括聘用合同)与国家机关、事业组织、社会团体建立劳动关系的劳动者。

劳动法不适用公务员和比照实行公务员制度的事业组织和社会团体的工作人员，以及非农场的农业劳动者、现役军人和家庭保姆等。

2.《中华人民共和国劳动法》立法目的和作用

《中华人民共和国劳动法》立法目的是：保护劳动者的合法权益，确立、维护和发展稳定和谐的劳动关系，促进经济发展和社会进步。

(1)劳动法是劳动者权益法　《中华人民共和国劳动法》第一条就指出，劳动法是为了“保护劳动者的合法权益”，因此，劳动法主要是把宪法赋予劳动者的权益明确化、详细化。根据宪法及中国国情，《中华人民共和国劳动法》明确了劳动者的下列权利：①平等就业和选择职业的权利；②取得劳动报酬的权利；③休息休假的权利；④获得劳动安全、卫生知识的权利；⑤接受职业技能培训的权利；⑥享受社会保险和福利的权利；⑦依法参加工会和职工民主管理的权利；⑧提请劳动争议处理的权利；⑨法律规定的其他劳动权利。

劳动法首次明文规定了上述权利，给在劳动关系中处于弱势地位的劳动者编织了一张细密的保护网，充分彰显了社会主义社会对劳动者的突出、有效保护。

(2)劳动法是用人单位规范法　用人单位是依法使用和管理劳动者并给付劳动报酬的单位，往往在劳动关系中处于强势的地位，其权利有：①招工权是用人单位根据本单位需要招用职工的权利；②用人权是用人单位依照法律和合同的规定，使用和管理劳动者的权利；③奖惩权是用人单位依照法律和本单位的劳动纪律，决定对职工奖惩的权利；④分配权是用人单位在法律和合同规定的范围内，决定劳动报酬分配方面的权利。但在劳动关系中却需担负更多的义务，主要表现在，用人单位要依法建立和完善规章制度，保障劳动者享有劳动权利和履行劳动义务。

(3)劳动法是劳工保障法　劳动法在明确规定了劳动者和用人单位权利义务后，更主要的是以具体制度，保障上述权利义务的行使，主要是劳动合同制度、劳动基准(工时、工资)制度、劳动安全卫生制度、社会保险和福利制度等，最后还规定了法律责任和劳动争议，明确了违反劳动法的法律责任及应当采取的救济程序，这样，从权利的宣告，到权利的行使，到权利的救济，形成了一整套完整的权利保障机制，劳动法对劳工保护的立法目的就表露无遗。

3.《中华人民共和国劳动法》一些重要内容解释

(1)什么是劳动法中的“克扣”和“无故拖欠”工资?

《中华人民共和国劳动法》第91条一款所指“克扣”或者“无故拖欠”劳动者工资,有其法定标准和特定的含义。所谓“克扣”系指用人单位无正当理由扣减劳动者应得工资(即在劳动者已提供正常劳动的前提下,用人单位按劳动合同规定的标准应当支付给劳动者的全部劳动报酬)。所谓“无故拖欠”是指用人单位无正当理由超过规定付薪时间未支付劳动者工资。

①“克扣”劳动者的工资不包括以下减发工资的情况

a.国家法律、法规中有明确规定的。

b.依法签订的劳动合同中有明确规定的。

c.用人单位依法制定并经职代会批准的厂规厂纪中有明确规定的。

d.企业工资总额与经济效益相联系,经济效益下浮时,工资必须下浮的(但支付给劳动者工资不得低于当地最低工资标准)。

e.因劳动者请事假等相应减发工资等。

②“无故拖欠”劳动者工资不包括如下情况

a.用人单位遇到非人力能所抗拒的自然灾害、战争等原因,无法按时支付工资。

b.用人单位确因生产经营困难、资金周转受到影响,在征得本单位工会同意后,可暂时过期支付劳动者工资,延期时间的最长限制可由各省、自治区、直辖市劳动保障行政部门根据各地情况确定。其他情况下拖欠工资均为无故拖欠。

(2)怎样理解《中华人民共和国劳动法》中“工资”的含义?

“工资”是指用人单位依据国家有关规定或劳动合同的约定,以货币形式直接支付给本单位劳动者的劳动报酬,一般包括计时工资、计件工资、奖金、津贴和补贴、延长工作时间的工资报酬以及特殊情况下支付的工资等。

劳动者的以下劳动收入不属于工资范围:

①单位支付给劳动者个人的社会福利保险费用,如丧葬抚恤救济费、生活困难补助费、计划生育补贴等。

②劳动保护方面的费用,如用人单位支付给劳动者的工作服、解毒剂、清凉饮料费用等。

③按规定未列入工资总额的各种劳动报酬及其他劳动收入,如根据国家规定发放的创造发明奖、国家星火奖、自然科学奖、科学技术进步奖、合理化建议和技术改进奖、中华技能大奖等,以及稿费、讲课费、翻译费等。

(3)《中华人民共和国劳动法》是怎样规定用人单位解除劳动合同时经济补偿问题的?

实行解除劳动合同经济补偿制度,是为了使劳动者在被解除劳动合同以后,寻找新的工作以前,其基本生活开支有必要的保障,或者有能力继续医治疾病。除因劳动者违纪、违法用人单位提出解除劳动合同的以外,用人单位都应当依法对劳动者给予经济补偿。

根据我国现行法律和行政法规的规定,劳动者有权享受的经济补偿主要包括以下两个方面:

①生活补助费解除劳动合同时,用人单位应当按劳动者在本单位的工作年限,每满1年发给相当于本人标准工资1个月的生活补助费,但是最多不超过12个月的本人标准工资。

②医疗补助费劳动合同终止前工人或农民合同工患病或因工负伤,医疗期满后不能从事原工作被解除劳动合同的,由企业发给相当于本人工资3个月至6个月的医疗补助费。

4.施行《中华人民共和国劳动法》的现实意义和取得的成就

(1)加快了劳动保障立法进程。《中华人民共和国劳动法》颁布实施以来，国务院先后制定颁布了《国务院关于职工工作时间的规定》(修订)、《社会保险费征缴暂行条例》、《失业保险条例》、《全国年节及纪念日放假办法》、《禁止使用童工规定》(修订)、《工伤保险条例》等配套行政法规，并初步形成了以《劳动法》为基本法律，由有关法规、规章相配套的劳动保障法律、法规的基本框架体系。

(2)制定实施积极的就业政策，促进就业与再就业。按照《中华人民共和国劳动法》的相关规定，我国逐步探索、确立了“劳动者自主就业，市场调节就业，政府促进就业”的就业方针，实施了中国特色的积极就业政策。完善和落实促进再就业的扶持政策，实施再就业援助，培育发展劳动力市场，完善公共就业服务体系。按照“公平对待，合理引导，完善管理，搞好服务”的方针，清理和取消限制农民进城就业的不合理政策，加强农民工就业服务，开展农村劳动力转移培训，农村劳动力初步实现有序流动。

(3)建立了职业培训和职业资格证书制度。根据《中华人民共和国劳动法》的规定，国家确定了职业分类，开发了职业标准，积极发展职业培训事业，开展职业技能鉴定工作，实行学历证书和职业资格证书并重的制度，全面提高劳动者的就业能力、工作能力。基本建立了一个以劳动力市场为导向，以提高职业能力为核心，以城镇新生劳动力、下岗失业人员、农村转移劳动力和在岗职工为培训对象，以就业前培训、在职培训和再就业培训为主要培训类型，覆盖初级、中级、高级、技师及高级技师职业资格等级的全方位、多层次职业培训体系。

(4)加强劳动关系协调和劳动保障监察等工作。加强了劳动关系协调机制的建设，切实地维护了劳动者的合法权益。就业机制实现了由国家安置就业向市场配置就业的根本转变，劳动关系实现了由行政管理向依法调整的根本转变，劳动者与用人单位双向选择、协商确定双方权利义务的用人机制和观念已经形成。集体合同制度日益完善并不断得到推广，集体合同制度在劳动者集体与用人单位自主协调劳动关系方面越来越发挥着重要作用。经过十年发展，国有企业、集体企业、外商投资企业劳动合同签订率均达到95%以上。

建立了劳动争议处理制度。《中华人民共和国劳动法》确立了“一调一裁两审”的劳动争议处理制度。多年来，企业调解组织、劳动争议仲裁委员会和人民法院共处理了数百万起劳动争议案件。实践劳动争议仲裁对维护当事人尤其是劳动者的合法权益，维护社会稳定起到了很大作用。

建立了劳动标准制度。工资支付制度不断完善，工资支付的项目、水平、形式、对象、时间以及特殊情况下的工资支付等工资支付行为均有了明确规范。实施了最低工资保障制度，在保障低工资劳动者权益方面发挥了重要作用。进一步完善工时和休息休假制度，每周工作时间由48 h减少到40 h，对加班加点的限制及补偿、劳动者休息休假等有了法律依据。女职工及未成年工特殊保护制度规定了女职工及未成年工禁忌从事的劳动范围，明确了用人单位对未成年工进行定期健康检查和使用登记的义务。建立了劳动保障监察制度。

(5)建立完善社会保险制度，推动了我社会保障事业的发展。当前，我国不仅建立了基本养老保险制度和基本医疗保险制度，而且完善了失业保险制度和工伤保险制度，为维护改革发展稳定大局起到了社会“安全网”和“减震器”的作用。

讨论与思考

1. 职业道德规范在社会活动中有什么作用?
2. 在生产中使用农机具应注意哪些事项?
3. 如何做到安全用电?
4. 简述施用农药的注意事项。
5.《中华人民共和国农业法》的实施有何意义?
6.《中华人民共和国农业法》在保障农产品质量安全方面制定了哪些制度?
7.《中华人民共和国农业技术推广法》的立法宗旨是什么?
8. 简述农业技术推广应当遵循的原则。
9.《中华人民共和国劳动法》立法目的与作用是什么?
10.《中华人民共和国劳动法》是怎样规定用人单位解除劳动合同时经济补偿问题的?

附录　果树园艺工国家职业标准

（中华人民共和国人力资源和社会保障部、农业部制定，2009 年 7 月 26 日正式实施）

1　职业概况

1.1　职业名称

果树园艺工。

1.2　职业定义

从事果树繁种育苗、建园设计和建设、土壤改良、栽培管理、果品收获及采后处理等生产活动的人员。

1.3　职业等级

本职业共设五个等级，分别为：初级（国家职业资格五级）、中级（国家职业资格四级）、高级（国家职业资格三级）、技师（国家职业资格二级）、高级技师（国家职业资格一级）。

1.4　职业环境

室外，常温。

1.5　职业能力特征

具有一定的学习能力、表达能力、计算能力、颜色辨别能力、空间感和实际操作能力，动作协调，色觉、嗅觉、味觉等正常。

1.6　基本文化程度

初中毕业。

1.7　培训要求

1.7.1　培训期限

全日制职业学校教育，根据其培养目标和教学计划确定。晋级培训期限：初级不少于 150 标准学时；中级不少于 120 标准学时；高级不少于 100 标准学时；技师不少于 80 标准学时；高级技师不少于 80 标准学时。

1.7.2　培训教师

培训初、中级的教师应具有本职业技师及以上职业资格证书或本专业中级及以上专业技术职务任职资格；培训高级、技师的教师应具有本职业高级技师职业资格证书或本专业高级及以上专业技术职务任职资格；培训高级技师的教师应具有本职业高级技师职业资格证书 3 年以上或本专业高级及以上专业技术职务任职资格。

1.7.3　培训场地与设备

满足教学需要的标准教室、实验室和教学基地，具有相关的仪器设备及教学用具。

1.8 鉴定要求

1.8.1 适用对象

从事或准备从事本职业的人员。

1.8.2 申报条件

——初级(具备以下条件之一者)

(1)经本职业初级正规培训达规定标准学时数,并取得结业证书。

(2)在本职业连续工作2年以上。

——中级(具备以下条件之一者)。

(1)取得本职业初级职业资格证书后,连续从事本职业工作2年以上,经本职业中级正规培训达规定标准学时数,并取得结业证书。

(2)取得本职业初级职业资格证书后,连续从事本职业工作4年以上。

(3)连续从事本职业工作6年以上。

(4)取得经劳动保障行政部门审核认定的、以中级技能为培养目标的中等以上职业学校本职业(专业)毕业证书。

——高级(具备以下条件之一者)

(1)取得本职业中级职业资格证书后,连续从事本职业工作3年以上,经本职业高级正规培训达规定标准学时数,并取得结业证书。

(2)取得本职业中级职业资格证书后,连续从事本职业工作5年以上。

(3)取得高级技工学校或经劳动保障行政部门审核认定的、以高级技能为培养目标的高等职业学校本职业(专业)毕业证书。

(4)取得本职业中级职业资格证书的大专以上本专业或相关专业毕业生,连续从事本职业工作2年以上。

(5)大专以上本专业毕业生,经本职业高级正规培训达规定标准学时数,并取得结业证书。

——技师(具备以下条件之一者)

(1)取得本职业高级职业资格证书后,连续从事本职业工作4年以上,经本职业技师正规培训达规定标准学时数,并取得结业证书。

(2)取得本职业高级职业资格证书后,连续从事本职业工作6年以上。

(3)大专以上本专业或相关专业毕业生,取得本职业高级职业资格证书后,连续从事本职业工作2年以上。

(4)大专以上本专业毕业生,连续从事本职业工作5年以上。

——高级技师(具备以下条件之一者)

(1)取得本职业技师职业资格证书后,连续从事本职业工作3年以上,经本职业高级技师正规培训达规定标准学时数,并取得结业证书。

(2)取得本职业技师职业资格证书后,连续从事本职业工作5年以上。

(3)取得中级(含中级)以上专业技术职务任职资格,连续从事本职业工作3年以上。

1.8.3 鉴定方式

分为理论知识考试和技能操作考核,理论知识考试采用闭卷笔试方式,技能操作考核采用现场实际操作方式。理论知识考试和技能操作考核均采用百分制,成绩皆达60分及以上者为合格。技师、高级技师还须进行综合评审。

1.8.4 考评人员与考生配比

理论知识考试考评人员与考生配比为1∶15,每个标准教室不少于2名考评人员;技能操作考核考评员与考生配比为1∶5,且不少于3名考评员;综合评审委员不少于5人。

1.8.5 鉴定时间

理论知识考试时间不少于90分钟,技能操作考核时间不少于50分钟。综合评审时间不少于30分钟。

1.8.6 鉴定场所及设备

理论知识考试在标准教室进行,技能操作考核在田间现场及具有必要仪器、设备的实验室及进行。

2 基本要求

2.1 职业道德

2.1.1 职业道德基本知识

2.1.2 职业守则

(1)敬业爱岗,忠于职守

(2)认真负责,实事求是

(3)勤奋好学,精益求精

(4)遵纪守法,诚信为本

(5)规范操作,注意安全

2.2 基础知识

2.2.1 专业知识

(1)土壤和肥料基础知识

(2)农业气象常识

(3)果树栽培知识

(4)果园病虫草害防治基础知识

(5)果品采后处理基础知识

(6)果园常用的农机使用常识

(7)农药基础知识

(8)果园田间试验设计与统计分析常识

2.2.2 安全知识

(1)安全使用农药知识

(2)安全用电知识

(3)安全使用农机具知识

(4)安全使用肥料知识

2.2.3 相关法律、法规知识

(1)农业法的相关知识

(2)农业技术推广法的相关知识

(3)劳动法的相关知识

(4)合同法的相关知识

(5)种子法的相关知识

(6)农药管理条例的相关知识

(7)国家和行业果树产地环境、产品质量标准，以及生产技术规程

3 工作要求

本标准对初级、中级、高级、技师和高级技师的技能要求依次递进，高级别涵盖低级别的要求。

3.1 初级工

职业功能	工作内容	技能要求	相关知识
一、果树分类和识别	果树和果实的识别	1.能识别常见果实10种 2. 能识别本地区常见果树10种	1.常见果实外观特征 2.常见果树的特征
二、育苗	(一)种子采集与处理	1.能按指定的技术指标采集、调制和贮藏种子 2.能按指定的技术指标进行种子的沙藏处理	1.种子采集、调制和贮藏知识 2.种子休眠知识 3.层积处理知识
	(二)播种	1.能按指定的标准进行施肥、整地和做畦 2.能正确识别主要果树砧木种子 3.能按指定的密度、深度和方法播种	1.种子识别知识 2.整地做畦知识 3.播种方式和方法
	(三)实生苗管理	1.能按指定的技术标准进行出苗期管理 2.能按技术要求进行浇水、追肥和中耕除草 3.能够按指定的标准进行间苗和移栽 4.能用指定的药剂防治苗期病虫害	1.出苗期管理知识 2.浇水、施肥知识 3.幼苗移栽知识 4.安全使用农药知识
	(四)扦插育苗	1.能按指定的标准整地、做畦和覆膜 2.能按指定的技术标准进行插条处理 3.能按指定的技术标准进行扦插 4.能按技术要求进行扦插苗的土、肥、水管理	1.促进扦插生根知识 2.扦插方法 3.扦插苗管理知识
	(五)压条育苗	1.能按指定的技术标准进行水平压条育苗 2.能按指定的技术标准进行直立压条育苗 3.能按指定的技术标准进行曲枝压条 4.能按指定的技术标准进行空中压条 5.能按要求进行苗期管理	1.压条方法 2.压条苗管理知识
	(六)分株育苗	1.能按指定的技术标准进行根蘖分株育苗 2.能按指定的技术要求进行匍匐茎和新茎分株育苗	1.相关果树的生物学特性 2.分株方法 3.分株苗管理知识
	(七)嫁接育苗	1.能按指定的标准在生长季节采集接穗和保存接穗 2.能进行果树T形芽接和嵌芽接的操作，嫁接速度达到60个芽/小时，或枝接20个接穗/小时，操作过程符合技术规范 3.能按指定的标准，检查成活、解绑和剪砧	1.采集和保存接穗知识 2.果树芽接知识
	(八)起苗、苗木分级、包装和假植	1.能按指定的方法起苗 2.能用指定的药剂和剂量进行苗木消毒处理 3.能按指定的技术标准包装和假植果树苗木	1.苗木出圃知识 2.安全使用农药知识 3.苗木贮藏方法

续表

职业功能	工作内容	技能要求	相关知识
三、果园建立	果树栽植	1.能根据指定的技术指标挖好定植穴(沟) 2.能按指定的标准正确进行果树栽植各个环节的操作	1.土壤结构知识 2.挖定植穴(沟)方法 3.栽植方法
四、果园管理	(一)土肥水管理	1.能按指定的标准和要求给果树进行土壤施肥和灌溉 2.能按指定的肥料种类和浓度进行叶面喷肥 3.能按指定的技术标准进行果园地面覆盖、果树行间种草 4.能正确识别常见的化肥种类 5.能正确使用和保养果园常用的农机具	1.土壤和肥料知识 2.果树根系分布特点 3.施肥和灌溉方法 4.果园地面覆盖、果园生草知识 5.常用农机具使用和保养常识
	(二)花果管理	1.能按技术要求进行果园熏烟防霜 2.能按指定的标准进行果树人工辅助授粉 3.能按指定的标准进行疏花疏果、果实套袋和去袋 4.能按指定的技术标准,进行摘叶、转果、铺反光膜 5.能按指定的技术要求采收果实	1.预防晚霜的方法 2.花果管理的内容和方法 3.果实成熟度确定和采收方法 4.花粉干制的方法
	(三)果树修剪	1.生长季修剪:能按技术标准进行新梢摘心、剪梢、疏枝、环剥、环割、扭梢、拉枝、拿枝、撑枝、绑梢、绑蔓等生长季修剪手法的单项操作 2.休眠期修剪:能按技术要求疏除大枝,能把骨干枝基本排布均匀,分清骨干枝和辅养枝,理清主从关系 3.能正确使用、保养和维修常用的修剪工具	1.树体结构知识 2.主要修剪方法及作用
	(四)休眠期管理	1.能按要求进行休眠期果园的清理 2.能按技术要求进行刮树皮和涂白等工作 3.能按技术要求浇果园封冻水 4.能按技术标准进行一些果树的埋土防寒	1.休眠期病虫草害综合防治知识 2.果树防寒知识 3.果树越冬肥水管理知识
	(五)设施果树管理	1.能根据技术指标使用相关的设施设备调节设施的温度、湿度和光照 2.能按技术要求防治土壤盐渍化 3.能通风换气,防止有害气体中毒	1.设施环境特点 2.设施环境调控知识 3.棚室内有害气体预防和控制知识
	(六)病虫草害防治	1.能安全使用农药和喷药设备 2.能安全保管农药和保养喷药设备 3.能识别当地主要果树病害和害虫各5种 4.能用指定的药剂防治病虫害和杂草	1.果树常见病虫、杂草识别方法 2.安全使用农药知识 3.药剂保管及农药器械保养知识
五、采后处理	果实分级、打蜡和包装	1.能根据分级标准进行果实分级 2.能根据技术指标清洗果品和打蜡 3.能根据技术指标包装果实	1.果实分级标准 2.果品清洗、打蜡和包装知识

3.2 中级工

职业功能	工作内容	技能要求	相关知识
一、果树分类和识别	品种识别	1. 能够识别当地主要果树品种的植株 10 种 2. 能够识别当地主要果树品种的果实 10 种	1. 果树品种的植株特征 2. 果树品种的果实特征
二、育苗	(一)种子处理	1. 能合理采集种子，并调制、分级和贮藏 2. 能进行种子生活力鉴定 3. 能正确进行层积处理	1. 砧木种子采集、调制、分级和贮藏的知识 2. 种子休眠机制及调控方法 3. 种子生活力鉴定方法
	(二)播种	1. 能正确进行施肥整地 2. 能计算播种量 3. 能合理确定播种期 4. 能根据种子的种类以适宜的密度和深度播种	1. 整地知识 2. 实生苗特点及应用 3. 播种量的计算方法 4. 播种方法
	(三)实生苗管理	1. 能合理进行出苗期管理 2. 能合理进行浇水、追肥 3. 能够正确进行间苗和移栽 4. 能根据病虫害种类，确定药剂种类和使用方法	1. 出苗期管理知识 2. 幼苗移栽知识 3. 苗期浇水和施肥知识 4. 苗期主要病虫害防治知识
	(四)扦插	1. 能进行整地和做畦，操作符合技术要求 2. 能进行插条处理，各个环节符合技术要求 3. 能进行扦插，操作符合技术要求 4. 能制作或安装荫棚沙床和全光照弥雾沙床	1. 整地知识 2. 插条生根原理和促进生根的方法 3. 扦插技术 4. 扦插苗管理技术 5. 荫棚和沙床知识
	(五)压条育苗	1. 能进行水平压条育苗，操作符合技术要求 2. 能进行直立压条育苗，操作符合技术要求 3. 能进行曲枝压条育苗，操作符合技术要求 4. 能进行空中压条育苗，操作符合技术要求	1. 生根原理和促进生根的方法 2. 压条技术 3. 压条苗管理技术
	(六)分株育苗	1. 能进行根蘖分株育苗，操作符合技术要求 2. 能进行匍匐茎和新茎分株育苗，操作符合技术要求	1. 分株苗繁殖原理 2. 相关果树的生物学特性 3. 分株方法 4. 分株苗管理技术
	(七)嫁接育苗	1. 能合理进行接穗采集和贮藏 2. 能够熟练地进行果树的芽接，芽接速度达到 80 芽以上/小时，操作过程符合技术规范 3. 能够进行果树的枝接操作，枝接速度达到 25 个接穗/小时，操作过程符合技术规范 3. 能检查成活，正确解绑和剪砧	1. 接穗采集和贮藏知识 2. 果树嫁接成活机制及促进成活的方法 3. 嫁接方法 4. 嫁接后管理知识
	(八)起苗、苗木分级、包装和假植	1. 能进行苗木质量检验 2. 能确定药剂的种类和进行消毒处理 3. 能合理起苗 4. 能合理进行苗木包装和假植	1. 苗木质量分级标准 2. 苗木消毒相关知识 3. 起苗知识 4. 苗木贮藏技术

续表

职业功能	工作内容	技能要求	相关知识
三、果园建立	果树栽植	1.能根据当地气候,确定适宜栽植时期 2.能正确进行苗木栽前处理 3.能正确进行果树栽植各个环节的操作 4.能正确进行栽后管理	1.当地气候常识 2.果树栽植知识
四、果园管理	(一)土肥水管理	1.能根据果树生长情况合理确定施肥时期、肥料种类、施肥方法及施肥量 2.能以适宜的肥料种类和浓度进行叶面喷肥 3.能根据当地情况合理确定果园耕作制度 4.能合理进行果园土壤改良	1.果树根系分布特点及生长规律 2.果树肥水需求特性 3.常用肥料特性及施用技术 4.灌水方法、节水栽培技术 5.果园土壤管理知识 6.各种类型土壤特性、土壤改良技术
	(二)花果管理	1.能正确实施果园晚霜的预防 2.能根据果树结果习性合理进行疏花疏果、果实套袋 3.能正确进行花粉采集、调制和保存 4.能进行人工授粉 5.能进行摘叶、转果、铺反光膜	1.预防晚霜的知识 2.坐果的机理及提高坐果率的技术 3.果实品质的含义 4.影响果实品质的因素及提高果实品质的技术
	(三)生长调节剂使用技术	1.能正确判断树体生长势 2.能针对果树生长势正确选择和使用生长调节剂 3.能正确配制生长调节剂溶液	1.果树生长势判断知识 2.生长调节剂相关知识 3.生长调节配制方法
	(四)果树整形修剪	1.能完成本地常见果树的休眠期整形修剪,树体结构较合理,修剪方法的运用基本正确 2.能较合理地进行果树生长期修剪	1.果树枝芽类型、特性及应用 2.果树生长结果平衡调控技术
	(五)果实采收	1.能把握好果实的成熟度和适宜的采收期 2.能正确采收果实	1.果实成熟度知识 2.果实采收技术
	(六)病虫防治	1.能识别当地主栽果树的常见病害和害虫各10种 2.能针对当地常见的病虫害发生情况,采取积极的预防措施 3.能针对果园的病虫草害,确定农药的种类,并能正确使用	1.果树常见病虫识别和防治知识 2.农药知识
	(七)设施果树管理	1.能确定设施果树的扣棚和升温时间 2.能根据果树的生长发育阶段,正确调控设施内的温度、湿度和光照 3.能确定土壤盐渍化综合防治措施 4.能确定有害气体的种类、出现的时间和防治方法 5.能根据设施内的空间和果树生长结果习性,较合理地进行设施果树的修剪	1.果树休眠知识 2.果树生长发育与环境知识 3.土壤盐渍化知识 4.设施环境调控知识 5.设施栽培果树修剪知识
五、采后处理	质量检测和商品化处理	1.能根据果品外观质量标准判定产品质量 2.能准备清洗和打蜡设备 3.能选定包装材料和设备 4.能正确使用简单的仪器测定果实的可溶性固形物含量、果实硬度	1.外观质量标准知识 2.清洗打蜡设备知识 3.包装材料和设备知识 4.糖度仪、硬度计使用常识

3.3 高级工

职业功能	工作内容	技能要求	相关知识
一、育苗	(一)苗情诊断	1.能正确判断苗木的长势,并调整肥水管理等措施 2.能识别当地主要树种苗期常见生理性病害,并制定防治措施	1.果树生长势判断知识 2.果树苗期营养诊断知识
	(二)病虫害防治	1.能识别当地主要树种和品种苗期常见病虫害 2.能制定各种病虫害的综合防治措施	1.苗期主要病虫害识别 2.常见病虫害综合防治技术 3.无病毒果苗繁育常识
	(三)嫁接	1.能合理选用砧木 2.能熟练运用多种嫁接方法,操作过程符合技术规范 3.能正确进行大树多头高接操作	1.嫁接亲和力知识 2.常用砧木特性 3.大树高接换优相关知识
	(四)容器育苗	1.能合理选用容器 2.能合理配制营养土 3.能进行容器苗管理	1.容器特性 2.基质和肥料特性 3.容器苗的肥水管理知识
二、果园建立	建园设计与方案实施	1.能根据树种、品种、砧木特性合理确定栽植密度 2.会使用简单的测量工具 3.能进行小型果园的建园方案设计 4.能组织实施中小型果园的建园方案	1.果树种类、品种的生长结果习性 2.简单的测量学知识 3.园地规划相关知识 4.树种配置相关知识
三、果园管理	(一)肥水管理和植株调控	1.能识别本地主要果树常见的缺素症和营养过剩症 2.能根据植株长势,合理制定肥水管理措施 3.能根据果树长势,合理制定果树生长势调控措施	1.果树生长发育知识 2.果树生长势判断知识 3.果树常见缺素症和营养过剩症知识 4.果树生长势调控技术
	(二)果树整形修剪	1.能够发现修剪中存在的问题,并能制定相应的解决方案 2.能熟练完成本地主要果树的整形修剪,树体结构合理,注意枝组的更新复壮和轮流结果,修剪手法运用恰当 3.能恰当地运用各种修剪方法,调整树形、改善树冠内光照、调控树体生长发育和节省营养	1.果树整形修剪知识 2.果树生长结果平衡知识、枝组配置和枝组修剪方法
	(三)设施果树管理	1.能根据植株生长情况,调控生长环境 2.能合理进行设施果树的整形修剪 3.能合理进行设施果树的土肥水管理	1.主要设施类型特点 2.设施果树生长发育与肥水需求特点 3.设施环境控制技术 4.设施果树修剪知识
	(四)病虫害防治	1.能识别本地常见果树的常见病害和害虫各15种 2.能制定当地主栽树种常见病虫草害综合防治方案	1.主栽果树常见病虫害的发生规律 2.果树病虫害识别和综合防治技术
四、技术管理	生产计划实施和技术操作规程制定	1.能组织实施年度生产计划 2.能制定当地主栽果树的周年工作历	1.果园周年管理知识 2.果树生产技术知识
五、技术指导	技术示范和指导	1.能对初、中级人员进行技术操作示范 2.能对初级人员进行技术指导	1.果树栽培知识 2.技术指导方法

3.4 技师

职业功能	工作内容	技能要求	相关知识
一、育苗	(一)苗情诊断	1.能识别常见果树苗期各种生理病害 2.能制定生理性病害的防治措施	1.果树苗期生理病害识别 2.常见生理性病害防治知识
	(二)病虫害防治	1.能识别常见果树苗期的病虫害 2.能制定病虫害综合防治措施	1.果树苗期病虫识别 2.苗期病虫害综合防治知识
二、果园建立	果园规划与设计	1.会使用测量工具 2.能进行大中型果园的规划设计 3.能组织实施大中型果园设计方案	1.测量学知识 2.果树建园知识 3.果树树种和品种知识
三、果园管理	(一)肥水管理	1.能识别本地常见果树的缺素症和营养过剩症 2.能制定各缺素症防治措施 3.能根据土壤测试和叶片分析的结果,制定施肥方案	1.主要果树营养诊断知识 2.平衡施肥知识
	(二)病虫害防治	1.能识别本地常见果树的病害和害虫各25种 2.能制定当地常见果树病虫害综合防治方案	1.果树病虫害识别 2.果树病虫害综合防治知识
	(三)果树整形修剪	能处理好本地主栽果树的各种疑难树形的整形修剪	1.果树整形修剪知识 2.果树生长结果平衡理论知识、修剪方法的灵活运用
四、采后处理	质量检测和分级	1.能检测果实中的农药残留量和亚硝酸盐、重金属盐含量 2.能制定果实分级标准	1.农药残留和亚硝酸盐、重金属盐检测方法 2.果品分级标准知识
五、技术管理	(一)编制果园周年生产计划	1.能够调研果品生产量、供应期和价格 2.能制定当地常见果树的周年生产计划 3.能制定农资采购计划 4.能制定主要果树生产技术规程	1.果树周年管理知识 2.果品市场调研知识
	(二)技术评估	1.能评估技术措施应用效果 2.能对存在问题提出改进方案	技术评估相关知识
	(三)种子和苗木鉴定	1.能测定砧木种子的纯度 2.能鉴定苗木质量和品种的纯度	1.砧木种子和果树苗木质量鉴定知识 2.果树品种知识
	(四)技术开发	1.能对生产技术开展试验研究 2.能有计划地引进、试验、示范推广新品种、新材料、新技术 3.能撰写生产技术总结和调查总结	1.田间试验与统计知识 2.果树栽培管理知识 3.新品种、新材料、新技术知识
六、培训指导	(一)技术培训和指导	1.能制定初、中、高级人员培训计划,编写初、中级培训教材 2.能准备初、中、高级人员培训资料、实习用材和场地 3.能给初、中、高级人员授课、技能操作示范 4.能对初、中、高级工人员在各个生产环节进行指导	1.果树栽培知识 2.培训材料的编写方法 3.技术指导方法

3.5 高级技师

职业功能	工作内容	技能要求	相关知识
一、果园管理	(一)病虫害防治	1.能识别当地果树各种生理病害,并制定防治措施 2.能识别当地果树病害和害虫各30种,并制定综合防治措施	1.果树营养诊断知识 2.果树病虫害综合防治知识
	(二)肥水管理	能制定切实可行的施肥和节水灌溉方案	节水灌溉和果树营养知识
	(三)果树整形修剪	能处理好本地常见果树疑难树形的整形修剪	果树生长发育与整形修剪
二、采后处理	分级和包装	1.能制定企业产品分级标准 2.能根据产品特性提出包装设计要求	1.果品分级知识 2.果树产品特性 3.包装材料相关知识
三、技术管理	(一)技术研究和开发	1.能针对生产上的关键技术问题提出攻关课题,开展试验研究和技术攻关 2.能针对相关的试验研究写出总结、报告或论文	1.果树生产技术知识 2.田间试验与统计知识和科研能力 3.科技写作知识
	(二)生产形势预测	1.能预测果树生产发展趋势,提出当地果树生产的发展方向 2.能对当地的果树生产存在的问题提出调整方案	1.果品产销动态知识 2.果品市场预测知识
四、培训指导	技术培训和指导	1.能制定高级人员和技师培训计划,编写培训教材 2.能准备高级人员和技师培训资料、实习用材和场地 3.能给高级人员和技师授课、技能操作示范 4.能指导高级人员和技师进行果树生产	1.教育心理学的相关知识 2.语言表达技巧

4 比重表

4.1 理论知识

项目		初级(%)	中级(%)	高级(%)	技师(%)	高级技师(%)
基本要求	职业道德	5	5	5	5	5
	基础知识	20	20	15	5	5
相关知识	育苗	15	15	10	5	—
	果树定植	10	10	5	—	—
	建园设计和实施	—	—	10	15	—
	果园管理	40	40	35	20	20
	采后处理	10	10	10	10	10
	技术管理	—	—	10	25	35
	培训指导	—	—	—	15	25
合计		100	100	100	100	100

4.2 技能操作

项目		初级（%）	中级（%）	高级（%）	技师（%）	高级技师（%）
技能要求	果树识别	5	5	5		
	育苗	30	30	20	—	—
	定植	15	10	—	—	—
	果园管理	40	45	50	35	25
	采后处理	10	10	10	10	10
	技术管理	—	—	10	35	45
	培训指导	—	—	5	20	20
合计		100	100	100	100	100

参考文献

[1] 傅秀红.果树生产技术(南方本).北京:中国农业出版社,2007.
[2] 蔡冬元,等.果树栽培(南方本).北京:中国农业出版社,2001.
[3] 吴中军,等.果树生产技术(南方本).北京:化学工业出版社,2009.
[4] 许邦丽.果树栽培技术(南方本).北京:中国农业大学出版社,2011.
[5] 蒋锦标,等.果树生产技术(北方本).北京:中国农业大学出版社,2011.
[6] 于泽源.果树栽培.2版.北京.高等教育出版社,2010.
[7] 黄辉白,等.热带亚热带果树栽培学.北京:高等教育出版社,2003.
[8] 林尤奋,等.果树生产技术与实训.北京:中国劳动社会保障出版社,2005.
[9] 李金和,等.果树栽培(南方本).北京:中国农业出版社,2001.
[10] 彭成绩,等.荔枝龙眼病虫害无公害防治彩色图说.北京:中国农业出版社,2003.
[11] 马蔚红,等.杧果无公害生产技术.北京:中国农业出版社,2003.
[12] 陈清西,等.香蕉无公害高效栽培.北京:金盾出版社,2004.
[13] 刘荣光,等.南亚热带小宗果树实用栽培技术.北京:中国农业出版社,2002.
[14] 徐建国,等.柑橘优良品种及无公害栽培技术.北京:中国农业出版社,2003.
[15] 吴仁山.龙眼高新技术栽培彩色图谱.南宁:广西科学技术出版社,2002.
[16] 何冠武.龙眼无公害生产.北京:中国农业出版社,2003.
[17] 郑诚乐.荔枝无公害高效栽培.北京:金盾出版社,2004.
[18] 王国平,等.果树无病毒苗木繁育与栽培.北京:金盾出版社,2002.
[19] 吴仁山.龙眼栽培工作历.南宁:广西科学技术出版社,2000.
[20] 吴仁山.荔枝栽培工作历.南宁:广西科学技术出版社,2000.
[21] 以农乐,等.柿优质高产栽培技术.南宁:广西科学技术出版社,2000.
[22] 邓碧焕.台湾青枣优质丰产栽培.南宁:广西科学技术出版社,2000.
[23] 陈青西.台湾青枣无公害栽培.福州:福建科学技术出版社,2006.
[24] 聂继云,等.果品标准化生产手册.北京:中国标准出版社,2003.
[25] 郗荣庭.果树栽培学总论.3版.北京:中国农业出版社,2001.
[26] 陈杰忠,等.果树栽培学各论(南方本).3版.北京:中国农业出版社,2003.
[27] 全国农业技术推广服务中心.无公害果品生产技术手册.北京:中国农业出版社,2003.
[28] 冯明祥,等.无公害果园农药使用指南.北京:金盾出版社,2004.
[29] 冯建国,等.无公害果品生产技术.北京:金盾出版社,2000.

[30] 叶其蓝，等. 荔枝龙眼化学调控技术. 广州：广东科学技术出版社，2001.
[31] 张铁如，等. 板栗无公害高效栽培. 北京：金盾出版社，2004.
[32] 高新一. 板栗栽培技术. 2版. 北京：金盾出版社，1999.
[33] 魏文娜. 南方葡萄栽培与加工. 长沙：湖南科学技术出版社，1984.
[34] 胡正月. 大果无核枇杷生产技术. 北京：金盾出版社，2005.
[35] 李金和，等. 果树栽培(南方本). 北京：中国农业出版社，2001.
[36] 王少敏，等. 水果套袋栽培新技术. 北京：中国农业出版社，2005.
[37] 钟思强，等. 番石榴高产栽培. 北京：金盾出版社，2008.
[38] 农业部劳动人事司，农业职业技能培训教材编审委员会. 剑麻生产工艺. 北京：中国农业出版社，2007.
[39] 赵思东，等，观光果园规划设计的原则与方法，经济林研究，2006(03).